普通高等教育"十一五"国家级规划教材

计算方法
——算法设计及其 MATLAB 实现
（第 2 版）

王能超　编著

华中科技大学出版社
中国·武汉

内 容 简 介

  本书是计算方法的入门教材,旨在通过一些基本的数值方法来探究数值算法设计的基本技术,诸如缩减技术、校正技术、松弛技术与二分技术等.

  本书追求简约,数值算法的设计与分析尽量回避烦琐的数学演绎;本书追求统一,所提供的算法设计技术囊括了快速算法与并行算法等高效算法的设计;本书追求新奇,算法的设计机理扎根于博大精深的中华文化.讲授本书的基本内容约需 36～40 课时.

  本书可作为理工科院校非数学专业,特别是计算机专业的教材,也可供从事科学计算的科技工作者参考.

图书在版编目(CIP)数据

计算方法——算法设计及其 MATLAB 实现(第 2 版)/王能超编著. —武汉:华中科技大学出版社,2011.1(2025.7 重印)
 ISBN 978-7-5609-6700-4

 Ⅰ.①计⋯ Ⅱ.①王⋯ Ⅲ.①计算方法-教材 ②计算机辅助计算-软件包,MATLAB
Ⅳ.①O241 ②TP391.75

中国版本图书馆 CIP 数据核字(2010)第 212365 号

计算方法——算法设计及其 MATLAB 实现(第 2 版)   王能超 编著

责任编辑:	徐正达
封面设计:	潘 群
责任校对:	张 琳
责任监印:	周治超
出版发行:	华中科技大学出版社(中国·武汉) 电话:(027)81321913
	武汉市东湖新技术开发区华工科技园 邮编:430223
录 排:	武汉市洪山区佳年华文印部
印 刷:	武汉科源印刷设计有限公司
开 本:	710mm×1000mm 1/16
印 张:	17
字 数:	343 千字
版 次:	2025 年 7 月第 2 版第 14 次印刷
定 价:	48.00 元

本书若有印装质量问题,请向出版社营销中心调换
全国免费服务热线:400-6679-118 竭诚为您服务
版权所有 侵权必究

追求简易是中华文化的一个重要特色。关于"简易"，我国古代经典《周易》有如下精辟的论述：

> 易则易知，简则易从。
> 易知则有亲，易从则有功。
> 有亲则可久，有功则可大。
> 可久则贤人之德，可大则贤人之业。

何谓"简易"？"易"，是指所讲的道理要易于理解；"简"，是指所教的方法要易于掌握。

道理易于理解就会使人亲近，彼此亲近就会持久；方法易于掌握才能收到功效，讲究功效就能壮大。

因此，追求简易是科学工作者的重要品德，具备这一品德才能成就伟大的事业。

——摘自本书第一版作者的"自序"

王能超教授的这本书,是一本富于哲学思想和科学方法论精神的著作。书中对各种各样的数值算法提出了几种富于概括性的设计思想和方法原则。这些思想和原则对从事研究和运用计算方法的科技工作者无疑会有深刻的启迪和指导作用。例如,书中所讲述的"缩减技术"、"校正技术"、"松弛技术"和快速算法及并行算法设计等,都是极为重要的方法原则,任何人如能精通并灵活运用这些方法原则,则不仅能圆满地解决实际计算问题,而且还可能有所创新,有所发展。[①]

徐利治

王能超教授是我国并行算法设计的先驱者之一,他在这方面有许多独特的重要贡献,其中最主要的是他巧妙地运用二分技术于并行算法设计……

王能超教授在并行算法设计中所以能取得巨大进展,主要由于他对算法设计的基本原理有深刻的研究。……正是由于这些独到的论点,他在并行算法设计的研究中取得巨大的、实质性的进展,推动了这门算法设计学的发展。[②]

程民德

---

① 引自徐利治先生 1988 年 12 月为《数值算法设计》(王能超著,华中理工大学出版社 1988 年出版)所写的"评审意见书"。
② 引自程民德先生 1992 年 5 月为《数值算法设计》所写的"评审意见书"。

再版前言

1986年夏,笔者应邀在全国计算数学教学研究会(桂林会议)上举办题为"数值算法设计"的学术讲座,讲座中提出用一套数学技术统一计算机上众多数值算法的想法,进而设想构建"数值算法设计学"的学科体系.这一体系撇开繁杂深奥的高等数学知识,其设计思想易于理解,设计方法易于掌握.参加讲座的学术界同行们对这一体系表现出浓厚的兴趣,敦促笔者撰写这方面的专著与教材.

这方面的专著《数值算法设计》于1988年由华中理工大学(现华中科技大学)出版社出版.该书当年获中南地区大学出版社协会优秀学术著作一等奖,1992年又获原国家教委科技进步奖.令笔者深为感动的是,该书得到学术界先辈们的赞赏.当代数学大师徐利治先生,1988年评价该书所提出的数值算法设计技术"都是极为重要的方法原则,任何人如能精通并灵活掌握这些方法原则,则不仅能圆满地解决实际计算问题,而且还可能有所创新,有所发展".

在先辈们的激励下,多年来,笔者将数值算法学这一体系贯彻于计算方法的教学中,讲授对象包括本科生、硕士生与博士生,普遍反映教学效果良好.

本书第一版于2005年由高等教育出版社出版,第二版被批准为普通高等教育"十一五"国家级规划教材.因笔者已退休多年,加之近年来体质欠佳,修订工作一拖再拖.今年已是"十一五"的最后一年,看来没有退路了.为便于在修订出版过程中联系与配合,征得高等教育出版社有关同志的同意,现将书稿交付华中科技大学出版社.也算是"叶落归根"了.

俗说十年磨一剑.本书从酝酿到这次再版,前后历经20余年的时间,但笔者对这份书稿依然忐忑不安,其中可能还有不少谬误与欠妥之处.笔者将它奉献给广大的读者,希望得到更多的批评指教.

在本书问世之际,笔者特别感激华中科技大学出版社的鼎力支持,感谢鲁建华博士、鲁晓磊博士认真地编写了篇末的附录C《MATLAB文件汇集》.

谨将本书献给我的导师谷超豪教授,衷心感谢恩师多年的培养教育与亲切关怀.

王能超

2011年元旦

目　录

再版前言

引论　数值算法设计的基本技术 ………………………………………… (1)
　0.1　算法重在设计 …………………………………………………… (1)
　0.2　直接法的缩减技术 ……………………………………………… (4)
　0.3　迭代法的校正技术 ……………………………………………… (7)
　0.4　迭代优化的超松弛技术 ………………………………………… (10)
　0.5　递推加速的二分技术 …………………………………………… (12)
　0.6　尽力避免误差的危害 …………………………………………… (14)
　小结 …………………………………………………………………… (16)
　习题 0 ………………………………………………………………… (17)

第 1 章　插值方法 ……………………………………………………… (19)
　1.1　插值平均 ………………………………………………………… (19)
　1.2　Lagrange 插值公式 ……………………………………………… (20)
　1.3　Aitken 逐步插值算法 …………………………………………… (24)
　1.4　插值逼近 ………………………………………………………… (27)
　1.5　分段插值 ………………………………………………………… (31)
　1.6　样条插值 ………………………………………………………… (33)
　1.7　曲线拟合的最小二乘法 ………………………………………… (37)
　小结 …………………………………………………………………… (40)
　例题选讲 1 …………………………………………………………… (40)
　习题 1 ………………………………………………………………… (45)

第 2 章　数值积分 ……………………………………………………… (48)
　2.1　机械求积 ………………………………………………………… (48)
　2.2　Newton-Cotes 公式 ……………………………………………… (52)
　2.3　Gauss 公式 ……………………………………………………… (55)
　2.4　复化求积法 ……………………………………………………… (58)
　2.5　Romberg 加速算法 ……………………………………………… (61)
　2.6　千古绝技"割圆术" ……………………………………………… (64)
　2.7　数值微分 ………………………………………………………… (67)
　小结 …………………………………………………………………… (71)
　例题选讲 2 …………………………………………………………… (72)
　习题 2 ………………………………………………………………… (81)

第 3 章　常微分方程的差分方法 ……………………………………… (83)
　3.1　Euler 方法 ………………………………………………………… (83)

3.2 Runge-Kutta 方法 ………………………………………………… (89)
3.3 Adams 方法 ……………………………………………………… (94)
3.4 收敛性与稳定性 ………………………………………………… (98)
3.5 方程组与高阶方程的情形 ……………………………………… (100)
3.6 边值问题 ………………………………………………………… (101)
小结 …………………………………………………………………… (102)
例题选讲 3 …………………………………………………………… (103)
习题 3 ………………………………………………………………… (108)

第4章 方程求根 …………………………………………………… (110)
4.1 根的搜索 ………………………………………………………… (110)
4.2 迭代过程的收敛性 ……………………………………………… (112)
4.3 迭代过程的加速 ………………………………………………… (117)
4.4 开方法 …………………………………………………………… (119)
4.5 Newton 法 ……………………………………………………… (121)
4.6 Newton 法的改进 ……………………………………………… (124)
小结 …………………………………………………………………… (127)
例题选讲 4 …………………………………………………………… (128)
习题 4 ………………………………………………………………… (135)

第5章 线性方程组的迭代法 ……………………………………… (137)
5.1 迭代法的设计思想 ……………………………………………… (137)
5.2 迭代公式的建立 ………………………………………………… (140)
5.3 迭代过程的收敛性 ……………………………………………… (144)
5.4 超松弛迭代 ……………………………………………………… (147)
5.5 迭代法的矩阵表示 ……………………………………………… (149)
小结 …………………………………………………………………… (152)
例题选讲 5 …………………………………………………………… (152)
习题 5 ………………………………………………………………… (155)

第6章 线性方程组的直接法 ……………………………………… (156)
6.1 追赶法 …………………………………………………………… (156)
6.2 追赶法的矩阵分解手续 ………………………………………… (161)
6.3 矩阵分解方法 …………………………………………………… (164)
6.4 Cholesky 方法 …………………………………………………… (167)
6.5 Gauss 消去法 …………………………………………………… (170)
6.6 中国古代数学的"方程术" …………………………………… (175)
小结 …………………………………………………………………… (176)
例题选讲 6 …………………………………………………………… (178)
习题 6 ………………………………………………………………… (185)

部分习题求解提示与参考答案 ·················· (187)

附录 A　快速 Walsh 变换 ·················· (189)
　承题 ·················· (189)
　A.1　美的 Walsh 函数 ·················· (190)
　A.2　二分演化机制 ·················· (193)
　A.3　Walsh 函数代数化 ·················· (195)
　A.4　Walsh 阵的二分演化 ·················· (197)
　A.5　快速变换 FWT ·················· (201)
　小结 ·················· (206)

附录 B　同步并行算法 ·················· (208)
　B.1　什么是并行计算 ·················· (208)
　B.2　叠加计算 ·················· (210)
　B.3　一阶线性递推 ·················· (217)
　B.4　三对角方程组 ·················· (220)
　小结 ·················· (224)

附录 C　MATLAB 文件汇集 ·················· (226)
　C.1　插值方法 ·················· (226)
　C.2　数值积分 ·················· (231)
　C.3　常微分方程的差分方法 ·················· (236)
　C.4　方程求根 ·················· (243)
　C.5　线性方程组的迭代法 ·················· (249)
　C.6　线性方程组的直接方法 ·················· (256)
　结语 ·················· (264)

引论　　数值算法设计的基本技术

0.1　算法重在设计

电子计算机的问世开创了现代科学的新时代.随着计算机的广泛应用,科学计算正成为一种新的科学方法,它与科学实验、科学理论并列,构成科学方法论的三大组成部分.

今天,随着科学技术的蓬勃发展,实际课题的规模空前扩大,大型乃至超大型科学计算日益为人们所重视.与此相适应,巨型计算机在科学计算中正扮演着越来越重要的角色.计算机的更新换代强有力地推动着算法研究的深入,科学计算正面临蓬勃发展的新机遇.

0.1.1　算法设计关系科学计算的成败

计算机是一种功能很强的计算工具.现代超级计算机的运算速度已高达每秒万亿次.今天,运算速度每秒千万亿次的国产巨型机"天河一号"已经问世.据预测,未来几年内甚至可能研制出运算速度每秒亿亿次的超级计算机系统.计算机运算速度如此之快,是否意味着计算机上的算法可以随意选择呢?

举个简单的例子.

众所周知,Cramer法则原则上可用来求解线性方程组.用这种方法求解一个 n 阶方程组,要计算 $n+1$ 个 n 阶行列式的值,总共要做 $(n+1)n!(n-1)$ 次乘除操作.当 n 充分大时这个计算量是惊人的.譬如一个不算太大的 20 阶线性方程组,大约要做 10^{21} 次乘除操作,这项计算即使用每秒三千亿次的巨型计算机来承担,也得要连续工作

$$\frac{10^{21}}{3\times 10^{11}\times 60\times 60\times 24\times 365}\approx 100\,(年)$$

才能完成.当然这是完全没有实际意义的.

其实,求解线性方程组有许多实用解法(第 5 章与第 6 章).譬如,运用人们熟悉的消元技术,一个 20 阶的线性方程组即使用普通的计算器也能很快地解出来.这个简单的例子说明,**能否合理地选择算法是科学计算成败的关键**.

随着计算机的广泛应用与日益普及,算法设计的重要性正越来越为人们所认识.《计算机大百科全书》在其"算法学"词条中指出:"凡与计算机打交道,无不

研究各种类型的算法.""算法学是计算机科学最重要的内容,有的计算机学者甚至称,计算机科学就是算法的科学."

0.1.2 算法设计追求简单与统一

在知识"大爆炸"的今天,算法的数量也正以"大爆炸"的速度与日俱增,所涉及的文献著作数以千万计,形成浩繁的卷帙.面对这知识的汪洋大海,该如何进行有效的学习呢?许多有志于从事科学计算的青年工作者正为这门学科的知识庞杂所困扰.

学习和研究算法,应当从最简单的做起.每学一个专题,首先剖析一两个最简单、最初等的范例.基于这些极其简单的范例可以提炼出一般性的设计技术,这是个"点石成金"的过程.

要学好算法,关键在于将各种各样的具体算法进行归纳分类,并触类旁通.据我国最古老的一部算书《周髀算经》记载,上古先贤陈子教导后人,**学习算法要有"智类之明","问一类而以万事达"**.陈子这种"问一知万"的大智慧,是一服解读各种算法的灵丹妙药.

1976年,英国著名数学家、菲尔兹奖获得者Atiyah在题为"数学的统一性"的演讲①中,突出地强调了数学的简单性和统一性.他说:"数学的目的,就是用简单而基本的词汇去尽可能地解释世界.……如果我们积累起来的经验要一代一代传下去的话,我们就必须不断地努力把它们加以简化和统一."

算法设计追求简单和统一.后文将基于几个有趣的范例,提炼出算法设计的一条基本原理,进而概括出算法设计的几种基本技术.

0.1.3 Zeno 悖论的启示

古希腊哲学家 Zeno 在两千多年前提出过一个耸人听闻的命题:**一个人不管跑得多快,也永远追不上爬在他前面的一只乌龟**.这就是著名的 **Zeno 悖论**.

Zeno 在论证这个命题时采取了如下形式的逻辑推理:设人与龟同时同向起跑,如果龟不动,那么人经过某个时刻便能赶上它;但实际上在这段时间内龟又爬行了一段路程,从而人又得重新追赶.这样**每追赶一步所归结出的是同样类型的追赶问题,因而这种追赶过程永远不会终结**.Zeno 则据此断言人追上龟是"永远"不可能的.

Zeno 悖论的提出在古希腊学术界引起了轩然大波.在 Zeno 悖论面前,古代的数学逻辑显得无能为力,提供不出有力的论据予以驳斥,从而导致了人类文明史上"第一次数学危机".

---

① M. Atiyah. 数学的统一性[J]. 数学译林,1980(1):36-43.

耐人寻味的是,尽管 Zeno 悖论的论断极其荒谬,但从算法设计的角度来看它却是极为精辟的.

Zeno 悖论将人龟追赶问题表达为一连串追赶计算的逐步逼近过程. 设人与龟的速度分别为 v_A 与 v_B,记 s_k 表示逼近过程的第 k 步人与龟的间距,另以 t_k 表示相应的时间,相邻两步的时间差 $\Delta t_k = t_k - t_{k-1}$. Zeno 悖论把人与龟追赶过程化归为一追一赶两项计算(图 0-1)的重复.

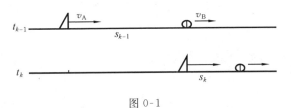

图 0-1

追的计算 先令龟不动,计算人追上龟所费的时间

$$\Delta t_k = \frac{s_{k-1}}{v_A} \tag{1}$$

赶的计算 再令人不动,计算龟在这段时间内爬行的路程

$$s_k = v_B \Delta t_k \tag{2}$$

追的计算与赶的计算都是简单的行程计算. 通过这两项计算加工得出的虽然同样是追赶问题,但问题的"规模"已被大大地压缩了. 譬如,定义人与龟的间距 s_k 为追赶问题的**规模**,那么,经过上述两项运算手续加工后,问题的规模被压缩了 v_B/v_A 倍,即

$$s_k = \frac{v_B}{v_A} s_{k-1}$$

由于龟的速度 v_B 远远小于人的速度 v_A,压缩系数 v_B/v_A 很小,因而这项计算的逼近效果极为显著. 实际上,设 $s_0 = s$ 为已知,令 $t_0 = 0$(即从人龟起跑开始计时),则按上述手续做不了几步,追赶问题的规模 s_k 就可以忽略不计,从而得出人追上龟实际所花费的时间 t_k. 这一算法

$$\begin{cases} s_k = \dfrac{v_B}{v_A} s_{k-1}, & k = 1, 2, \cdots \\ s_0 = s \end{cases} \tag{3}$$

可称作 **Zeno 算法**,它是 Zeno 悖论的算法描述.

上述追的计算和赶的计算都是简单的行程计算,**Zeno 算法的设计思想是,将人与龟的追赶计算化归为简单的行程计算的重复.**

总之,上述 Zeno 算法的每一步,都是将原先的追赶问题加工成同样类型的追赶问题,但加工后的追赶问题,其规模(如人与龟的间距)已被大大地压缩了. 这样,当规模变得足够小时,即可认为人已追上了龟,从而求得问题的解 —— 人追上龟实际花费的时间.

这种反复缩减问题规模的设计策略称作**规模缩减技术**,简称**缩减技术**.缩减技术是一种基本的算法设计技术.下面介绍这种技术在直接法设计中的应用.

0.2 直接法的缩减技术

所谓直接法是这样一类算法,它通过有限步计算可以直接得出问题的精确解(如果不考虑舍入误差的话).

0.2.1 数列求和的累加算法

下述数列求和问题是人们所熟知的:
$$S = a_0 + a_1 + \cdots + a_n \tag{4}$$
这个计算模型有两个简单的特例.当 $n=0$ 即为一项和式 $S=a_0$ 时,所给计算模型就是它的解,这时不需要做任何计算.这表明,对于数列求和问题,它的解是计算模型**退化**的情形.又当 $n=1$ 即计算两项和式 $S=a_0+a_1$ 时,计算过程是**平凡**的,这时不存在算法设计问题.

现在基于这两种简单情形考察所给和式(4)的累加求和算法.设 b_k 表示前 $k+1$ 项的部分和 $a_0+a_1+\cdots+a_k$,则有
$$\begin{cases} b_0 = a_0 \\ b_k = b_{k-1} + a_k, \quad k=1,2,\cdots,n \end{cases} \tag{5}$$
而计算结果 b_n 即为所求的和值
$$S = b_n \tag{6}$$

上述数列求和的累加算法,其设计思想是将多项求和(式(4))化归为两项求和(式(5))的重复.而依式(5)重复加工若干次,最终即可将所给和式(4)加工成一项和式(6)的退化情形,从而得出和值 S.

再剖析计算模型自身的演变过程.按式(5)每加工一次,所给和式(4)便减少一项,而所生成的计算模型依然是数列求和.反复施行这种加工手续,计算模型不断变形为

$$\underset{\text{(计算模型)}}{n+1 \text{ 项和式}} \Rightarrow n \text{ 项和式} \Rightarrow n-1 \text{ 项和式} \Rightarrow \cdots \Rightarrow \underset{\text{(所求结果)}}{1 \text{ 项和式}}$$

这里,符号"$\Rightarrow$"表示重复施行两项求和的加工手续.

这样,如果定义和式的项数为数列求和问题的**规模**,则所求和值可以视作规模为1的退化情形.因此,只要令和式的规模(项数)逐次减1,最终当规模为1时即可直接得出所求的和值.这样设计出的算法就是累加求和算法(式(5)).

上述累加求和算法可以视作规模缩减技术的一个范例.

0.2.2 缩减技术的设计机理

许多数值计算问题可以引进某个实数,所谓问题的**规模**来刻画其"大小",而问题的解则是其规模为足够小,譬如规模为 1 或 0 的退化情形. 求解这类问题,一种行之有效的办法是通过某种简单的运算手续逐步缩减问题的规模,直到加工得出所求的解. 算法设计的这种技术称作**规模缩减技术**,简称**缩减技术**.

缩减技术适用的一类问题是,求解这类问题的困难在于它的规模(适当定义)比较大. 针对这类问题运用缩减技术,就是设法逐步缩减计算问题的规模,直到规模变得足够小时直接生成或方便地求出问题的解.

缩减技术的设计机理可用"**大事化小,小事化了**"这句俗话来概括.

所谓"大事化小",意即逐步压缩问题的规模. 在运用缩减技术时,"大事"是如何"化小"的呢?这个处理过程具有如下两项基本特征.

1° **结构递归**. "大事化小"是逐步完成的,其每一步将所考察的计算模型加工成同样类型的计算模型,因而这类算法具有明晰的递归结构.

2° **规模递减**. 每一步加工前后的计算模型虽然从属于同一类型,但其规模已被压缩了. 压缩系数愈小,算法的效率愈高.

再考察"小事化了"的处理过程. 所谓"小事化了",是指当问题的规模变得足够小时即可直接或方便地得出问题的解.

"小事"是如何"化了"的呢?

对于某些计算模型,如前面讨论过的数列求和问题,它们的规模为正整数,而其解则是规模为 0 或 1 的退化情形. 这时只要设法使规模逐次减 1,加工若干步后即可直接得出所求的解. 这里"小事化了"是直截了当的.

这样设计出的一类算法统称**直接法**. 前述数列求和的累加算法以及下面将要讲到的多项式求值的秦九韶算法都是直接法.

0.2.3 多项式求值的秦九韶算法

微积分方法的核心是逼近法. 多项式是微积分学中最为基本的一种逼近工具,因而多项式求值算法在微积分计算中具有重要意义.

设要对给定的 x 计算下列多项式的值:

$$P = a_0 x^n + a_1 x^{n-1} + \cdots + a_{n-1} x + a_n = \sum_{k=0}^{n} a_k x^{n-k} \tag{7}$$

由于计算每一项 $a_k x^{n-k}$ 需做 $n-k$ 次乘法,如果先逐项计算 $a_k x^{n-k}$,然后再累加求和得出多项式的值 P,这种**逐项生成算法**所要耗费的乘法次数为

$$Q = \sum_{k=0}^{n}(n-k) \approx \frac{n^2}{2}$$

当 n 充分大时这个计算量是相当大的.

现在设法改进这一算法. 类似于数列求和计算, 首先考察两个特例: 当 $n=0$ 时, 所给计算模型即为所求的解
$$P = a_0$$
这时不需要做任何计算; 又当 $n=1$ 时, 计算模型
$$P = a_0 x + a_1$$
为简单的一次式, 这时虽然需要进行计算, 但不存在算法设计问题.

注意, 当 $x=1$ 时多项式(7)便退化为和式(4), 可以类比数列求和算法的设计过程讨论多项式求值算法的设计问题.

设将多项式的次数规定为多项式求值问题的规模, 如果从式(7)的前两项中提出公因子 x^{n-1}, 则有
$$P = (a_0 x + a_1) x^{n-1} + \sum_{k=2}^{n} a_k x^{n-k}$$
这样, 如果算出一次式
$$v_1 = a_0 x + a_1$$
的值, 则所给 n 次式的计算模型(7)便化归为 $n-1$ 次式
$$P = v_1 x^{n-1} + \sum_{k=2}^{n} a_k x^{n-k}$$
的计算, 从而使问题的规模减少了 1 次. 不断地重复这种加工手续, 使计算问题的规模逐次减 1, 则经过 n 步即可将所给多项式的次数降为 0, 从而获得所求的解. 这样设计出算法 0.1.

算法 0.1 (秦九韶算法)

令 $v_0 = a_0$, 对 $k=1,2,\cdots,n$ 计算
$$v_k = x v_{k-1} + a_k \tag{8}$$
则结果 $P = v_n$ 即为所给多项式(7)的值.

容易看出, 按递推算式(8)计算多项式(7)的值, 总共只要做 n 次乘法, 其计算量远比前述逐项生成算法的计算量小. 这是一种优秀算法.

这一优秀算法称作**秦九韶算法**. 它是我国南宋大数学家秦九韶(1208—1261)最先提出来的. 需要注意的是, 国外文献常称这一算法为 **Horner 算法**, 其实 Horner 的工作比秦九韶晚了五六百年.

秦九韶算法说明, n 次式(7)的求值问题可化归为一次式(8)求值计算的重复. 设以符号 "⇒" 表示一次式的求值手续, 则秦九韶算法的模型加工流程如下:

n 次式求值 ⇒ $n-1$ 次式求值 ⇒ $n-2$ 次式求值 ⇒ ⋯ ⇒ 0 次式求值
(计算模型) (计算结果)

0.3 迭代法的校正技术

上一节介绍了设计直接法的缩减技术. 缩减技术针对这样的问题,它的规模为正整数,而解则是规模足够小(通常规模为 0 或 1)的退化情形. 这样,只要设法令规模逐次减 1,即可将计算模型逐步加工成解的形式. 这种加工过程可用"大事化小,小事化了"这句俗话来概括.

有些问题的"大事化小"过程似乎无法了结. Zeno 悖论强调人"永远"追不上龟正是为了突出这层含义. 这是一类无限的逼近过程,计算问题的规模通常是实数. 正如前述 Zeno 算法所看到的,如果逼近过程的规模(适当定义)按某个比例常数一致地缩减,那么,适当提供某个精度即可控制计算过程的终止. 这样设计出的算法通常称作**迭代法**.

0.3.1 Zeno 悖论中的"Zeno 钟"

Zeno 悖论所表述的人龟追赶问题其实是容易求解的. 设人与龟起初相距 s,两者速度分别为 v_A 与 v_B,则可列出方程

$$v_A t - v_B t = s \tag{9}$$

因此人追上龟实际所花费的时间

$$t^* = \frac{s}{v_A - v_B}$$

我们再运用所谓预报校正技术处理这个简单问题,以为将来求解一般非线性方程做准备.

设有解 t^* 的某个**预报值** t_0,希望提供校正量 Δt,使校正值

$$t_1 = t_0 + \Delta t$$

能更好地满足所给方程(9),即尽可能准确地成立

$$v_A(t_0 + \Delta t) - v_B(t_0 + \Delta t) \approx s$$

注意到 v_B 是个小量,设校正量 Δt 也是个小量,上式舍弃高阶小量 $v_B \Delta t$,得

$$v_A(t_0 + \Delta t) - v_B t_0 = s \tag{10}$$

求解这个方程,所定出的校正值 $t_1 = t_0 + \Delta t$ 为

$$t_1 = \frac{s + v_B t_0}{v_A}$$

进一步视 t_1 为新的预报值重复施行上述手续求出新的校正值 t_2,依 t_2 再定出 t_3,反复施行这种预报校正手续,即可生成一个近似值序列 $t_1, t_2, \cdots$. 这就规定了一个迭代过程,其迭代公式为

$$t_{k+1} = \frac{s + v_B t_k}{v_A}, \quad k = 0, 1, 2, \cdots \tag{11}$$

Zeno 悖论所表述的逼近过程正是这种迭代过程,当 $k\to\infty$ 时,式(11)的迭代结果 t_k 将收敛到人追上龟所需的时间 t^*.

那么,Zeno 强调人"永远"追不上龟试图表达什么含义呢?

我们知道,任何形式的重复均可作为时间的量度. Zeno 在刻画人龟追赶过程时实际上设置了两个"时钟":一个是日常钟 t_k,其含义无须解释;Zeno 又将迭代次数 k——一追一赶过程(图 0-1)的重复次数设定为另一种"时钟",不妨将这一时钟称作 **Zeno 钟**. Zeno 钟 k 采取离散的计数方式,它仅仅取正整数值. Zeno 公式(11)表明,当 Zeno 钟 $k\to\infty$ 时人才能追上龟. Zeno 正是依据这一事实断言"人永远追不上龟".

再举一个有实用价值的迭代算法.

0.3.2 开方算法

四千多年前,在亚洲西南部的古巴比伦(现伊拉克境内)就已经萌发出数学智慧的幼芽. 古巴比伦数学取得了一系列重要成就,譬如制成了有关平方根的数表. 古巴比伦人制造开方表的方法难以考证,不过可以想象其计算方法必定相当简单.

现代电子计算机上又是怎样计算方根值的呢?

相对于加减乘除四则运算来说,开方运算无疑是复杂的. 人们自然希望将复杂的开方运算归结为四则运算的重复,为此需要设计某种算法.

给定 $a>0$,求方根值 $\sqrt{a}$ 的问题就是要解方程

$$x^2 - a = 0 \tag{12}$$

这是个非线性的二次方程,从初等数学的角度来看,它的求解有难度. 该如何化难为易呢?

设给定某个预报值 x_0,我们希望借助于某种简单方法确定校正量 Δx,使校正值 $x_1 = x_0 + \Delta x$ 能够比较准确地满足所给方程(12),即有

$$(x_0 + \Delta x)^2 \approx a$$

假设校正量 Δx 是个小量,为简化计算,舍弃上式中的高阶小量 $(\Delta x)^2$,而令

$$x_0^2 + 2x_0 \Delta x = a$$

这是关于 Δx 的一次方程,据此定出 Δx,从而对校正值 $x_1 = x_0 + \Delta x$ 有

$$x_1 = \frac{1}{2}\left(x_0 + \frac{a}{x_0}\right)$$

反复施行这种预报校正手续,即可导出**开方公式**

$$x_{k+1} = \frac{1}{2}\left(x_k + \frac{a}{x_k}\right), \quad k = 0, 1, 2, \cdots \tag{13}$$

从给定的某个初值 $x_0 > 0$ 出发,利用上式反复迭代,即可获得满足精度要求

的方根值 $\sqrt{a}$. 开方算法如算法 0.2 所述.

> **算法 0.2** （开方算法）
>
> 任给 $x_0 > 0$，对 $k = 0, 1, 2, \cdots$ 执行算式(13)，直到偏差 $|x_{k+1} - x_k| < \varepsilon$ (ε 为给定精度) 为止，最终获得的近似值 x_k 即为所求.

例 1 用开方算法求 $\sqrt{2}$，设 $x_0 = 1$.

解 $\sqrt{2}$ 的准确值为 $1.414\ 213\ 56\cdots$. 取 $a = 2$ 按式(13)迭代 4 次即可得出准确到 $\varepsilon = 10^{-6}$ 的结果 $1.414\ 214$ (表 0-1).

表 0-1

k	x_k	k	x_k
0	1.000 000	3	1.414 216
1	1.500 000	4	1.414 214
2	1.416 667	5	1.414 214

0.3.3 校正技术的设计机理

开方算法虽然结构简单，但它深刻地揭示了校正技术的设计思想. 前已指出，**算法设计的基本原则是将复杂计算化归为一系列简单计算的重复**. 迭代法突出地体现了这一原则，其设计机理可概括为"**以简御繁，逐步求精**".

所谓"以简御繁"，是指构造某个简化方程近似替代原先比较复杂的方程，以确定所给预报值的校正量. 这种用于计算校正量的简化方程称作**校正方程**. 关于校正方程有以下两项基本要求.

$1°$ **逼近性** 它与所给方程是近似的. 逼近程度越高，所获得的校正量越准确.

$2°$ **简单性** 校正方程越简单，所需计算越小，求校正量通常采取显式计算.

应当指出的是，在设计校正方程时，上述逼近性与简单性两项要求往往会顾此失彼. 逼近性高会导致校正方程的复杂化，使计算量显著增加. 在具体设计校正方程时需要权衡得失.

如何利用简单的校正方程获得原方程的解呢？为使简单转化为复杂，一种行之有效的方法是递推. 对于给定的某个预报值 x_0，利用校正方程计算校正量从而得出校正值 x_1，这就完成了迭代过程的一步. 是否需要继续迭代取决于校正量是否满足精度要求. 如果不满足精度要求，则用老的校正值充当新的预报值重复上述步骤. 如此继续下去直到获得的校正值满足精度要求为止. 由此可见，迭代过程是个"逐步求精"的递归过程.

0.4 迭代优化的超松弛技术

0.4.1 Zeno 算法的升华

再考察 Zeno 算法. 对于给定的预报值 t_0, 按式(11)其校正值为

$$t_1 = \frac{s + v_B t_0}{v_A}$$

据此有
$$v_A t_1 - v_B t_0 = s$$

两端同除以 $v_A - v_B$, 得

$$\frac{v_A}{v_A - v_B} t_1 - \frac{v_B}{v_A - v_B} t_0 = \frac{s}{v_A - v_B}$$

需要注意的是, 上式右端

$$t^* = \frac{s}{v_A - v_B}$$

为人追上龟实际所需的时间, 即人龟追赶问题的精确解(0.3节). 由此可见, 精确解 t^* 等于预报值 t_0 同它的校正值 t_1 两者的加权平均:

$$t^* = (1+\omega)t_1 - \omega t_0, \quad \omega = \frac{v_B}{v_A - v_B} \tag{14}$$

我们看到, 这里将任意一对粗糙的迭代值 t_0, t_1(它们的精度可能都很差)按固定程式(式(14))进行松弛, 结果总可以获得所给方程的精确解 t^*. 这种化粗为精的加工效果是奇妙的.

0.4.2 超松弛技术的设计机理

在实际计算中常常可以获得目标值 F^* 的两个相伴随的近似值 F_0 与 F_1, 如何将它们加工成更高精度的结果呢?改善精度的一种简便而有效的办法是, 取两者的某种加权平均作为近似值, 即令

$$\hat{F} = (1-\omega)F_0 + \omega F_1$$
$$= F_0 + \omega(F_1 - F_0)$$

也就是说, 适当选取权系数 ω 来调整校正量 $\omega(F_1 - F_0)$, 以将近似值 F_0, F_1 加工成更高精度的结果 $\hat{F}$. 正是由于基于校正量的调整与松动, 故这种方法称作**松弛技术**. 权系数 ω 称作**松弛因子**.

有一种情况特别引人注目. 如果所提供的一对近似值有优劣之分, 譬如 F_1 为优而 F_0 为劣, 这时往往采取如下松弛方式(见式(14)):

$$\hat{F} = (1+\omega)F_1 - \omega F_0, \quad \omega > 0$$

这种设计策略称作**超松弛**.

超松弛技术在提高精度方面的效果是奇妙的.数据的加权平均几乎不需要耗费计算量,然而超松弛的结果往往能显著地提高精度.这种方法在将优劣互异(精度不同)的两类近似值进行松弛时,最大限度地张扬优值而抑制劣值,从而获得高精度的松弛值,其设计机理可概括为"**优劣互补,激浊扬清**".

需要指出的是,使超松弛技术真正实现提高精度的效果的关键在于松弛因子 ω 的选择,而这往往是极其困难的.不可思议的是,早在两千年以前,智慧的中华先贤已掌握了这门精湛的算法设计技术.

0.4.3 刘徽的"割圆术"

在数学史上,圆周率这个奇妙的数字牵动着一代又一代数学家的心,不少人为之耗费了毕生精力.据现存文献记载,在这方面作出过突出贡献的,当首推古希腊的 Archimedes(前 287—前 212).公元前 3 世纪,他用圆内接与外切正 96 边形逼近圆周,得出 π 的近似值为 3.14.这是公元前最好的结果.

关于圆周率计算问题,我国古代数学家也作出过杰出的贡献.魏晋大数学家刘徽(约 225—295)曾提出过所谓"割圆术",他从内接正 6 边形割到正 12 边形,再割到正 24 边形,如此一直割到内接正 3 072 边形,得出 π 的近似值 3.141 6.这是当时最好的结果.

刘徽不但提供了一种圆周率计算的迭代算法,而且还给出了一个加速逼近公式.这是刘徽割圆术中最为精彩的部分(2.6 节).

刘徽用内接正 n 边形的面积 S_n 来逼近面积 S,并取半径 $r=10$ 进行实际计算.这时 $S=100\pi$.他利用 $S_{96}=313\frac{584}{625}$ 与 $S_{192}=314\frac{64}{625}$ 两个粗糙的数据进行加工,并提供了如下加工过程:

$$S_{192}+\frac{36}{105}(S_{192}-S_{96})=314\frac{64}{625}+\frac{36}{105}\times\frac{105}{625}$$
$$=314\frac{100}{625}=314\frac{4}{25}\approx S_{3\,072}$$

据此获知 $\pi=3.141\,6$.

就这样,刘徽利用两个粗糙的近似值 S_{96},S_{192} 进行松弛,结果获得了高精度的近似值 $S_{3\,072}$,从而实现了圆周率计算的一次革命性飞跃.

刘徽的"割圆术"在数学史上占有重要的地位,它开创了加速算法设计的先河.直到 1 700 多年后的 20 世纪,西方数学家才基于所谓余项展开式获知逼近过程的加速方法(2.5 节).

附带指出,如果继续施行上述割圆手续,进一步从 192 边形割到 384 边形,并设法算出 S_{192} 与 S_{384} 的值,同时将松弛因子 $\omega=\frac{36}{105}$ 修止为 $\frac{35}{105}=\frac{1}{3}$,那么,不难

验证,这时松弛值

$$S_{384} + \frac{1}{3}(S_{384} - S_{192}) \approx S_{245\ 76} = 3.141\ 592\ 6$$

这就是说,只要计算稍许准确一点,运用刘徽的割圆术就能获得 $\pi = 3.141\ 592\ 6$ 这项千年称雄的数学成就. 然而差之毫厘,失之千里,刘徽将这个千古辉煌留给了两百年后的祖冲之.

0.5 递推加速的二分技术

0.5.1 "结绳记数"的快速算法

考古发现,上古没有文字,中华先民靠在绳索上打结的办法来记录数字,这就是所谓的"结绳记数".

结绳记数有许多优点:绳结容易制作,造价低廉;打结方法简单,无须附加工具;绳结可随意变形,保管携带都很方便. 绳结是个理想的"数字存储器".

绳结可以用来记数,这是古人早就认识到的. 问题在于,如果一条绳结上存有大量结点,逐个累加不但枯燥乏味,而且效率低下,那么该怎样快速地求出结点总数呢?

古人很可能早就知道,"软硬兼施"的绳结有一种快速计数方法.

设绳结上的结点是等距排列的. 试将它对折为两半,并令其首尾两个结点对齐(图 0-2). 设用阴阳二分点来刻画结点数是偶数还是奇数:若结点数为偶数,则二分点在两相邻结点之间,记作"●";若结点数为奇数,则二分点合于某个结点,记作"○". 这种**二分手续**取得了"大事化小"的效果.

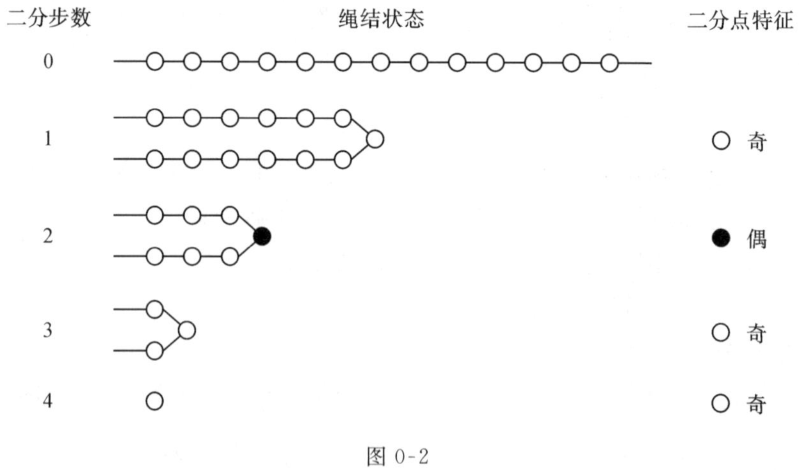

二分步数	绳结状态	二分点特征
0	——○○○○○○○○○○○○○○○○——	
1	○○○○○○○○○ / ○○○○○○○○○	○ 奇
2	○○○○○● / ○○○○○	● 偶
3	○○○	○ 奇
4	○	○ 奇

图 0-2

对二分后的子段又可继续施行上述二分手续,从而产生一个新的二分点●或点○.这样反复做下去,直到子段上仅含一个结点为止.最终留下的一个结点自然视为二分点○.这样,二分过程最终实现了"小事化了"的目标.

绳结的这种二分演化过程如图 0-2 所示.

在上述二分演化过程中,逐步生成了一个二分点的序列.设将先后生成的二分点从右往左顺序排列,即可生成一个有方向、有层次的**虚拟绳结**(图 0-3).这个虚拟绳结同原先的绳结(图 0-2)含义一致,但信息量被大大地压缩了.

图 0-3

设原先的绳结数为 N,则二分过程的信息压缩比

$$\frac{N}{\log_2 N} \to \infty$$

一个出人意料的结论是,如果将虚拟绳结的两种结点●与○分别赋值 0 与 1,即可得到所求绳结数的二进制数 $(1\ 1\ 0\ 1)_2 = 13$.

摆弄绳结可以孕育出二进制,这是一个奇妙的事实.这一事实表现了中华古算的博大精深.

在人类文明史上,中华民族对计数法曾作出过杰出的贡献.十进制记数法是中国人的首创.十六进制记数法更是中国人的独创并曾被长期使用."半斤八两"这句成语生动地说明,十六进制已被深深地扎根于人们的观念中,而十六进制只是二进制的缩记而已.

可见,中华古算与二进制算术有着紧密的联系.

0.5.2 二分技术的设计机理

二分技术是缩减技术的延伸.

前已看到,在逐步推进过程中,缩减技术将所给计算问题加工成同类问题,每做一步其规模减 1,即其规模按等差级数(公差为 1)递减,直到规模为 1 或 0 结束.

二分技术所面对的是规模 $N = 2^n$ (n 为正整数)的大规模计算问题.对于较大的 n,数值 $N = 2^n$ 之"大"往往是人们无法想象的.譬如,1 s 只是短短的一瞬间,而 2^{64} s 等于 5 849 亿年,这个数字远远超过宇宙的"年龄"200 亿年.对于这些"可怕的"大数 $N = 2^n$,运用每做一步规模减 1 的缩减技术实在太慢了.

作为缩减技术的优化,二分技术仍然是将计算问题加工成同类问题,不过,**二分技术的每一步使问题的规模减半**,即其规模按等比级数(公比为 1/2)递减,**直到规模变为 1 时终止计算**.这样,对于规模为 $N = 2^n$ (n 为正整数)的大规模计算问题,只要二分 $n = \log_2 N$ 次即可使其规模变为 1,从而得出所求的解. 与缩减技术相比,二分技术的加速比为

$$\frac{N}{\log_2 N} \longrightarrow \infty$$

可见,二分技术是一类高效算法的设计技术.

其实,二分技术与缩减技术是息息相通的. 事实上,如果改用幂 n 定义问题 $N = 2^n$ 的规模,那么,每一步二分手续使问题的规模减 1,这样,在二分手续的背景下,二分技术便转化为常规的缩减技术. 这是"大事化小"思想的升华.

二分技术有着深邃的文化内涵. 依据图 0-2 所示的绳结的演化过程,可以抽象出一种独特的思维方式 —— **二分演化机制**.

二分演化机制的设计机理可用易经中"**刚柔相推,变在其中**"(《周易·系辞下传》)这句话来概括. 所谓"刚"、"柔"是指事物内部存在的矛盾的两个方面. 矛盾双方的对立与斗争是事物变化发展的根本动力,而矛盾双方的调和与统一则决定着事态演变的走向. 就这样,矛盾双方"分"(一分为二)与"合"(合二为一)的推断演绎("刚柔相推"),使事物的状态不断地推陈出新("变在其中"),直至最终生成所期望的结果.

再看"结绳记数"的例子(图 0-2). 奇与偶、虚与实等都是绳结内部存在着的矛盾的双方. 通过快速记数的二分手续,奇偶虚实等矛盾双方的分分合合,使绳结状态不断地改变,最终将原有绳结加工成表达二进制的虚拟绳结,从而取得信息压缩的显著成效.

二分演化机制所涵盖的领域极为宽泛. 不言而喻,近似值的优与劣自然是一对矛盾,因此,前述超松弛技术同样从属于二分演化机制的范畴. 事实上,超松弛技术与二分技术是高效算法设计包括加速算法设计、快速算法设计以及并行算法设计的基本技术(附录 A 与附录 B).

0.6 尽力避免误差的危害

数 x 与它的某个近似值 x^* 的偏差 $e = x - x^*$ 称为**误差**. 误差的具体数值通常无法确定,只能根据测量工具或计算过程设法估算它的取值范围,即误差绝对值的一个上界

$$|x - x^*| \leqslant \varepsilon$$

这种上界 ε 称作近似值 x^* 的**误差限**或**精度**.

如果近似值的误差限是它的某一位的半个单位,则从这一位起到前面第一个非零数字为止的所有数字均称为**有效数字**. 例如 $\pi = 3.14159265\cdots$ 的近似值 3.14 和 3.1416 分别有 3 位和 5 位有效数字.

设计算法时需要考虑误差分析，否则，一个合理的算法也可能得出错误的结果.

避免误差危害的手段多种多样，譬如，避免两个相近的数相减，避免相差悬殊的两个数相加减等等. 为避免误差的危害，往往需要改写计算公式或更换计算模型.

例 2 用中心差商公式

$$G(h) = \frac{\sqrt{2+h} - \sqrt{2-h}}{2h}$$

求 $f(x) = \sqrt{x}$ 在 $x = 2$ 的导数值.

解 在计算机上数的表示受机器字长的限制，设取 5 位数字计算，令 $h = 0.1$，得

$$G(0.1) = \frac{1.4491 - 1.3784}{0.2} = 0.35350$$

同导数的精确值 $f'(2) = 0.353553\cdots$ 比较，这项计算还是可取的. 但是，如果缩小步长取 $h = 0.0001$，则得

$$G(0.0001) = \frac{1.4142 - 1.4142}{0.0002} = 0$$

算出的结果反而毫无价值.

为避免这种情况发生，当 h 很小时可改写计算公式为

$$G(h) = \frac{1}{\sqrt{2+h} + \sqrt{2-h}}$$

据此求得

$$G(0.0001) = \frac{1}{1.4142 + 1.4142} = 0.35356$$

这个结果的每一位都是有效数字.

例 3 求解方程 $x^2 - (10^5 + 1)x + 10^5 = 0$.

解 仍取 5 位数字进行计算，并用"$\triangleq$"标记对阶舍入的计算过程. 运用一元二次方程

$$x^2 + 2bx + c = 0$$

的求根公式

$$x_{1,2} = -b \pm \sqrt{b^2 - c}$$

这里 $c = 10^5$，而

$$b = -\frac{1}{2} \times (10^5 + 1) \triangleq -\frac{1}{2} \times 10^5$$

$$\sqrt{b^2-c} = \sqrt{\left[-\frac{1}{2}(10^5+1)\right]^2 - 10^5} \triangleq \frac{1}{2} \times 10^5$$

故有
$$x_1 = -b + \sqrt{b^2-c} \triangleq 10^5$$
$$x_2 = -b - \sqrt{b^2-c} \triangleq 0$$

原方程的精确解显然是 $x_1 = 10^5, x_2 = 1$. 可见上面求出的结果严重失真.

解决这个问题的办法是,改用求根公式

$$x_2 = \frac{c}{x_1}$$

因 $x_1 = 10^5, c = 10^5$,故有 $x_2 = 1$. 这个结果是正确的.

例 4 考察方程组

$$\begin{bmatrix} 1 & \frac{1}{2} & \frac{1}{3} \\ \frac{1}{2} & \frac{1}{3} & \frac{1}{4} \\ \frac{1}{3} & \frac{1}{4} & \frac{1}{5} \end{bmatrix} \begin{bmatrix} x_1 \\ x_2 \\ x_3 \end{bmatrix} = \begin{bmatrix} \frac{11}{6} \\ \frac{13}{12} \\ \frac{47}{60} \end{bmatrix}$$

其解为 $x_1 = x_2 = x_3 = 1$.

解 这类方程组的求解有很大困难. 事实上,如果把系数舍入成 3 位有效数字,有

$$\begin{bmatrix} 1.00 & 0.500 & 0.333 \\ 0.500 & 0.333 & 0.250 \\ 0.333 & 0.250 & 0.200 \end{bmatrix} \begin{bmatrix} x_1 \\ x_2 \\ x_3 \end{bmatrix} = \begin{bmatrix} 1.83 \\ 1.08 \\ 0.783 \end{bmatrix}$$

则其解变成

$$x_1 = 1.09, \quad x_2 = 0.488, \quad x_3 = 1.49$$

由此看出,尽管系数改变不大,所求出的解却有很大出入. 这类问题称作是**病态**的.

病态问题的算法设计是困难的,最好在建立数学模型时加以避免.

小　　结

学习计算机上的数值算法,要领悟一条基本原理,区分两类基本方法,掌握四种基本技术.

计算机上数值算法设计技术大致有四种:缩减技术、校正技术、超松弛技术和二分技术,其设计机理与设计思想如表 0-2 所述.

这四种技术并不是孤立的,它们彼此有着深刻的联系. 二分技术是缩减技术

表 0-2

设 计 技 术	设 计 机 理		设 计 思 想
缩减技术	大事化小	小事化了	化大为小
校正技术	以简御繁	逐步求精	化难为易
超松弛技术	优劣互补	激浊扬清	变粗为精
二分技术	刚柔相推	变在其中	变慢为快

的加速,而超松弛技术则是校正技术的优化.它们分别是直接法与迭代法的设计技术.

值得指出的是,直接法与迭代法这两类方法是相通的.如前所述,这两类算法本质上都是按照规模缩减的原则演化的,不过,直接法的规模是正整数,其规模缩减是个有限过程;而迭代法的规模(某种事先定义的误差)是实数,其规模缩减本质上是个无穷过程.在后文将会看到,对于某些计算问题,所设计出的迭代法与直接法互为反方法(第6章的小结).

计算机上的算法形形色色,但万变不离其宗.不管哪一种数值算法,其设计原理都是将复杂转化为简单的重复,或者说,通过简单的重复生成复杂.在算法设计与算法实现过程中,重复就是力量!

习 题 0

1. 用缩减技术设计求

$$T = \prod_{i=0}^{n} a_i$$

的累乘求积算法.

2. 运用缩减技术设计

$$Q = \sum_{i=0}^{n} \left(\prod_{j=0}^{i-1} b_j \right) a_i$$

的求值算法(这里约定 $\prod_{j=0}^{-1} b_j = 1$).

3. 设 $P(x) = a_0 x^n + a_1 x^{n-1} + \cdots + a_n$,试对给定 x 设计导数 $P'(x)$ 的求值算法.

4. 用校正技术解方程 $\frac{1}{x} - a = 0$,设计求倒数 $\frac{1}{a}$ 而不用除法的迭代算法.

5. 取 $x_0 = 1$,用迭代公式 $x_{k+1} = \frac{1}{1 + x_k}$ 计算方程 $x^2 + x - 1 = 0$ 的正根

$x^* = \dfrac{-1+\sqrt{5}}{2}$,要求精度 10^{-5}.

6. 将题 5 迭代前后的值加权平均生成迭代公式
$$x_{k+1} = \omega x_k + (1-\omega)\dfrac{1}{1+x_k}$$
试验证,若取 $\omega = \dfrac{7}{25}$ 则上式可改进题 5 的收敛速度.

7. 用开方公式(13)计算 $\sqrt{8}$,要求准确到 10^{-3}.

8. 已知 $e = 2.71828\cdots$,其近似值 $x_1 = 2.7, x_2 = 2.71, x_3 = 2.718$ 各有几位有效数字?

9. 用 $\dfrac{22}{7}$ 和 $\dfrac{355}{113}$ 作为 π 的近似值,它们各有几位有效数字?

10. 取 $\sqrt{2} = 1.4$ 计算 $(\sqrt{2}-1)^6$,下列几种算式哪一个最好?

(1) $(\sqrt{2}-1)^6$ (2) $(3-2\sqrt{2})^3$ (3) $99-70\sqrt{2}$

(4) $\dfrac{1}{(\sqrt{2}+1)^6}$ (5) $\dfrac{1}{(3+2\sqrt{2})^3}$

11. 为尽量避免有效数字的严重损失,当 $|x| \ll 1$ 时应如何加工下列算式?

(1) $\dfrac{1}{1+2x} - \dfrac{1-x}{1+x}$ (2) $1-\cos x$

第 1 章 插 值 方 法

人类在长期的生产实践和科学探索过程中积累了大量的数据,制成了各种各样的数据表.所谓"插值",通俗地说,就是在所给数据表中再"插"进一些所需要的值.

插值方法源于科学研究的实践.在 17 世纪,西欧科学探索活动空前活跃,发生了诸如 Colombo 发现"新大陆"、Magallanes 环球航行等一系列重大事件.科学探索的客观需要强烈地推动了插值方法的深入研究.

插值方法是一类古老的数学方法.特别值得指出的是,我国古代天文学家在制定历法的过程中曾深入研究过插值方法,并取得了辉煌的成就[①].例如,中唐僧一行草成《大衍历》(公元 727 年),导出了不等距节点的插值公式.尤其是,晚唐徐昂制成《宣明历》(公元 822 年),所使用的插值技术正是近代广泛运用的所谓"有限差分方法".中华先贤关于插值方法的研究比西方超前了上千年.

1.1 插值平均

1.1.1 问题的提出

工程实践与科学研究过程中会碰到各式各样的函数 $f(x)$,有的表达式很复杂,有的甚至提供不出 $f(x)$ 的表达式,而只是通过实验和计算获得若干节点 x_i 上的函数值 $f(x_i) = y_i$,或者说,只是提供了一张数据表(表 1-1).

表 1-1

x	x_0	x_1	x_2	$\cdots$	x_n
$y = f(x)$	y_0	y_1	y_2	$\cdots$	y_n

所谓**插值**,就是设法利用已给数据表求出给定点 x 的函数值 y.表中的数据点 $x_i(i = 0, 1, \cdots, n)$ 称**插值节点**,所要插值的点 x 称**插值点**.

插值计算的目的在于,通过尽可能简便的方法,利用所给数据表加工出插值点 x 上具有足够精度的插值结果 y.

在这种意义上,插值过程是个数据加工的过程.

---

① 钱宝琮,中国数学史[M].北京:科学出版社,1992.

不言而喻,所给数据表 1-1 的每个数据 y_i 均可近似地充当插值结果 y,只是精度不够.人们自然会想到,能否将这些数据适当组合生成所要的插值结果呢?

问题在于,如何选取组合系数 λ_i,使组合值

$$y = \sum_{i=0}^{n} \lambda_i y_i \tag{1}$$

具有"尽可能高"的精度呢?为此,要求提供一种判别插值精度高低的准则.

1.1.2 代数精度的概念

再考察插值公式(1).注意到 $y_i = f(x_i)$,而所求结果 y 为 $f(x)$ 的近似值,对应于插值公式(1)有如下**近似关系式**:

$$f(x) \approx \sum_{i=0}^{n} \lambda_i f(x_i) \tag{2}$$

这样,插值方法所要解决的问题是,如何选取系数 λ_i,使近似关系式(2)对于所给函数 $y = f(x)$ 能够比较准确地成立.

微积分中的 Taylor 分析表明,一般函数可用代数多项式来近似地刻画,因此,为保证函数关系式(2)具有"尽可能高"的精度,只要令它对于"尽可能多"的代数多项式 $y = f(x)$ 均能准确地成立.具体地说,有如下定义.

定义 1 称近似关系式(2)具有 **m 阶精度**,如果它对于次数 $\leqslant m$ 的多项式均能准确成立,或者说,它对于幂函数 $y = 1, x, x^2, \cdots, x^m$ 均能准确成立,而对于 $y = x^{m+1}$ 不准确.

称插值公式(1)具有 m 阶精度,如果其对应的近似关系式(2)具有 m 阶精度.

特别地,令式(2)对于零次式 $y = 1$ 准确成立,可列出方程

$$\sum_{i=0}^{n} \lambda_i = 1$$

这表明插值方法是一种平均化方法.因此这项数据加工手续也可称作**插值平均**.

下一节将会看到,基于定义 1 的精度判别准则,**插值公式的构造问题可化归为求解代数方程组的代数问题**.

1.2 Lagrange 插值公式

先考察简单的两点插值.

1.2.1 两点插值

设给定含有两个节点的数据表(表 1-2),求作形如

$$y = \lambda_0 y_0 + \lambda_1 y_1 \tag{3}$$

的插值公式,式中,λ_0, λ_1 为待定系数.

表 1-2

x	x_0	x_1
$y = f(x)$	y_0	y_1

为此令其对应的近似关系式

$$f(x) \approx \lambda_0 f(x_0) + \lambda_1 f(x_1)$$

具有 1 阶精度,即对于幂函数 $y = 1, x$ 准确成立,则可列出方程组

$$\begin{cases} \lambda_0 + \lambda_1 = 1 \\ \lambda_0 x_0 + \lambda_1 x_1 = x \end{cases}$$

运用 Cramer 法则解得

$$\lambda_0 = \begin{vmatrix} 1 & 1 \\ x & x_1 \end{vmatrix} \Big/ \begin{vmatrix} 1 & 1 \\ x_0 & x_1 \end{vmatrix} = \frac{x - x_1}{x_0 - x_1}$$

同理有

$$\lambda_1 = \frac{x - x_0}{x_1 - x_0}$$

从而依数据表 1-2 作出的形如式(3)的插值公式是

$$y = \frac{x - x_1}{x_0 - x_1} y_0 + \frac{x - x_0}{x_1 - x_0} y_1 \tag{4}$$

这就解决了下述两点插值问题.

问题 1 设给定数据表 1-2,求作形如式(3)的插值公式,使之具有 1 阶精度.

例 1 运用 0.3.2 小节的开方算法可造出开方表(表 1-3),试利用这张数据表依两点插值公式(4)计算方根值 $\sqrt{3.45}$.

表 1-3

x	1	2	3	4	5	6	7	8
$y = \sqrt{x}$	1.000 00	1.414 21	1.732 05	2.000 00	2.236 07	2.449 49	2.645 75	2.828 43

解 取靠近插值点 $x = 3.45$ 的两个插值节点 $x_0 = 3, x_1 = 4$,依式(4)求得 $y = 1.852\,63$,与准确值 $\sqrt{3.45} = 1.857\,417\,56\cdots$ 比较,这一结果有 3 位有效数字.

1.2.2 三点插值

两点插值的精度不高.为改善精度进而考察三点插值.

问题 2 设给定含有三个节点的数据表(表 1-4),求作插值公式

$$y = \lambda_0 y_0 + \lambda_1 y_1 + \lambda_2 y_2 \tag{5}$$

使之具有 3 阶精度.

表 1-4

x	x_0	x_1	x_2
$y = f(x)$	y_0	y_1	y_2

解 按定义,为使式(5)具有 3 阶精度,要求其对应的近似关系式

$$f(x) \approx \lambda_0 f(x_0) + \lambda_1 f(x_1) + \lambda_2 f(x_2)$$

对于 $y = 1, x, x^2, x^3$ 准确成立,据此列出方程组

$$\begin{cases} \lambda_0 + \lambda_1 + \lambda_2 = 1 \\ \lambda_0 x_0 + \lambda_1 x_1 + \lambda_2 x_2 = x \\ \lambda_0 x_0^2 + \lambda_1 x_1^2 + \lambda_2 x_2^2 = x^2 \end{cases} \quad (6)$$

对于给定插值点 x,式(6)是关于待定参数 $\lambda_0, \lambda_1, \lambda_2$ 的线性方程组,仍可用 Cramer 法则求解. 为此考察其系数行列式

$$V(x_0, x_1, x_2) = \begin{vmatrix} 1 & 1 & 1 \\ x_0 & x_1 & x_2 \\ x_0^2 & x_1^2 & x_2^2 \end{vmatrix}$$

注意到

$$V(x_0, x_1, t) = \begin{vmatrix} 1 & 1 & 1 \\ x_0 & x_1 & t \\ x_0^2 & x_1^2 & t^2 \end{vmatrix}$$

关于变元 t 是个二次式,它有两个零点 x_0, x_1,且其首项(t^2 项)的系数为

$$\begin{vmatrix} 1 & 1 \\ x_0 & x_1 \end{vmatrix} = x_1 - x_0$$

因而可以断定

$$V(x_0, x_1, t) = (x_1 - x_0)(t - x_0)(t - x_1)$$

从而有

$$V(x_0, x_1, x_2) = (x_1 - x_0)(x_2 - x_0)(x_2 - x_1)$$

于是方程组(6)的解为

$$\lambda_0 = \frac{V(x, x_1, x_2)}{V(x_0, x_1, x_2)} = \frac{(x - x_1)(x - x_2)}{(x_0 - x_1)(x_0 - x_2)}$$

考虑到节点 x_0, x_1, x_2 地位对等,又有

$$\lambda_1 = \frac{(x - x_0)(x - x_2)}{(x_1 - x_0)(x_1 - x_2)}$$

$$\lambda_2 = \frac{(x - x_0)(x - x_1)}{(x_2 - x_0)(x_2 - x_1)}$$

故问题 2 所求的插值公式为

$$y = \frac{(x-x_1)(x-x_2)}{(x_0-x_1)(x_0-x_2)}y_0 + \frac{(x-x_0)(x-x_2)}{(x_1-x_0)(x_1-x_2)}y_1 + \frac{(x-x_0)(x-x_1)}{(x_2-x_0)(x_2-x_1)}y_2 \tag{7}$$

例 2 依据表 1-3 利用三点插值公式(7)计算方根值 $\sqrt{3.45}$.

解 注意到靠近插值点 $x = 3.45$ 的 3 个节点 $x_0 = 2, x_1 = 3, x_2 = 4$,利用插值公式(7)求得 $y = 1.858\,80$,同准确值比较,这一结果有 3 位有效数字,其误差小于例 1 的两点插值.

1.2.3 多点插值

问题 3 对于给定的数据表 1-1 即 $(x_i, y_i), i = 0, 1, \cdots, n$,求作形如式(1)即

$$y = \sum_{i=0}^{n} \lambda_i y_i$$

的插值公式,使之具有 n 阶精度.

仿照前面的讨论,有下述论断.

定理 1 问题 3 唯一可解,且其解具有形式

$$y = \sum_{i=0}^{n} \Bigl(\prod_{\substack{j=0 \\ j \neq i}}^{n} \frac{x - x_j}{x_i - x_j} \Bigr) y_i \tag{8}$$

这一公式称作 **Lagrange 插值公式**. 式(4)与式(7)是式(8)取 $n = 1, 2$ 的特殊情形.

证 事实上,为使求积公式(1)有 n 阶精度,要求其对应的近似关系式

$$f(x) \approx \sum_{i=0}^{n} \lambda_i f(x_i)$$

对于 $y = 1, x, x^2, \cdots, x^n$ 均准确成立,据此列出方程组

$$\begin{cases} \lambda_0 + \lambda_1 + \lambda_2 + \cdots + \lambda_n = 1 \\ \lambda_0 x_0 + \lambda_1 x_1 + \lambda_2 x_2 + \cdots + \lambda_n x_n = x \\ \lambda_0 x_0^2 + \lambda_1 x_1^2 + \lambda_2 x_2^2 + \cdots + \lambda_n x_n^2 = x^2 \\ \vdots \\ \lambda_0 x_0^n + \lambda_1 x_1^n + \lambda_2 x_2^n + \cdots + \lambda_n x_n^n = x^n \end{cases}$$

其系数行列式是所谓 **Vandermonde 行列式**

$$V(x_0, x_1, x_2 \cdots, x_n) = \begin{vmatrix} 1 & 1 & 1 & \cdots & 1 \\ x_0 & x_1 & x_2 & \cdots & x_n \\ x_0^2 & x_1^2 & x_2^2 & \cdots & x_n^2 \\ \vdots & \vdots & \vdots & & \vdots \\ x_0^n & x_1^n & x_2^n & \cdots & x_n^n \end{vmatrix}$$

仿照 1.2.2 小节的做法不难证明

$$V(x_0,x_1,x_2,\cdots,x_n) = (x_1-x_0)(x_2-x_0)(x_2-x_1)\cdots \prod_{j=0}^{n-1}(x_n-x_j)$$

当节点 x_i 互异时行列式 $V(x_0,x_1,\cdots,x_n)$ 的值异于 0，从而运用 Cramer 法则求得

$$\lambda_0 = \frac{V(x,x_1,\cdots,x_n)}{V(x_0,x_1,\cdots,x_n)} = \prod_{j=1}^{n}\frac{x-x_j}{x_0-x_j}$$

考虑到节点 x_i $(i=0,1,\cdots,n)$ 地位对等，知

$$\lambda_i = \prod_{\substack{j=0 \\ j\neq i}}^{n}\frac{x-x_j}{x_i-x_j}, \quad i=0,1,\cdots,n$$

故有插值公式(8). 定理 1 得证.

Lagrange 公式(8)具有累乘累加的嵌套结构，容易编制其计算程序. 事实上，式(8)在逻辑上表现为二重循环，内循环(j 循环)累乘求得系数 λ_i，然后再通过外循环(i 循环)累加得出插值结果 y.

算法 1.1 （Lagrange 插值）

设给定数据表 $(x_i,y_i),i=0,1,\cdots,n$ 及插值节点 x，据式(8)求得插值结果 y.

Lagrange 插值公式(8)是个累乘累加的二重算式，它的结构紧凑；其中各个节点地位对等，形式也很对称. 从数学的角度看，这个公式很美. 不过，Lagrange 插值公式也有缺点，在实际运用时，如果临时需要增添一个节点，则其所有系数都要重算，这势必造成计算量的浪费.

下一节介绍的逐步插值法旨在克服 Lagrange 插值公式的这个缺点.

1.3 Aitken 逐步插值算法

前已反复指出，算法设计的基本原理是，将复杂化归为简单的重复，或者说，通过简单的重复生成复杂. 对于 Lagrange 插值，自然以两点插值最为简单. 本节将阐明这样一个奇妙的事实：多点 Lagrange 插值可以化归为两点插值的重复.

1.3.1 化三点插值为两点插值

对于给定的插值点 x，先考察数据 $(x_0,y_0),(x_1,y_1),(x_2,y_2)$ 的三点插值(问题 2). 记数据 $(x_0,y_0),(x_1,y_1)$ 与 $(x_0,y_0),(x_2,y_2)$ 的两点插值的结果为 y_{01} 与 y_{02}，这里双下标分别是前后两个节点的下标，依式(4)有

$$y_{01} = \frac{x-x_1}{x_0-x_1}y_0 + \frac{x-x_0}{x_1-x_0}y_1 \tag{9}$$

$$y_{02} = \frac{x-x_2}{x_0-x_2}y_0 + \frac{x-x_0}{x_2-x_0}y_2 \tag{10}$$

试将 y_{01} 与 y_{02} 分别作为节点 x_1, x_2 的新数据，从而生成一个新的含有数据 $(x_1, y_{01}), (x_2, y_{02})$ 的两点插值问题. 记这一两点插值的结果为 y_{12}，其双下标仍为前后两个节点的下标，则据式(4) 有

$$y_{12} = \frac{x-x_2}{x_1-x_2} y_{01} + \frac{x-x_1}{x_2-x_1} y_{02} \tag{11}$$

将式(9)、式(10) 代入式(11) 得

$$y_{12} = \frac{x-x_2}{x_1-x_2} \left(\frac{x-x_1}{x_0-x_1} y_0 + \frac{x-x_0}{x_1-x_0} y_1 \right)$$
$$+ \frac{x-x_1}{x_2-x_1} \left(\frac{x-x_2}{x_0-x_2} y_0 + \frac{x-x_0}{x_2-x_0} y_2 \right)$$

据此稍加整理有

$$y_{12} = \frac{(x-x_1)(x-x_2)}{(x_0-x_1)(x_0-x_2)} y_0 + \frac{(x-x_0)(x-x_2)}{(x_1-x_0)(x_1-x_2)} y_1$$
$$+ \frac{(x-x_0)(x-x_1)}{(x_2-x_0)(x_2-x_1)} y_2$$

对照式(7) 知，数据 $(x_1, y_{01}), (x_2, y_{02})$ 通过两点插值生成的 y_{12} 正是数据 $(x_0, y_0), (x_1, y_1), (x_2, y_2)$ 的三点插值的结果.

上述加工过程可划分为两个环节：先通过 $(x_0, y_0), (x_1, y_1)$ 与 $(x_0, y_0), (x_2, y_2)$ 的两点插值生成数据 y_{01} 与 y_{02}，然后再通过 $(x_1, y_{01}), (x_2, y_{02})$ 的两点插值生成所求结果 y_{12}，从而将三点插值化归为两点插值的重复.

1.3.2 逐步插值表的递推生成

这一加工过程可以继续做下去，令每一步增添一个新的节点，直到遍历所有的节点为止，这就是所谓 **Aitken 逐步插值算法**. 设用符号"⌝"表示两点插值的加工手续，则通过 Aitken 逐步插值算法可生成三角形的**逐步插值表**(表 1-5). 表中数据 y_{ki} 是前一列节点为 x_k 与 x_i 的两个数据 $y_{k-1,k-1}, y_{k-1,i}$ 施行两点插值的结果.

表 1-5

x_0	y_0						
x_1	y_1	y_{01}					
x_2	y_2	y_{02}	y_{12}				
x_3	y_3	y_{03}	y_{13}	y_{23}			
x_4	y_4	y_{04}	y_{14}	y_{24}	y_{34}		
$\vdots$	$\vdots$	$\vdots$	$\vdots$	$\vdots$	$\vdots$		
x_n	y_n	y_{0n}	y_{1n}	y_{2n}	y_{3n}	$\cdots$	$y_{n-1,n}$

表 1-5 可以逐列或逐行生成. 在逐列生成过程中，每增加一列，插值节点数减少一个. 如果将插值节点数定义为插值问题的规模，那么，Aitken 算法的加工过程是个规模逐次减 1 的规模缩减过程，设记"⇒"表示两点插值的加工手续，则逐列生成表 1-5 的加工流程是

$$n+1 \text{ 点插值} \Rightarrow n \text{ 点插值} \Rightarrow n-1 \text{ 点插值} \Rightarrow \cdots \Rightarrow 1 \text{ 点插值}$$
（计算模型） （计算结果）

1.3.3 逐步插值的自适应算法

在实际计算时可以这样设计计算流程. 依与插值点 x 的距离，事先由近及远顺序排列插值节点 $x_0, x_1, \cdots, x_n$，然后**逐行生成逐步插值表**（表 1-5），每增添一行引进一个新的节点，这一过程直到相邻的两个对角线元素的偏差 $|y_{i,i+1} - y_{i-1,i}|$ 满足精度要求为止. 这就是所谓 **Aitken 逐步插值算法**.

算法 1.2 列出 Aitken 逐步插值算法的计算程序，供读者参考.

算法 1.2 （逐步插值）

依与插值点 x 的距离，事先由近及远地顺序排列插值节点 $x_0, x_1, \cdots, x_n$.

步 1 逐行生成插值表 对 $i = 1, 2, \cdots$ 计算

$$y_{ki} = \frac{x - x_i}{x_k - x_i} y_{k-1,k} + \frac{x - x_k}{x_i - x_k} y_{k-1,i} \quad k = 0, 1, \cdots, i-1$$

步 2 检查计算误差 对给定精度 ε，当 $|y_{i,i+1} - y_{i-1,i}| < \varepsilon$ 时计算终止，并输出 $y_{i,i+1}$ 作为插值结果.

步 3 自然停机 当 $i = n$ 时输出 $y_{n-1,n}$ 作为插值结果.

下面给出一个具体算例.

例 3 已知 $y = \sin x$ 当 $x = 0°, 30°, 45°, 60°, 90°$ 的函数值，运用算法 1.2 求 $\sin 50°$ 的值，给定精度 $\varepsilon = 10^{-3}$. $\sin 50°$ 的准确值 $0.766\,604\,44\cdots$.

解 依与插值点 $x = 50$ 的距离，令插值节点顺序排列为 $x_0 = 45, x_1 = 60, x_2 = 30, x_3 = 90, x_4 = 0$，反复施行两点插值可逐行生成逐步插值表（表 1-6）.

表 1-6

x_i	$y_i = \sin x_i$	y_{0i}	y_{1i}	y_{2i}
$x_0 = 45$	$y_0 = \frac{\sqrt{2}}{2} = 0.707\,11$			
$x_1 = 60$	$y_1 = \frac{\sqrt{3}}{2} = 0.866\,03$	$y_{01} = 0.760\,08$		
$x_2 = 30$	$y_2 = 0.500\,00$	$y_{02} = 0.776\,15$	$y_{12} = 0.765\,44$	
$x_3 = 90$	$y_3 = 1.000\,00$	$y_{03} = 0.739\,65$	$y_{13} = 0.766\,89$	$y_{23} = 0.765\,92$
$x_4 = 0$	$y_4 = 0.000\,00$	—	—	—

检验逐步插值过程发现,由于 $|y_{23}-y_{12}|=4.8\times10^{-4}$,说明选取 4 个节点 x_i ($i=0,1,2,3$) 得出的 $y=0.76592$ 已满足精度要求,因此剩下一个节点 $x_4=0$ 可以弃之不用.

1.4 插值逼近

17 世纪下半叶创立的微积分是一场伟大的数学革命. 微积分问世以后, 人们又从一个崭新的视角考察古老的插值方法, 提出了插值逼近的概念.

1.4.1 插值逼近的概念

微积分的主要研究对象是函数. 实际问题当中碰到的函数 $f(x)$ 可能很复杂, 直接研究 $f(x)$ 往往很困难. 面对这种情况, 一种很自然的想法是, 设法将所考察的函数"简单化", 也就是说, 构造某个简单函数 $g(x)$ 作为 $f(x)$ 的近似, 然后处理 $g(x)$ 获得关于 $f(x)$ 所要的结果. 这类方法称作**逼近方法**.

插值方法是逼近方法的一种. 如果要求逼近函数 $g(x)$ 与所逼近的复杂函数 $f(x)$ 在若干节点上取相同的离散信息, 譬如取相同的函数值或导数值, 这种逼近方法称作**插值方法**. 用插值方法逼近 $f(x)$ 的逼近函数 $g(x)$ 称作**插值函数**.

在这种意义下, 所谓"插值", 就是对给定的插值点 x, 用插值函数 $g(x)$ 的值作为所求函数值 $f(x)$ 的近似值.

可以选用不同类型的简单函数充当插值函数, 如果限定插值函数为代数多项式, 这类插值方法称作**代数插值**, 相应的插值函数称作**插值多项式**.

代数插值又分多种类型.

1.4.2 Taylor 插值

温故而知新. 在介绍新的插值逼近方法之前, 首先回顾一下人们所熟知的 Taylor 展开方法. 作为微积分方法核心内容的 Taylor 展开式其实就是一种插值公式.

众所周知, 对于所考察的函数 $f(x)$, 在给定点 x_0 邻近它可以用下列 Taylor 展开式 $p_n(x)$ 来逼近:

$$p_n(x)=f(x_0)+f'(x_0)(x-x_0)+\frac{f''(x_0)}{2}(x-x_0)^2+\cdots+\frac{f^{(n)}(x_0)}{n!}(x-x_0)^n$$

这个多项式与 $f(x)$ 在点 x_0 具有相同的直到 n 阶的导数值

$$p_n^{(i)}(x_0)=f^{(i)}(x_0),\quad i=0,1,\cdots,n \tag{12}$$

因而它可以看作下述 **Taylor 插值**的解.

问题 4 设已知 $f(x)$ 在点 x_0 处的导数值 $f^{(i)}(x_0)$，$i=0,1,\cdots,n$，求作 n 次式① $p_n(x)$，使之满足式(12).

例 4 作 $f(x)=\sqrt{x}$ 在 $x_0=4$ 的 1 次与 2 次 Taylor 多项式，并利用它们计算 $x=\sqrt{3.45}$ 的近似值.

解 注意到

$$f(x)=\sqrt{x},\quad f'(x)=\frac{1}{2\sqrt{x}},\quad f''(x)=-\frac{1}{4x\sqrt{x}}$$

$$x_0=4,\quad f(x_0)=2,\quad f'(x_0)=0.25,\quad f''(x_0)=-0.03125$$

令 $x=3.45$，分别求得近似值 $p_1(x)=1.862$ 与 $p_2(x)=1.85777$，同准确值 $\sqrt{3.45}=1.85741756\cdots$ 比较，它们分别有 2 位和 4 位有效数字.

1.4.3 Lagrange 插值

Taylor 插值要求插值函数 $p(x)$ 与所逼近的函数 $f(x)$ 在展开点 x_0 具有相同的直到 n 阶的导数值，这项要求很苛刻，函数 $f(x)$ 必须相当简单才行.

为使插值方法便于使用，通常增添函数值来替代所要提供的导数值. 如果要求插值函数 $p(x)$ 与所逼近的函数 $f(x)$ 在一系列节点上取相同的函数值，这种插值逼近方法就称作 **Lagrange 插值**.

Lagrange 插值的提法如下.

问题 5 设已知 $f(x)$ 的函数值 $f(x_i)$，$i=0,1,\cdots,n$，求作 n 次式 $p_n(x)$，使之满足

$$p_n(x_i)=f(x_i),\quad i=0,1,\cdots,n$$

解 其实，这里所要构造的 n 次式 $p_n(x)$ 在 1.2 节早已给出. 进一步考察 Lagrange 插值公式(8)，如果将 x 视作变量，则式(8)可理解为关于 x 的 n 次式，记作

$$p_n(x)=\sum_{k=0}^{n}\lambda_k(x)f(x_k),$$

$$\lambda_k(x)=\prod_{\substack{j=0\\j\neq k}}^{n}\frac{x-x_j}{x_k-x_j},\quad k=0,1,\cdots,n$$

需要强调的是，其中的每个 $\lambda_k(x)$ 都是 n 次式，且满足条件

$$\lambda_k(x_k)=1$$

$$\lambda_k(x_j)=0,\quad j=0,1,\cdots,k-1,k+1,\cdots,n$$

通常将这些 $\lambda_k(x)$ 称作 **Lagrange 插值基函数**. 考虑到 $\lambda_k(x)$ 在节点上取特殊值，立

---

① 本章所说的 n 次式，往往泛指次数 $\leqslant n$ 的多项式，在特殊情况下其次数可能小于 n.

即得知
$$p_n(x_i) = \sum_{k=0}^{n} \lambda_k(x_i) f(x_k) = f(x_i), \quad i = 0, 1, \cdots, n$$
因而 $p_n(x)$ 即为问题 5 的解.

1.4.4 Hermite 插值

前面考察了两种代数插值,其中 Taylor 插值要求插值函数与原来的函数在某一点上有相同的导数值,而 Lagrange 插值则要求两者在多个节点上有相同的函数值. 其实它们是两种极端的情况.

在某些实际问题中,为了保证插值函数能更好地密合原来的函数,不但要求"过点",即两者在节点上具有相同的函数值,而且要求"相切",即在节点上还具有相同的导数值. 这类插值称作**切触插值**或 **Hermite 插值**.

显然, Hermite 插值是 Lagrange 插值与 Taylor 插值的综合与推广. 这里考察两个简单的 Hermite 插值问题,以为后文的分段插值与样条插值作准备.

问题 6 求作二次式 $p_2(x)$,使之满足条件
$$p_2(x_0) = y_0, \quad p_2'(x_0) = y_0', \quad p_2(x_1) = y_1 \tag{13}$$

解 下面提供三条途径构造 $p_2(x)$.

1° 待定系数法 设所求多项式为
$$p_2(x) = a_0 x^2 + a_1 x + a_2$$
依插值条件(13)可列出方程组
$$\begin{cases} a_0 x_0^2 + a_1 x_0 + a_2 = y_0 \\ a_0 x_1^2 + a_1 x_1 + a_2 = y_1 \\ 2 a_0 x_0 + a_1 = y_0' \end{cases}$$
据此解出系数 a_0, a_1, a_2,即得所求的 $p_2(x)$.

构造插值多项式的待定系数法是一种代数化方法,这种方法有普适性,只是所归结出的代数方程组形式往往比较复杂.

2° 余项校正法 再考察插值条件(13),注意到满足条件 $p_1(x_0) = y_0, p_1(x_1) = y_1$ 的插值多项式是
$$p_1(x) = \frac{x - x_1}{x_0 - x_1} y_0 + \frac{x - x_0}{x_1 - x_0} y_1$$
设法用某个"余项"校正 $p_1(x)$ 以获得所求的 $p_2(x)$,令
$$p_2(x) = p_1(x) + c(x - x_0)(x - x_1)$$
则不管余项系数 c 怎样取值,总有 $p_2(x_0) = y_0, p_2(x_1) = y_1$,再用剩下的一个条件 $p_2'(x_0) = y_0'$ 确定系数 c,即得所求的 $p_2(x)$.

运用余项校正法构造插值多项式,目的在于尽可能地减少待定系数的个数,

从而使所归结出的代数方程组比较容易求解.

3° 基函数方法 基函数方法的设计机理是,将插值多项式的构造化归为求解几个特殊数据表的插值问题.

为简化处理,先设 $x_0=0, x_1=1$ 而令所求的 $p_2(x)$ 具有形式
$$p_2(x) = y_0 \varphi_0(x) + y_1 \varphi_1(x) + y_0' \psi_0(x)$$
式中,基函数 $\varphi_0(x), \varphi_1(x), \psi_0(x)$ 均为二次式,它们分别满足条件
$$\varphi_0(0) = 1, \quad \varphi_0(1) = \varphi_0'(0) = 0$$
$$\varphi_1(1) = 1, \quad \varphi_1(0) = \varphi_1'(0) = 0$$
$$\psi_0'(0) = 1, \quad \psi_0(0) = \psi_0(1) = 0$$

满足这些条件的插值多项式很容易构造出来.事实上,由条件 $\psi_0(0) = \psi_0(1) = 0$ 知,$\psi_0(x)$ 有两个零点 $x=0,1$,因而它具有形式
$$\psi_0(x) = cx(x-1)$$
再利用剩下的一个条件 $\psi_0'(0) = 1$ 定出 $c = -1$,于是有
$$\psi_0(x) = x(1-x)$$
又,由条件 $\varphi_0(1) = 0$ 知 $\varphi_0(x)$ 有一个零点 $x=1$,故它具有形式
$$\varphi_0(x) = (ax+b)(x-1)$$
再用剩下的两个条件 $\varphi_0(0) = 1, \varphi_0'(0) = 0$ 可列出方程组
$$\begin{cases} -b = 1 \\ -a+b = 0 \end{cases}$$
由此得知 $a = b = -1$,从而有
$$\varphi_0(x) = 1 - x^2$$
同理有
$$\varphi_1(x) = x^2$$
这就针对 $x_0 = 0, x_1 = 1$ 的特殊情形构造出所求的插值多项式.

一般来说,如果 x_0, x_1 是任给的两个节点,则通过变换 $t = \dfrac{x-x_0}{h}, h = x_1 - x_0$ 即可变到节点为 $0,1$ 的情形,因而问题 6 所求的插值多项式具有形式
$$p_2(x) = y_0 \varphi_0\left(\frac{x-x_0}{h}\right) + y_1 \varphi_1\left(\frac{x-x_0}{h}\right) + h y_0' \psi_0\left(\frac{x-x_0}{h}\right)$$

基函数方法的设计思想依然是尽量简化所归结出的代数方程组.如果所考察的插值问题具有对称结构,则往往首选基函数方法.前述 Lagrange 插值的问题 5 就是这种情形.下面再举出一个 Hermite 插值的例子.

问题 7 求作三次式 $p_3(x)$,使之满足条件
$$p_3(x_0) = y_0, \quad p_3(x_1) = y_1$$
$$p_3'(x_0) = y_0', \quad p_3'(x_1) = y_1'$$

解 这个问题有对称结构,考虑用基函数方法求解.记 $h = x_1 - x_0$,令

$$p_3(x) = y_0 \varphi_0\left(\frac{x-x_0}{h}\right) + y_1 \varphi_1\left(\frac{x-x_0}{h}\right) + hy'_0 \psi_0\left(\frac{x-x_0}{h}\right) + hy'_1 \psi_1\left(\frac{x-x_0}{h}\right) \quad (14)$$

式中,$\varphi_0(x), \varphi_1(x), \psi_0(x), \psi_1(x)$ 是插值基函数,它们分别满足插值条件

$$\varphi_0(0) = 1, \quad \varphi_0(1) = \varphi'_0(0) = \varphi'_0(1) = 0$$
$$\varphi_1(1) = 1, \quad \varphi_1(0) = \varphi'_1(0) = \varphi'_1(1) = 0$$
$$\psi'_0(0) = 1, \quad \psi_0(0) = \psi_0(1) = \psi'_0(1) = 0$$
$$\psi'_1(1) = 1, \quad \psi_1(0) = \psi_1(1) = \psi'_1(0) = 0$$

作为习题,请读者自行导出这些插值基函数,结果是

$$\varphi_0(x) = (x-1)^2(2x+1), \quad \varphi_1(x) = x^2(-2x+3)$$
$$\psi_0(x) = x(x-1)^2, \quad \psi_1(x) = x^2(x-1)$$

1.5 分 段 插 值

1.5.1 高次插值的 Runge 现象

多项式历来被认为是最好的逼近工具之一. 用多项式作插值函数,就是前面已讨论过的代数插值. 对于这类插值,插值多项式的次数随着节点个数的增加而升高,然而高次插值的逼近效果往往是不理想的.

例 5 考察函数

$$f(x) = \frac{1}{1+x^2}, \quad -5 \leqslant x \leqslant 5$$

设将区间 $[-5,5]$ 分为 n 等份,以 $p_n(x)$ 表示取 $n+1$ 个等分点作节点的插值多项式. 图 1-1 分别用细实线和虚线给出了 $p_5(x)$ 和 $p_{10}(x)$ 的图像.

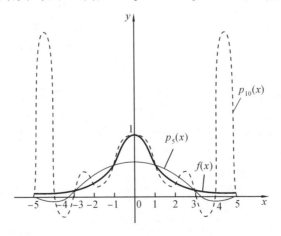

图 1 1

从图中看到，随着节点的加密采用高次插值，虽然插值函数会在更多的点上与所逼近的函数取相同的值，但整体上不一定能改善逼近的效果. 事实上，当 n 增大时，上例的插值函数 $p_n(x)$ 在两端会发生激烈的振荡. 这就是所谓的 **Runge 现象**.

Runge 现象说明，在大范围内使用高次插值，逼近的效果往往是不理想的.

1.5.2 分段插值的概念

我们都有这样的体会：如果插值的范围比较小（在某个局部），运用低次插值往往就能奏效. 譬如，对于函数 $f(x) = \dfrac{1}{1+x^2}$（图 1-1），如果在每个子段上用线性插值，就是说，用连接相邻节点的折线逼近所考察的曲线，就能保证一定的逼近效果. 这种化整为零的处理方法称作分段插值法.

所谓**分段插值**，就是将被插值函数逐段多项式化. 分段插值方法的处理过程分两步，先将所考察的区间 $[a,b]$ 作一**分划**

$$\Delta: a = x_0 < x_1 < \cdots < x_n = b$$

并在每个子段 $[x_i, x_{i+1}]$ 上构造插值多项式，然后将每个子段上的插值多项式装配（拼接）在一起，作为整个区间 $[a,b]$ 上的插值函数. 这样构造出的插值函数是分段多项式.

如果函数 $S_k(x)$ 在分划 Δ 的每个子段 $[x_i, x_{i+1}]$ 上都是 k 次式[①]，则称 $S_k(x)$ 为具有分划 Δ 的**分段 k 次式**. 点 $x_i (i = 0, 1, \cdots, n)$ 称作 $S_k(x)$ 的**节点**.

可见，所谓分段插值，就是选取分段多项式作为插值函数.

1.5.3 分段线性插值

假设在分划 Δ 的每个节点 x_i 上给出了数据 y_i，或者说，设已给出了一组数据点 (x_i, y_i)，$i = 0, 1, \cdots, n$，连接相邻两点得一折线，那么，该折线函数可以视作下述插值问题的解.

问题 8 求作具有分划 Δ 的分段一次式 $S_1(x)$，使成立

$$S_1(x_i) = y_i, \quad i = 0, 1, \cdots, n$$

解 由于每个子段 $[x_i, x_{i+1}]$ 上 $S_1(x)$ 都是一次式，且 $S_1(x_i) = y_i$，$S_1(x_{i+1}) = y_{i+1}$，故

$$S_1(x) = \varphi_0\left(\dfrac{x-x_i}{h_i}\right) y_i + \varphi_1\left(\dfrac{x-x_i}{h_i}\right) y_{i+1}, \quad x_i \leqslant x \leqslant x_{i+1}$$

式中，$h_i = x_{i+1} - x_i$，而

[①] 同前面一样，这里所说的"k 次式"泛指次数 $\leqslant k$ 的多项式.

$$\varphi_0(x) = 1 - x, \quad \varphi_1(x) = x$$

1.5.4 分段三次插值

分段线性插值的算法简单,且计算量小,但精度不高,插值曲线也不光滑.下面将提高插值次数以进一步改善逼近效果.

在讨论下述分段三次 Hermite 插值时,假定在每个节点 x_i 上给出了函数值 y_i 和导数值 y_i'.

问题 9 求作具有分划 Δ 的分段三次式 $S_3(x)$,使成立
$$S_3(x_i) = y_i, \quad S_3'(x_i) = y_i', \quad i = 0, 1, \cdots, n$$

解 注意到每个子段 $[x_i, x_{i+1}]$ 上 $S_3(x)$ 都是三次式,且 $S_3(x_i) = y_i$,$S_3'(x_i) = y_i'$,$S_3(x_{i+1}) = y_{i+1}$,$S_3'(x_{i+1}) = y_{i+1}'$,据式(14)知

$$S_3(x) = \varphi_0\left(\frac{x - x_i}{h_i}\right) y_i + \varphi_1\left(\frac{x - x_i}{h_i}\right) y_{i+1}$$

$$+ h_i \psi_0\left(\frac{x - x_i}{h_i}\right) y_i' + h_i \psi_1\left(\frac{x - x_i}{h_i}\right) y_{i+1}', \quad x_i \leqslant x \leqslant x_{i+1} \quad (15)$$

式中,$h_i = x_{i+1} - x_i$,而
$$\varphi_0(x) = (x-1)^2(2x+1), \quad \varphi_1(x) = x^2(-2x+3)$$
$$\psi_0(x) = x(x-1)^2, \quad \psi_1(x) = x^2(x-1)$$

最后概括一下分段插值法的利弊.

分段插值法是一种显式算法,其算法简单,收敛性能得到保证.只要节点间距充分小,分段插值法总能获得所要求的精度,而不会像高次插值那样发生 Runge 现象.

分段插值法的另一个重要特点是它的局部性质.如果修改某个数据,那么插值曲线仅在某个局部范围内受到影响,而代数插值"牵一发而动全身",修改个别数据会影响到整个插值区间.

可以看到,同分段线性插值相比,分段三次 Hermite 插值(问题 9)虽然改善了精度,但这种插值要求给出各个节点上的导数值,所要提供的信息"太多",同时它的光滑性也不高(只有连续的一阶导数).改进这种插值以克服其缺点,这就导致了所谓三次样条插值的提出.

1.6 样条插值

从 20 世纪 60 年代初开始,由于航空、造船等工程设计的需要,发展了所谓样条函数方法.今天,这种方法已成为数值逼近的一个极其重要的分支.在外形设计乃至计算机辅助设计的许多领域,样条函数都被认为是一种有效的数学工具.

1.6.1 样条函数的概念

人们对样条函数并不陌生,常用的阶梯函数(图 1-2)和折线函数(图 1-3)分别是简单的零次样条和一次样条.

不难抽象出零次样条(阶梯函数)和一次样条(折线函数)的数学定义. 对于区间$[a,b]$的某个**分划**

$$\Delta: a = x_0 < x_1 < \cdots < x_n = b$$

有如下定义.

定义 2 $S_0(x)$ 称作具有分划 Δ 的**零次样条**,如果它在分划 Δ 的每个子段 $[x_i, x_{i+1}]$ ($i = 0, 1, \cdots, n$) 上都是零次式(即取定值);而称 $S_1(x)$ 为具有分划 Δ 的**一次样条**,如果它在每个子段 $[x_i, x_{i+1}]$ 上都是一次式,且在每个内节点 x_i ($i = 1, 2, \cdots, n-1$) 函数值连续,即成立

$$S_1(x_i - 0) = S_1(x_i + 0), \quad i = 1, 2, \cdots, n-1$$

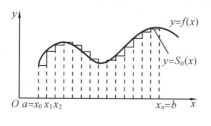

图 1-2

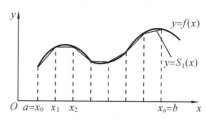

图 1-3

所谓样条函数,从数学上讲,就是按一定的光滑性要求"装配"起来的分段多项式. 需要注意的是,光滑性的要求不能"过分". 譬如,如果进一步要求一次样条 $S_1(x)$ 在每个内节点都具有连续的一阶导数,则它便退化为区间$[a,b]$上的一次式.

定义 3 $S_3(x)$ 称作具有分划 Δ 的**三次样条**,如果它在每个子段 $[x_i, x_{i+1}]$ 上都是三次式,且在内节点上具有直到二阶的连续导数

$$S_3(x_i - 0) = S_3(x_i + 0),$$
$$S_3'(x_i - 0) = S_3'(x_i + 0), \quad i = 1, 2, \cdots, n-1$$
$$S_3''(x_i - 0) = S_3''(x_i + 0),$$

三次样条的特点是,它既是充分光滑的,又保留一定的间断性. 光滑性保证了外形曲线的平滑优美,而间断性则使它能转折自如地被灵活运用.

三次样条概念来源于工程设计的实践."样条"(spline)是工程设计中的一种绘图工具,是富有弹性的细长条. 绘图时,绘图员用压铁迫使样条通过指定的**型值点** (x_i, y_i),并且调整样条使它具有光滑的外形. 这种外形曲线可以视作是作为弹性细梁的样条,在压铁的集中载荷作用下产生的**挠度曲线**. 在挠度不大的情况

下,它恰好表示为上述定义的三次样条,压铁的作用点就是样条函数的节点. 所谓**样条插值**,就是选取样条函数作为插值函数.

样条插值其实是一种改进的分段插值. 特别地,由于阶梯函数和折线函数分别是零次样条与一次样条,因此,就零次插值与一次插值来说,样条插值与分段插值是一回事.

1.6.2 三次样条插值

下面将主要研究三次样条插值. 为了正确地提出问题,首先分析三次样条所具有的自由度.

对于具有分划 $\Delta: a = x_0 < x_1 < \cdots < x_n = b$ 的三次样条函数 $S_3(x)$,由于它在每个子段上都是三次式,总计有 $4n$ 个待定参数,但为要保证在每个节点处连续且有连续的一阶和二阶导数,必须附加 $3(n-1)$ 个光滑性约束条件,因而 $S_3(x)$ 的自由度为

$$4n - 3(n-1) = n+3$$

就是说,为了具体确定具有分划 Δ 的三次样条函数,必须再补充给出 $n+3$ 个条件.

下面具体考察三次样条插值.

问题 10 求作具有分划 Δ 的三次样条 $S_3(x)$,使成立

$$S_3(x_i) = y_i, \quad i = 0, 1, \cdots, n \tag{16}$$

$$S_3'(x_0) = y_0', \quad S_3'(x_n) = y_n' \tag{17}$$

解 样条函数的构造用待定系数法. 问题在于参数的选择. 由于 $S_3(x)$ 在每个子段上都是三次式,而每个三次式有 4 个系数,这样共需要确定 $4n$ 个系数. 因此,虽然原则上可选取分段多项式的系数作为待定参数,但这种方法所归结出的是大规模的稠密方程组.

为简化计算,这里选取节点上的导数值 $S_3'(x_i) = m_i$ 作为参数,按式(15),有

$$S_3(x) = \varphi_0\left(\frac{x-x_i}{h_i}\right) y_i + \varphi_1\left(\frac{x-x_i}{h_i}\right) y_{i+1}$$

$$+ h_i \psi_0\left(\frac{x-x_i}{h_i}\right) m_i + h_i \psi_1\left(\frac{x-x_i}{h_i}\right) m_{i+1}, \quad x_i < x < x_{i+1} \tag{18}$$

式中,$h_i = x_{i+1} - x_i$,而

$$\varphi_0(x) = (x-1)^2(2x+1), \quad \varphi_1(x) = x^2(-2x+3)$$

$$\psi_0(x) = x(x-1)^2, \quad \psi_1(x) = x^2(x-1)$$

不管参数 m_i 怎样取值,这样构造出的 $S_3(x)$ 在每个节点 x_i ($1 \leqslant i \leqslant n-1$) 上必定连续且有连续的一阶导数. 现在的问题是,怎样选取参数 m_i 的值,使其二阶导数也连续呢?

对式(18)求导两次,易得

$$S_3''(x) = \frac{6}{h_i^2}\left[2\left(\frac{x-x_i}{h_i}\right)-1\right]y_i - \frac{6}{h_i^2}\left[2\left(\frac{x-x_i}{h_i}\right)-1\right]y_{i+1}$$
$$+ \frac{1}{h_i}\left[6\left(\frac{x-x_i}{h_i}\right)-4\right]m_i + \frac{1}{h_i}\left[6\left(\frac{x-x_i}{h_i}\right)-2\right]m_{i+1}$$

因此,在子段$[x_i, x_{i+1}]$的左右两端分别有

$$S_3''(x_i) = 6\frac{y_{i+1}-y_i}{h_i^2} - \frac{4m_i + 2m_{i+1}}{h_i} \tag{19}$$

$$S_3''(x_{i+1}) = -6\frac{y_{i+1}-y_i}{h_i^2} + \frac{2m_i + 4m_{i+1}}{h_i} \tag{20}$$

为了保证二阶导数的连续性,有

$$S_3''(x_i - 0) = S_3''(x_i + 0), \quad i = 1, 2, \cdots, n-1$$

式(19)与式(20)应当相容,因而应有

$$\frac{m_{i-1} + 2m_i}{h_{i-1}} + \frac{2m_i + m_{i+1}}{h_i} = 3\left(\frac{y_i - y_{i-1}}{h_{i-1}^2} + \frac{y_{i+1} - y_i}{h_i^2}\right) \tag{21}$$

令

$$\alpha_i = \frac{h_{i-1}}{h_{i-1} + h_i}, \quad \beta_i = 3\left[(1-\alpha_i)\frac{y_i - y_{i-1}}{h_{i-1}} + \alpha_i \frac{y_{i+1} - y_i}{h_i}\right] \tag{22}$$

则式(21)可表达为

$$(1-\alpha_i)m_{i-1} + 2m_i + \alpha_i m_{i+1} = \beta_i \tag{23}$$

另外,由条件(17)直接给出

$$m_0 = y_0', \quad m_n = y_n'$$

据此从式(23)中消去m_0和m_n即可归结出关于参数$m_1, m_2, \cdots, m_{n-1}$的方程组

$$\begin{cases} 2m_1 + \alpha_1 m_2 = \beta_1 - (1-\alpha_1)y_0' \\ (1-\alpha_i)m_{i-1} + 2m_i + \alpha_i m_{i+1} = \beta_i, \quad i = 2, 3, \cdots, n-2 \\ (1-\alpha_{n-1})m_{n-2} + 2m_{n-1} = \beta_{n-1} - \alpha_{n-1}y_n' \end{cases} \tag{24}$$

这种形式的方程组称作样条插值的**基本方程组**,这类方程组由于其系数矩阵

$$\boldsymbol{A} = \begin{bmatrix} 2 & \alpha_1 & & & \\ 1-\alpha_2 & 2 & \alpha_2 & & \\ & \ddots & \ddots & \ddots & \\ & & 1-\alpha_{n-2} & 2 & \alpha_{n-2} \\ & & & \alpha_{n-1} & 2 \end{bmatrix}$$

的非零元素集中在三条对角线上而被称作是**三对角型**的.求解这类方程组的一种有效方法是所谓追赶法(6.1节).

下面列出样条插值方法的算法步骤(算法1.3).

算法 1.3 （样条插值）

设给定数据表(1-6)、表(1-7)及插值点 x.

步 1 依式(22)计算系数 $\alpha_i, \beta_i, i=1,2,\cdots,n-1$.

步 2 用追赶法解方程组(24)，得 $m_i, i=1,2,\cdots,n-1$.

步 3 判定插值点 x 所在子段 (x_i, x_{i+1})，然后按式(18)计算插值结果 $S_3(x)$ 的值.

例 6 对于函数 $f(x)=\dfrac{1}{1+x^2}$，取等距节点 $x_i=-5+i, i=0,1,\cdots,10$，设已给出节点上的函数值以及左右两个端点的一阶导数值，按上述样条函数方法进行插值. 计算结果（表 1-7）表明，样条插值消除了例 5 的 Runge 现象.

表 1-7

x	$f(x)$	$S_3(x)$	x	$f(x)$	$S_3(x)$
-5.0	0.038 46	0.038 46	-2.3	0.158 98	0.241 45
-4.8	0.041 60	0.037 58	-2.0	0.200 00	0.200 00
-4.5	0.047 60	0.042 48	-1.8	0.235 85	0.188 78
-4.3	0.051 31	0.048 42	-1.5	0.307 69	0.235 35
-4.0	0.058 82	0.058 82	-1.3	0.371 75	0.316 50
-3.8	0.064 77	0.065 56	-1.0	0.500 00	0.500 00
-3.5	0.075 47	0.076 06	-0.8	0.609 76	0.643 16
-3.3	0.084 10	0.084 26	-0.5	0.800 00	0.843 40
-3.0	0.100 00	0.100 00	-0.3	0.917 43	0.940 90
-2.8	0.113 12	0.113 66	0	0.100 00	0.100 00
-2.5	0.137 93	0.139 71			

1.7 曲线拟合的最小二乘法

在实际问题中，常常需要从一组观察数据

$$(x_i, y_i), \quad i=1,2,\cdots,N$$

去预测函数 $y=f(x)$ 的表达式. 从几何角度来说，这个问题就是要由给定的一组数据点 (x_i, y_i) 去描绘曲线 $y=f(x)$ 的近似图像. 插值方法是处理这类问题的一种数值方法. 不过，由于插值曲线要求严格通过所给的每一个数据点，这种限制会保留所给数据的误差. 如果个别数据的误差很大，那么插值效果显然是不理想的.

现在面对的问题具有这样的特点:所给数据本身不一定可靠,个别数据的误差甚至可能很大,但给出的数据很多. **曲线拟合方法**所要研究的课题是:从给出的一大堆看上去杂乱无章的数据中找出规律来,就是说,设法构造一条曲线,即所谓**拟合曲线**,反映所给数据点总的趋势,以消除所给数据的局部波动.

为节省篇幅,本书不准备详细讨论曲线拟合方法,而着重考察所谓直线拟合的简单情形.

1.7.1 直线拟合

假设所给数据点 (x_i, y_i), $i = 1, 2, \cdots, N$ 的分布大致成一直线. 虽然不能要求所作的**拟合直线**

$$y = a + bx$$

严格地通过所有的数据点 (x_i, y_i), 但总希望它尽可能地从所给数据点附近通过, 就是说, 要求近似地成立

$$y_i \approx a + bx_i, \quad i = 1, 2, \cdots, N$$

这里, 数据点的数目通常远远大于待定系数的数目, 即 $N \gg 2$, 因此, 拟合直线的构造本质上是个解超定(矛盾)方程组的代数问题.

设

$$\hat{y}_i = a + bx_i, \quad i = 1, 2, \cdots, N$$

表示按拟合直线 $y = a + bx$ 求得的近似值, 一般来说, 它不同于实测值 y_i, 两者之差

$$e_i = y_i - \hat{y}_i$$

称作**残差**. 显然, 残差的大小是衡量拟合好坏的重要标志. 具体地说, 构造拟合曲线可以采用下列三种准则之一:

1° 使残差的最大绝对值为最小, 即

$$\max_i |e_i| = \min$$

2° 使残差的绝对值之和为最小, 即

$$\sum_i |e_i| = \min$$

3° 使残差的平方和为最小, 即

$$\sum_i e_i^2 = \min$$

分析以上三种准则,前两种提法比较自然,但由于含有绝对值运算,不便于实际应用;基于第三种准则来选取拟合曲线的方法则称作曲线拟合的**最小二乘法**.

确定了这种准则, **直线拟合**问题可用数学语言描述如下.

问题 11 对于给定的数据点 (x_i, y_i), $i = 1, 2, \cdots, N$, 求作一次式 $y = a + bx$, 使总误差

$$Q = \sum_{i=1}^{N}[y_i - (a+bx_i)]^2$$

为最小.

这个问题是不难求解的. 由微积分中求极值的方法知,使 Q 达到极值的参数 a,b 应满足

$$\frac{\partial Q}{\partial a} = 0, \quad \frac{\partial Q}{\partial b} = 0$$

即成立

$$\begin{cases} aN + b\sum x_i = \sum y_i \\ a\sum x_i + b\sum x_i^2 = \sum x_i y_i \end{cases} \tag{25}$$

式中,$\sum$ 表示关于下标 i 从 1 到 N 求和.

例 7 炼钢是个氧化脱碳的过程,钢液含碳量的多少直接影响冶炼时间的长短. 表 1-8 所示是某炼钢炉的生产记录,表中 i 为实验次数,x_i 为全部炉料熔化完毕时钢液的含碳量,y_i 为熔毕至出钢所需的冶炼时间.

表 1-8 （单位:min）

i	1	2	3	4	5
x_i	165	123	150	123	141
y_i	187	126	172	125	148

把表 1-8 中所给数据画在坐标纸上,将会看到,数据点的分布可以用一条直线来近似描述. 设所求的拟合直线为 $y = a + bx$,则方程组(25)的具体形式是

$$\begin{cases} 5a + 702b = 758 \\ 702a + 99\,864b = 108\,396 \end{cases}$$

解出 a,b,即得拟合直线 $y = -60.939\,2 + 1.513\,8x$.

1.7.2 多项式拟合

有时所给数据点用直线拟合并不合适,这时可考虑用多项式拟合.

问题 12 对于给定的一组数据 (x_i, y_i), $i = 1, 2, \cdots, N$,求作 m ($m \ll N$) 次多项式

$$y = \sum_{j=0}^{m} a_j x^j$$

使总误差

$$Q = \sum_{i=1}^{N}\left(y_i - \sum_{j=0}^{m} a_j x_i^j\right)^2$$

为最小.

由于 Q 可以视作关于 a_j ($j = 0, 1, \cdots, m$) 的多元函数,故上述拟合多项式的构造问题可归结为多元函数的极值问题. 令

$$\frac{\partial Q}{\partial a_k} = 0, \quad k = 0, 1, \cdots, m$$

得

$$\sum_{i=1}^{N} \left(y_i - \sum_{j=0}^{m} a_j x_i^j \right) x_i^k = 0, \quad k = 0, 1, \cdots, m$$

即有

$$\begin{cases} a_0 N + a_1 \sum x_i + \cdots + a_m \sum x_i^m = \sum y_i \\ a_0 \sum x_i + a_1 \sum x_i^2 + \cdots + a_m \sum x_i^{m+1} = \sum x_i y_i \\ \vdots \\ a_0 \sum x_i^m + a_1 \sum x_i^{m+1} + \cdots + a_m \sum x_i^{2m} = \sum x_i^m y_i \end{cases}$$

这个关于系数 a_j 的线性方程组通常称作**正则方程组**.

利用正则方程组求解曲线拟合问题是一个古老的方法. 应当指出,实际计算表明,当 m 较大时,正则方程组往往是病态的.

小　　结

插值问题本质上是个数据处理问题,所谓"插值",就是在所给数据表中再插进所要的值. 自然希望直接将所给数据加权平均(这种方法最为简单)作为所求的插值结果,从而将插值公式的设计化归为确定平均化系数的代数问题,这就是所谓**插值平均方法**. 据此可导出著名的 Lagrange 插值公式.

算法设计的基本原理是将复杂化归为简单的重复. 据此原理,可将含有多个节点的 Lagrange 插值分解为两点插值的重复,这就是 Aitken 逐步插值方法.

插值方法还可以运用微积分知识换一种视角来考量. 如果某个简单函数 $p(x)$ 适合所给数据表,自然可以将给定插值点 x 的函数值 $p(x)$ 作为插值结果,这就是所谓**插值逼近方法**. 殊途同归,据此同样可以导出 Lagrange 公式.

插值逼近的观念大大地扩展了人们的视野. 插值函数可以有多种选择,诸如 Hermite 插值、分段插值等,其中特别引人注目的是所谓样条插值,这种插值方法有着广泛的实际应用.

插值逼近是数值微积分方法的理论基础,用插值函数作为逼近函数,可以导出形形色色的数值求积公式与数值求导公式(例题选讲 2 中的第 4 项).

例题选讲 1

1. Lagrange 插值基函数

提要　对于给定的一组节点 x_i ($i = 0, 1, \cdots, n$),Lagrange 插值基函数 $l_i(x)$ ($i = 0, 1, \cdots, n$) 是这样一组 n 次式,它们在所给节点上取特殊值

$$l_i(x_i) = 1$$
$$l_i(x_j) = 0, \quad 当 j \neq i 时$$

容易看出，$l_i(x)$ 有显式表达式（这里 $\prod\limits_{j \neq i}$ 表示 $\prod\limits_{\substack{j=0 \\ j \neq i}}^{n}$）

$$l_i(x) = \prod_{j \neq i} \frac{x - x_j}{x_i - x_j}, \quad i = 0, 1, \cdots, n$$

题 1　证明对于互异节点 x_i $(i = 0, 1, \cdots, n)$ 下列恒等式成立：

$$\sum_{i=0}^{n} \Big(\prod_{j \neq i} \frac{x - x_j}{x_i - x_j} \Big) x_i^k \equiv x^k, \quad k = 0, 1, \cdots, n$$

证　据 Lagrange 插值多项式的唯一性知，当 $k \leqslant n$ 时幂函数 $f(x) = x^k$ 关于 $n+1$ 个节点 x_i $(i = 0, 1, \cdots, n)$ 的插值多项式就是它自身，故依 Lagrange 公式有

$$\sum_{i=0}^{n} x_i^k l_i(x) = \sum_{i=0}^{n} \Big(\prod_{j \neq i} \frac{x - x_j}{x_i - x_j} \Big) x_i^k \equiv x^k, \quad k = 0, 1, \cdots, n$$

特别地，当 $k = 0$ 时有

$$\sum_{i=0}^{n} l_i(x) = \sum_{i=0}^{n} \prod_{j \neq i} \frac{x - x_j}{x_i - x_j} \equiv 1$$

而当 $k = 1$ 时则有

$$\sum_{i=0}^{n} x_i l_i(x) = \sum_{i=0}^{n} \Big(\prod_{j \neq i} \frac{x - x_j}{x_i - x_j} \Big) x_i \equiv x$$

题 2　证明下列恒等式成立：

(1) $\sum\limits_{i=0}^{n} \prod\limits_{j \neq i} \frac{x - j}{i - j} \equiv 1$　　　(2) $\sum\limits_{i=0}^{n} \prod\limits_{j \neq i} \frac{x - j}{i - j} \cdot i \equiv x$

证　据题 1，令 $x_i = i$ $(i = 0, 1, \cdots, n)$ 即得.

题 3　设 $l_i(x)$ $(i = 0, 1, \cdots, n)$ 是以 x_i $(i = 0, 1, \cdots, n)$ 为节点的 Lagrange 插值基函数，证明

$$\sum_{i=0}^{n} (x_i - x)^k l_i(x) \equiv 0, \quad k = 1, 2, \cdots, n$$

证　将 $(x_i - x)^k$ 二项式展开，据题 1 有

$$\sum_{i=0}^{n} (x_i - x)^k l_i(x) = \sum_{i=0}^{n} \Big[\sum_{j=0}^{k} C_j^k x_i^j (-x)^{k-j} \Big] l_i(x)$$
$$= \sum_{j=0}^{k} (-1)^{k-j} C_j^k x^{k-j} \Big[\sum_{i=0}^{n} x_i^j l_i(x) \Big]$$
$$= \sum_{j=0}^{k} (-1)^{k-j} C_j^k x^{k-j} x^j$$
$$= x^k \sum_{j=0}^{k} C_j^k (-1)^{k-j} = x^k (1-1)^k = 0$$

题 4 证明当 $m > n$ 时成立

$$\sum_{i=0}^{n} (-1)^{n-i} \frac{C_m^n C_n^i}{m-i} = \frac{1}{m-n}$$

其中

$$C_m^n = \frac{m!}{n!(m-n)!}, \quad C_n^i = \frac{n!}{i!(n-i)!}$$

证 据题 1 知

$$\sum_{i=0}^{n} l_i(x) = \sum_{i=0}^{n} \prod_{j \neq i} \frac{x - x_j}{x_i - x_j} \equiv 1$$

令 $x_j = j$ 且取 $x = m$ 则有

$$l_i(m) = \prod_{j \neq i} \frac{m-j}{i-j}$$

$$= \frac{m(m-1)\cdots(m-i+1)(m-i-1)\cdots(m-n)}{i(i-1)\cdots 1 \cdot (-1) \cdots (i-n)}$$

$$= \frac{m!(m-n)}{(m-n)!(m-i)} \cdot \frac{1}{i!(-1)^{n-i}(n-i)!}$$

于是有

$$1 = \sum_{i=0}^{n} l_i(m) = (m-n) \sum_{i=0}^{n} (-1)^{n-i} \frac{C_m^n C_n^i}{m-i}$$

题 5 对于给定的二元函数 $f(x,y)$,求作二元一次式 $u(x,y)$,使之在给定点 (x_i, y_i) $(i = 0,1,2)$ 与 $f(x,y)$ 取相同的函数值,即满足插值条件

$$u(x_i, y_i) = f(x_i, y_i), \quad i = 0,1,2$$

解 用基函数方法.首先构造二元一次式 $l_0(x,y)$,使之满足

$$l_0(x_0, y_0) = 1, \quad l_0(x_1, y_1) = l_0(x_2, y_2) = 0$$

满足这些特定条件的 $l_0(x,y)$ 很容易构造出来,结果是

$$l_0(x,y) = \begin{vmatrix} 1 & x & y \\ 1 & x_1 & y_1 \\ 1 & x_2 & y_2 \end{vmatrix} \Bigg/ \begin{vmatrix} 1 & x_0 & y_0 \\ 1 & x_1 & y_1 \\ 1 & x_2 & y_2 \end{vmatrix}$$

考虑到节点地位对等,此外还有

$$l_1(x,y) = \begin{vmatrix} 1 & x_0 & y_0 \\ 1 & x & y \\ 1 & x_2 & y_2 \end{vmatrix} \Bigg/ \begin{vmatrix} 1 & x_0 & y_0 \\ 1 & x_1 & y_1 \\ 1 & x_2 & y_2 \end{vmatrix}$$

$$l_2(x,y) = \begin{vmatrix} 1 & x_0 & y_0 \\ 1 & x_1 & y_1 \\ 1 & x & y \end{vmatrix} \Bigg/ \begin{vmatrix} 1 & x_0 & y_0 \\ 1 & x_1 & y_1 \\ 1 & x_2 & y_2 \end{vmatrix}$$

用给定数据 $f(x_i, y_i)$ 将这些 Lagrange 插值基函数组合在一起,即得所求的插值多项式

$$u(x,y) = \sum_{i=0}^{2} f(x_i, y_i) l_i(x,y)$$

2. 插值多项式的构造

提要 如 1.4 节所指出的,插值多项式的构造方法有待定系数法、余项校正法和基函数方法三种. 具体情况具体分析,解题时应针对问题的特点选取合适的方法.

题 1 试构造次数 $\leqslant 3$ 的多项式 $p(x)$,使之满足插值条件
$$p(0) = 0, \quad p'(0) = 1$$
$$p(1) = 1, \quad p'(1) = 2$$

解 这个插值问题很简单,考虑用待定系数法求解,令所求插值多项式
$$p(x) = a_0 + a_1 x + a_2 x^2 + a_3 x^3$$
$$p'(x) = a_1 + 2a_2 x + 3a_3 x^2$$

依所给插值条件有
$$\begin{cases} 0 = p(0) = a_0 \\ 1 = p'(0) = a_1 \\ 1 = p(1) = a_0 + a_1 + a_2 + a_3 \\ 2 = p'(1) = a_1 + 2a_2 + 3a_3 \end{cases}$$

由此解出 $\quad a_0 = 0, \quad a_1 = 1, \quad a_2 = -1, \quad a_3 = 1$

故所求的插值多项式
$$p(x) = x - x^2 + x^3$$

题 2 设 $x_1 \neq \dfrac{x_0 + x_2}{2}$,求作次数 $\leqslant 2$ 的多项式 $p(x)$,使之满足插值条件
$$p(x_0) = y_0, \quad p'(x_1) = y'_1, \quad p(x_2) = y_2$$

解 注意到满足条件
$$q(x_0) = y_0, \quad q(x_2) = y_2$$

的插值多项式
$$q(x) = y_0 + \frac{y_2 - y_0}{x_2 - x_0}(x - x_0)$$

试用余项校正法校正 $q(x)$ 得出所求的 $p(x)$,为此令
$$p(x) = q(x) + c(x - x_0)(x - x_2)$$

注意到 $\quad p'(x) = \dfrac{y_2 - y_0}{x_2 - x_0} + c(2x - x_0 - x_2)$

依插值条件 $p'(x_1) = y'_1$ 可列出方程
$$\frac{y_2 - y_0}{x_2 - x_0} + c(2x_1 - x_0 - x_2) = y'_1$$

据此定出余项系数
$$c = \frac{y'_1 - \dfrac{y_2 - y_0}{x_2 - x_0}}{2x_1 - x_0 - x_2}$$

这里要求 $2x_1 - x_0 - x_2 \neq 0$,即
$$x_1 \neq \frac{x_0 + x_2}{2}$$

题 3 求作次数 $\leqslant 5$ 的多项式 $p(x)$,使之满足插值条件
$$p(0) = p(1) = p(2) = p(3) = p(4) = p'(0) = 1$$

解 依所给插值条件自然令
$$p(x) = 1 + cx(x-1)(x-2)(x-3)(x-4)$$
再利用条件 $p'(0) = 1$ 可定出 $c = \frac{1}{24}$.

题 4 求作次数 $\leqslant 5$ 的多项式 $p(x)$,使之满足插值条件表 1-9.

表 1-9

x_i	0	1	2
y_i	2	1	2
y_i'	-2	-1	
y_i''	-10		

解 注意到满足插值条件
$$q(0) = 2, \quad q'(0) = -2, \quad q''(0) = -10$$
的 Taylor 多项式
$$q(x) = -5x^2 - 2x + 2$$
令
$$p(x) = q(x) + x^3(ax^2 + bx + c)$$
由于
$$p'(x) = -10x - 2 + 3x^2(ax^2 + bx + c) + x^3(2ax + b)$$
用剩下的插值条件列出方程
$$\begin{cases} 1 = p(1) = -5 + (a+b+c) \\ -1 = p'(1) = -12 + 3(a+b+c) + (2a+b) \\ 2 = p(2) = -22 + 8(4a+2b+c) \end{cases}$$
解得
$$a = 4, \quad b = -15, \quad c = 17$$
于是所求的插值多项式为
$$p(x) = 4x^5 - 15x^4 + 17x^3 - 5x^2 - 2x + 2$$

题 5 求作首项系数为 1 的 4 次式 $p(x)$,使之满足条件
$$p(a) = p'(a) = p''(a) = 0$$
$$p'(b) = 0$$

解 令所求的 $p(x)$ 具有形式
$$p(x) = (x-a)^3(x-c)$$
由于
$$p'(x) = 3(x-a)^2(x-c) + (x-a)^3$$

据条件 $p'(b) = 0$ 定出
$$c = \frac{4b-a}{3}$$
故有
$$p(x) = (x-a)^3\left(x - \frac{4b-a}{3}\right)$$

题 6 求作 1.4 节问题 7 的插值基函数 $\varphi_0(x)$ 与 $\varphi_1(x)$，它们是三次式，分别满足插值条件
$$\varphi_0(0) = 1, \quad \varphi_0(1) = \varphi_0'(0) = \varphi_0'(1) = 0$$
$$\varphi_1(1) = 1, \quad \varphi_1(0) = \varphi_1'(0) = \varphi_1'(1) = 0$$

解 由条件 $\varphi_0(1) = \varphi_0'(1) = 0$ 知 $\varphi_0(x)$ 具有形式
$$\varphi_0(x) = (x-1)^2(ax+b)$$
注意到
$$\varphi_0'(x) = 2(x-1)(ax+b) + a(x-1)^2$$
用剩下的条件 $\varphi_0(0) = 1, \varphi_0'(0) = 0$ 可列出方程组
$$\begin{cases} b = 1 \\ -2b + a = 0 \end{cases}$$
由此定出 $a = 2, b = 1$，从而有
$$\varphi_0(x) = (x-1)^2(2x+1)$$
类似地知
$$\varphi_1(x) = x^2(-2x+3)$$

习 题 1

1. 证明：如果插值公式
$$f(x) \approx \sum_{i=0}^{n} \lambda_i f(x_i)$$
对幂函数 $f(x) = x^k, k = 0, 1, \cdots, m$ 准确成立，则它必对任给次数 $\leqslant m$ 的多项式准确成立.

2. 记
$$V(x_0, x_1, \cdots, x_{n-1}, x) = \begin{vmatrix} 1 & x_0 & x_0^2 & \cdots & x_0^n \\ 1 & x_1 & x_1^2 & \cdots & x_1^n \\ \vdots & \vdots & \vdots & & \vdots \\ 1 & x_{n-1} & x_{n-1}^2 & \cdots & x_{n-1}^n \\ 1 & x & x^2 & \cdots & x^n \end{vmatrix}$$

证明下列关系式成立：

(1) $V(x_0, x_1, \cdots, x_{n-1}, x) = V(x_0, x_1, \cdots, x_{n-1}) \prod_{j=0}^{n-1} (x - x_j)$

(2) $V(x_0, x_1, \cdots, x_n) = V(x_0, x_1, \cdots, x_{n-1}) \prod_{j=0}^{n-1} (x_n - x_j)$

(3) $V(x_0, x_1, \cdots, x_n) = \prod_{j<i} (x_i - x_j)$

(4) $V(1, 2, \cdots, n) = 1!2!\cdots(n-1)!$

3. 试针对两点插值问题画出 Lagrange 插值基函数的图形.

4. 设 $x_0 \neq x_1$,求作偶函数的二次式 $p(x)$,使之满足条件
$$p(x_0) = f(x_0), \quad p(x_1) = f(x_1)$$

5. 依据下列数据表所构造出的插值多项式 $p(x)$ 有多少次?为什么?请具体给出 $p(x)$ 的表达式.

(1)

x_i	-2	-1	0	1	2	3
y_i	-5	1	1	1	7	25

(2)

x_i	0	$\frac{1}{2}$	1	$\frac{3}{2}$	2	$\frac{5}{2}$
y_i	-1	$-\frac{3}{4}$	0	$\frac{5}{4}$	3	$\frac{21}{4}$

6. 求作次数 $\leqslant 2$ 的多项式 $p(x)$,使之满足条件
$$p(0) = 1, \quad p(1) = 2, \quad p'(0) = 0$$

7. 求作次数 $\leqslant 3$ 的多项式 $p(x)$,使之满足条件
$$p(x_i) = f(x_i), \quad i = 0, 1, 2$$
$$p'(x_1) = f'(x_1)$$

8. 求作次数 $\leqslant 3$ 的多项式 $p(x)$,使之满足条件
$$p(x_0) = f(x_0), \quad p'(x_0) = f'(x_0), \quad p''(x_0) = f''(x_0)$$
$$p(x_1) = f(x_1)$$

9. 求作次数 $\leqslant 4$ 的多项式 $p(x)$,使满足条件
$$p(0) = -1, \quad p'(0) = -2$$
$$p(1) = 0, \quad p'(1) = 10, \quad p''(1) = 40$$

10. 求作 1.4 节问题 7 的插值基函数 $\psi_0(x), \psi_1(x)$,它们是三次式,分别满足条件
$$\psi_0'(0) = 1, \quad \psi_0(0) = \psi_0(1) = \psi_0'(1) = 0$$
$$\psi_1'(1) = 1, \quad \psi_1(0) = \psi_1(1) = \psi_1'(0) = 0$$

11. 设给定分划点 $-1, 0, 1$,试用待定系数构造满足下列条件的三次样条 $S_3(x)$:
$$S_3(-1) = y_{-1}, \quad S_3(0) = y_0, \quad S_3(1) = y_1,$$
$$S_3'(-1) = y_{-1}', \quad S_3'(1) = y_1'$$

第 2 章 数 值 积 分

2.1 机 械 求 积

2.1.1 求积方法的历史变迁

求积方法源于计算曲边图形的面积.

古希腊数学家 Archimedes 的重大数学成就之一,就是运用所谓穷竭法计算了一些曲边图形的面积.

譬如由抛物线 $y=x^2$ 与 $y=0, x=1$ 围成曲边三角形(图 2-1). 这个曲边三角形的面积 S^* 显然小于正方形 $0 \leqslant x \leqslant 1, 0 \leqslant y \leqslant 1$ 面积的一半. Archimedes 断言,面积 S^* 恰好等于正方形面积的三分之一,即 $S^* = \dfrac{1}{3}$. 在两千多年前的古代,这个论断是惊人的.

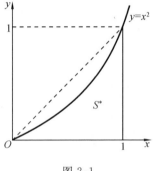

图 2-1

Archimedes 是运用穷竭法证明这个结论的.

设将求积区间 $[0,1]$ 划分为 n 等份,过分点作平行于 y 轴的直线,而将曲边三角形分割成若干窄长条,如图 2-2、图 2-3 所示,这样得到内接与外接两个阶梯图形,当等份数 n 增大时,它们分别从内部与外部逼近抛物线 $y=x^2$.

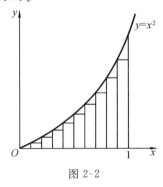

图 2-2

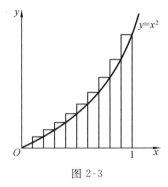

图 2-3

不言而喻,将这些条状小矩形的面积累加在一起,即可获得阶梯图形的面积. 利用求和公式

$$\sum_{i=1}^{n} i^2 = \frac{n^3}{3} + \frac{n^2}{2} + \frac{n}{6} \tag{1}$$

易知,内、外两个阶梯图形的面积分别为

$$S_n = \frac{1}{3}\left(1 - \frac{3}{2n} + \frac{1}{2n^2}\right)$$

$$\overline{S}_n = \frac{1}{3}\left(1 + \frac{3}{2n} + \frac{1}{2n^2}\right)$$

显然,只要等份数 n 足够大,内、外两个阶梯图形的面积 S_n, $\overline{S}_n$ 与 1/3 的差值小于预先任意给定的数 ε. 由于曲边三角形的面积 S^* 介于这两个阶梯图形的面积之间,即

$$S_n < S^* < \overline{S}_n$$

因此这两个阶梯图形的面积可以"穷竭"所给曲边三角形的面积. Archimedes 据此断言,所给曲边三角形的面积 $S^* = \frac{1}{3}$.

在微积分方法发明之前,众多数学家运用穷竭法求得各色各样曲边图形的面积. 穷竭法将面积计算归结为提供曲线的高度,其设计思想淳朴自然. 不过,这种方法要求给出类似于式(1)的某种求和公式,而这类求和公式的建立往往是困难的.

微积分的发明使面积计算方法焕然一新. 按微积分基本定理,只要提供被积函数 $f(x)$ 的原函数 $F(x)$, $F'(x) = f(x)$,便有下列求积公式:

$$\int_a^b f(x)\mathrm{d}x = F(b) - F(a)$$

由于 $y = x^2$ 的原函数是 $y = \frac{x^3}{3}$,用微积分方法容易求得上述曲边三角形的面积为

$$S^* = \int_0^1 x^2 \mathrm{d}x = \left.\frac{x^3}{3}\right|_0^1 = \frac{1}{3}$$

这就大大简化了面积计算的处理过程.

微积分的发明是科学史上的一项重大成就. 不过微积分方法求积分也有其局限性: 实际问题中碰到的被积函数 $f(x)$ 往往很复杂,找不到相应的原函数; 如果 $f(x)$ 没有提供函数表达式,只是给出了一张数据表,则其原函数没有意义. 面对这类情况,在数值求积过程中,人们又重新审视古人将积分计算归结为提供函数值的穷竭法,从而导致了所谓机械求积方法的提出.

2.1.2 机械求积的概念

大家知道,积分值

$$I = \int_a^b f(x)\mathrm{d}x$$

在几何上可解释为由 $x=a, x=b, y=0$ 和 $y=f(x)$ 所围成的曲边梯形的面积. 积分计算之所以有困难,就是因为这个曲边梯形有一条边 $y=f(x)$ 是曲线.

依据积分中值定理,对于连续函数 $f(x)$,在 (a,b) 内存在一点 ξ,成立

$$\int_a^b f(x)\mathrm{d}x = (b-a)f(\xi)$$

就是说,底为 $b-a$ 而高为 $f(\xi)$ 的矩形面积恰等于所求曲边梯形的面积 I. 问题在于点 ξ 的具体位置一般是不知道的,因而难以准确地算出 $f(\xi)$ 的值. $f(\xi)$ 称作区间 $[a,b]$ 上的**平均高度**. 这样,只要对平均高度 $f(\xi)$ 提供一种算法,便相应地获得一种数值求积方法.

如果简单地选取区间 $[a,b]$ 的左、右端点或区间中点的高度作为平均高度,这样建立的求积公式分别是**左矩形公式**

$$I \approx (b-a)f(a)$$

右矩形公式

$$I \approx (b-a)f(b)$$

和**中矩形公式**

$$I \approx (b-a)f\left(\frac{a+b}{2}\right)$$

此外,众所周知的**梯形公式**

$$I \approx \frac{b-a}{2}[f(a)+f(b)]$$

和 **Simpson 公式**

$$I \approx \frac{b-a}{6}\left[f(a)+4f\left(\frac{a+b}{2}\right)+f(b)\right]$$

则分别可以视作用 a,b 与 $c=\frac{a+b}{2}$ 三点高度的加权平均值 $\frac{1}{2}[f(a)+f(b)]$ 和 $\frac{1}{6}[f(a)+4f(c)+f(b)]$ 作为平均高度 $f(\xi)$ 的近似值.

更一般地,取 $[a,b]$ 上若干节点 x_i 处的高度 $f(x_i)$ 通过加权平均的方法近似地得出平均高度 $f(\xi)$,这类求积方法称作**机械求积**,表达式为

$$\int_a^b f(x)\mathrm{d}x \approx (b-a)\sum_{i=0}^n \lambda_i f(x_i) \tag{2}$$

式中,x_i 称作**求积节点**,λ_i 称作**求积系数**或伴随节点 x_i 的**权**.

这类机械求积方法直接利用某些节点上的函数值计算积分值,而将积分求值问题归结为提供函数值,这就避开了微积分方法寻求原函数的困难.

很明显,所谓机械求积方法其实是前述穷竭法的回归. 不过,研究方法已经

发生了深刻的变化.

机械求积公式的构造本质上是个选取参数 x_i, λ_i 的代数问题. 为构造形如式(2)的求积公式,需要提供一种判定求积方法精度高低的准则.

2.1.3 求积公式的精度

机械求积方法是个近似方法. 为保证精度,自然希望它能对"尽可能多"的简单函数是准确的. 类似于插值公式的说法(1.1 节),称求积公式(2)具有 **m 阶(代数)精度**. 如果它对于一切 m 次多项式是准确的,但对于 $m+1$ 次多项式不一定准确,或者说,它对于幂函数 $f(x) = x^k$ ($k = 0, 1, \cdots, m$) 均能准确成立,即有

$$(b-a)\sum_{i=0}^{n}\lambda_i x_i^k = \int_a^b x^k dx, \quad k = 0, 1, \cdots, m$$

这样,机械求积公式(2)的构造问题归结为求解如下形式的代数方程组:

$$\sum_{i=0}^{n}\lambda_i x_i^k = \frac{1}{b-a} \cdot \frac{b^{k+1} - a^{k+1}}{k+1}, \quad k = 0, 1, \cdots, m \tag{3}$$

例 1 对于任给两点 x_0, x_1 试构造下列机械求积公式:

$$\int_a^b f(x) dx \approx (b-a)[\lambda_0 f(x_0) + \lambda_1 f(x_1)]$$

解 令它对于 $y = 1, x$ 准确成立,可列出方程组

$$\begin{cases} \lambda_0 + \lambda_1 = 1 \\ \lambda_0 x_0 + \lambda_1 x_1 = \dfrac{a+b}{2} \end{cases}$$

它是方程组(3)当 $m = 1$ 的特殊情形,解之有

$$\lambda_0 = \frac{1}{x_1 - x_0}\left(x_1 - \frac{a+b}{2}\right)$$

$$\lambda_1 = \frac{1}{x_1 - x_0}\left(\frac{a+b}{2} - x_0\right)$$

这样设计出的求积公式具有 1 阶精度. 特别地,若取节点 $x_0 = a, x_1 = b$,则所设计出的求积公式即为梯形公式.

本章将分两种情况考察机械求积方法.

一种情况是,事先给定式(2)的求积节点 x_i,这时式(3)是个关于参数 λ_i 的线性方程组,处理过程相对地比较简单.

另一种情况是,令求积节点 x_i 亦自由选择,这时可显著提高求积公式(2)的精度,但由于式(3)变成关于参数 x_i, λ_i 的非线性方程组,处理过程"似乎"存在实质性的困难.

2.2 节、2.3 节将分别考察这两类求积公式.

2.1.4 一点注记

为简化处理手续，可引进变换

$$x = \frac{b+a}{2} + \frac{b-a}{2}t$$

将求积区间$[a,b]$变为$[-1,1]$，这时积分

$$\int_a^b f(x)\mathrm{d}x = \frac{b-a}{2}\int_{-1}^1 f\left(\frac{b+a}{2} + \frac{b-a}{2}t\right)\mathrm{d}t \tag{4}$$

记 $g(t) = f\left(\frac{b+a}{2} + \frac{b-a}{2}t\right)$，则求积公式(2)变成

$$\int_{-1}^1 g(t)\mathrm{d}t \approx 2\sum_{i=0}^n \lambda_i g(t_i)$$

式中节点

$$t_i = \frac{1}{b-a}(2x_i - a - b)$$

需要注意的是，变换前后求积系数 λ_i 保持不变. 而由于幂函数 $g(t) = t^k$ 在区间$[-1,1]$上的积分值当 k 为奇数时恒为 0，故这时方程组(3)表现为如下较为简洁的形式：

$$\sum_{i=0}^n \lambda_i t_i^k = \begin{cases} \dfrac{1}{k+1}, & k \text{ 为偶数} \\ 0, & k \text{ 为奇数} \end{cases} \tag{5}$$

这样，在设计求积公式时，不失一般性，可以着重考察区间为$[-1,1]$的特殊情形.

2.2 Newton-Cotes 公式

设将求积区间$[a,b]$划分为 n **等份**，选取等分点

$$x_i = a + ih, \quad h = \frac{b-a}{n}, \quad i = 0, 1, \cdots, n$$

作为求积节点构造形如式(2)的求积公式，如果这种求积公式至少有 n 阶精度，则将其称作 **n 阶 Newton-Cotes 公式**. 人们所熟知的梯形公式就是最简单的 Newton-Cotes 公式.

2.2.1 Newton-Cotes 公式的设计方法

问题 1 试以$[a,b]$的 2 等分点 $x_0 = a, x_1 = \dfrac{a+b}{2}, x_2 = b$ 作为求积节点构造形如

$$\int_a^b f(x)\mathrm{d}x \approx (b-a)\left[\lambda_0 f(a) + \lambda_1 f\left(\frac{a+b}{2}\right) + \lambda_2 f(b)\right]$$

的 Newton-Cotes 公式.

解 为简化处理,不妨取 $a=-1,b=1$,则上述求积公式具有形式
$$\int_{-1}^{1} f(x)\mathrm{d}x \approx 2[\lambda_0 f(-1)+\lambda_1 f(0)+\lambda_2 f(1)]$$

令它对于 $y=1,x,x^2$ 准确成立,则可列出方程组
$$\begin{cases} \lambda_0+\lambda_1+\lambda_2=1 \\ -\lambda_0+\lambda_2=0 \\ \lambda_0+\lambda_2=\dfrac{1}{3} \end{cases}$$

由上面第二个式子知 $\lambda_2=\lambda_0$,这表明求积公式的内在结构具有对称性.求解上述方程组得
$$\lambda_0=\lambda_2=\frac{1}{6}, \quad \lambda_1=\frac{2}{3}$$

容易验证这时求积公式对于 $y=x^3$ 依然是准确的,可见这样构造出的含有三个节点的 Newton-Cotes 公式
$$\int_a^b f(x)\mathrm{d}x \approx \frac{b-a}{6}\Big[f(a)+4f\Big(\frac{a+b}{2}\Big)+f(b)\Big] \tag{6}$$

实际上有 3 阶精度.这是众所周知的 **Simpson 公式**.

问题 2 试以 $[a,b]$ 的 4 等分点
$$x_i=a+ih, \quad h=\frac{b-a}{4}, \quad i=0,1,2,3,4$$
为节点构造形如
$$\int_a^b f(x)\mathrm{d}x \approx (b-a)[\lambda_0 f(x_0)+\lambda_1 f(x_1)+\lambda_2 f(x_2)+\lambda_3 f(x_3)+\lambda_4 f(x_4)]$$
的 Newton-Cotes 公式.

解 为简化处理,再取 $a=-1,b=1$,则求积公式具有形式
$$\int_{-1}^{1} f(x)\mathrm{d}x \approx 2\Big[\lambda_0 f(-1)+\lambda_1 f\Big(-\frac{1}{2}\Big)+\lambda_2 f(0)+\lambda_3 f\Big(\frac{1}{2}\Big)+\lambda_4 f(1)\Big]$$

令它对于 $y=1,x,x^2,x^3,x^4$ 准确成立,可列出方程组
$$\begin{cases} \lambda_0+\lambda_1+\lambda_2+\lambda_3+\lambda_4=1 \\ -\lambda_0-\dfrac{1}{2}\lambda_1+\dfrac{1}{2}\lambda_3+\lambda_4=0 \\ \lambda_0+\dfrac{1}{4}\lambda_1+\dfrac{1}{4}\lambda_3+\lambda_4=\dfrac{1}{3} \\ -\lambda_0-\dfrac{1}{8}\lambda_1+\dfrac{1}{8}\lambda_3+\lambda_4=0 \\ \lambda_0+\dfrac{1}{16}\lambda_1+\dfrac{1}{16}\lambda_3+\lambda_4=\dfrac{1}{5} \end{cases} \tag{7}$$

考虑到求积公式应具有对称结构,令
$$\lambda_0 = \lambda_4, \quad \lambda_1 = \lambda_3$$
这时方程组(7)的第二与第四两个式子自然成立,而其余的式子则化简为
$$\begin{cases} 2\lambda_0 + 2\lambda_1 + \lambda_2 = 1 \\ 2\lambda_0 + \dfrac{1}{2}\lambda_1 = \dfrac{1}{3} \\ 2\lambda_0 + \dfrac{1}{8}\lambda_1 = \dfrac{1}{5} \end{cases}$$

据此定出 $\quad \lambda_0 = \lambda_4 = \dfrac{7}{90}, \quad \lambda_1 = \lambda_3 = \dfrac{16}{45}, \quad \lambda_2 = \dfrac{2}{15}$

这时所考察的求积公式对于 $y = x^5$ 依然是准确的,可见这样构造出的五点 Newton-Cotes 公式

$$\int_a^b f(x)\mathrm{d}x \approx \frac{b-a}{90}[7f(x_0) + 32f(x_1) + 12f(x_2) + 32f(x_3) + 7f(x_4)] \tag{8}$$

具有 5 阶精度.这一求积公式称作 **Cotes 公式**.

2.2.2 Newton-Cotes 公式的精度分析

以上事实具有普遍意义.设 n 为区间的等份数,不难证明:当 n 为偶数时 Newton-Cotes 公式具有 $n+1$ 阶精度,这时 Newton-Cotes 公式在精度方面会获得额外的好处;而当 n 为奇数时 Newton-Cotes 公式仅有 n 阶精度.

例如,设将区间 $[-1,1]$ 划分为 3 等份,这时 Newton-Cotes 公式具有形式
$$\int_{-1}^{1} f(x)\mathrm{d}x \approx 2\left[\lambda_0 f(-1) + \lambda_1 f\left(-\frac{1}{3}\right) + \lambda_2 f\left(\frac{1}{3}\right) + \lambda_3 f(1)\right]$$
令它对于 $y = 1, x, x^2, x^3$ 准确成立,可列出方程组
$$\begin{cases} \lambda_0 + \lambda_1 + \lambda_2 + \lambda_3 = 1 \\ -\lambda_0 - \dfrac{1}{3}\lambda_1 + \dfrac{1}{3}\lambda_2 + \lambda_3 = 0 \\ \lambda_0 + \dfrac{1}{9}\lambda_1 + \dfrac{1}{9}\lambda_2 + \lambda_3 = \dfrac{1}{3} \\ -\lambda_0 - \dfrac{1}{27}\lambda_1 + \dfrac{1}{27}\lambda_2 + \lambda_3 = 0 \end{cases}$$

考虑到求积公式内在结构的对称性,令
$$\lambda_0 = \lambda_3, \quad \lambda_1 = \lambda_2$$
则上面的第二和第四两个式子自然成立,从而方程组可化简为

$$\begin{cases} \lambda_0 + \lambda_1 = \dfrac{1}{2} \\ \lambda_0 + \dfrac{1}{9}\lambda_1 = \dfrac{1}{6} \end{cases}$$

据此定出 $\lambda_0 = \lambda_3 = \dfrac{1}{8}, \quad \lambda_1 = \lambda_2 = \dfrac{3}{8}$

这样设计出的四点 Newton-Cotes 公式

$$\int_{-1}^{1} f(x)\,\mathrm{d}x \approx \frac{1}{4}\left[f(-1) + 3f\left(-\frac{1}{3}\right) + 3f\left(\frac{1}{3}\right) + f(1)\right] \tag{9}$$

对于 $y = x^4$ 不准确,可见它仅有 3 阶精度,即同三点 Newton-Cotes 公式——Simpson 公式精度相当.

数值算例同样说明了这个事实.

例 2 用 Newton-Cotes 公式计算积分 $I = \int_0^1 \dfrac{\sin x}{x}\,\mathrm{d}x$.

解 计算结果如表 2-1 所示. 表中 n 为区间的等份数,I_n 为相应的积分值,括号 $\langle \cdot \rangle$ 内标明有效数字的位数(I 的准确值为 0.946 083 1).

表 2-1

n	I_n	n	I_n
1	0.920 735 5 ⟨1⟩	4	0.946 083 0 ⟨6⟩
2	0.946 135 9 ⟨3⟩	5	0.946 083 0 ⟨6⟩
3	0.946 110 9 ⟨3⟩		

从表 2-1 所示计算结果确实可以看到这样的事实:在 Newton-Cotes 公式中,2 等分与 3 等分的求积公式精度相当,4 等分与 5 等分的求积公式也是如此.

如果进一步增加区间等份数,那么,所设计出的求积公式由于稳定性差而没有实用价值. 因此,在众多的 Newton-Cotes 求积公式中,人们更感兴趣的是梯形公式(它最简单、最基本)、Simpson 公式($n = 2$)与 Cotes 公式($n = 4$).

2.3 Gauss 公式

上一节在构造 Newton-Cotes 公式时,限定用积分区间的等分点作为求积节点,这样简化了处理过程(所归结出的代数方程组是线性的),但同时限制了精度. 如果求积节点可以自由选择,则求积公式(2)中含有 $2n+2$ 个待定参数 x_i 与 λ_i,$i = 0, 1, \cdots, n$,适当选取这些参数可以使求积公式具有 $2n+1$ 阶精度. 这类高精度的求积公式称作 **Gauss 公式**.

首先取积分区间为 $[-1, 1]$,考察如下形式的求积公式:

$$\int_{-1}^{1} f(x)\mathrm{d}x \approx 2\sum_{i=0}^{n}\lambda_i f(x_i)$$

为使它成为 Gauss 型的,只要令其参数 x_i, λ_i 满足 $m = 2n+1$ 的代数方程组(5),即

$$\sum_{i=0}^{n}\lambda_i x_i^k = \frac{1+(-1)^k}{2(k+1)}, \quad k = 0, 1, \cdots, 2n+1 \tag{10}$$

特别地,对于一点 Gauss 公式($n = 0$)

$$\int_{-1}^{1} f(x)\mathrm{d}x \approx 2\lambda_0 f(x_0)$$

令它对于 $y = 1, x$ 准确成立,有

$$\begin{cases} \lambda_0 = 1 \\ \lambda_0 x_0 = 0 \end{cases}$$

据此定出 $\lambda_0 = 1, x_0 = 0$. 可见**一点 Gauss 公式**是人们所熟知的中矩形公式

$$G_1 = 2f(0) \tag{11}$$

它具有1阶精度,即一点 Gauss 公式与两点 Newton-Cotes 公式(梯形公式)的精度相当.

再考察两点 Gauss 公式($n = 1$)

$$\int_{-1}^{1} f(x)\mathrm{d}x \approx 2[\lambda_0 f(x_0) + \lambda_1 f(x_1)] \tag{12}$$

令它对于 $y = 1, x, x^2, x^3$ 准确成立,有

$$\begin{cases} \lambda_0 + \lambda_1 = 1 \\ \lambda_0 x_0 + \lambda_1 x_1 = 0 \\ \lambda_0 x_0^2 + \lambda_1 x_1^2 = \dfrac{1}{3} \\ \lambda_0 x_0^3 + \lambda_1 x_1^3 = 0 \end{cases} \tag{13}$$

这样归结出的方程组是方程组(10)取 $n = 1$ 的特殊情况. 方程组(13)是含有4个未知数的非线性方程组,它的求解似乎有实质性的困难.

可以运用对称性原则进行简化处理. Gauss 公式具有高精度,它的结构应当具有鲜明的对称性. 特别地,对于两点 Gauss 公式(12),令

$$\lambda_1 = \lambda_0, \quad x_1 = -x_0$$

则方程组(13)的第二与第四两个式子自然成立,因而可将它化简为

$$\begin{cases} 2\lambda_0 = 1 \\ 2\lambda_0 x_0^2 = \dfrac{1}{3} \end{cases}$$

由此即得

$$\lambda_0 = \lambda_1 = \frac{1}{2}, \quad x_1 = -x_0 = \frac{1}{\sqrt{3}}$$

这样构造出的**两点 Gauss 公式**

$$G_2 = f\left(-\frac{1}{\sqrt{3}}\right) + f\left(\frac{1}{\sqrt{3}}\right) \tag{14}$$

具有 3 阶精度,即两点 Gauss 公式与三点 Newton-Cotes 公式(Simpson 公式)的精度相当.

进一步考察三点 Gauss 公式

$$\int_{-1}^{1} f(x)\mathrm{d}x \approx 2[\lambda_0 f(x_0) + \lambda_1 f(x_1) + \lambda_2 f(x_2)]$$

为使它具有 5 阶精度,考察 $n = 2$ 的方程组(10),有

$$\begin{cases} \lambda_0 + \lambda_1 + \lambda_2 = 1 \\ \lambda_0 x_0 + \lambda_1 x_1 + \lambda_2 x_2 = 0 \\ \lambda_0 x_0^2 + \lambda_1 x_1^2 + \lambda_2 x_2^2 = \dfrac{1}{3} \\ \lambda_0 x_0^3 + \lambda_1 x_1^3 + \lambda_2 x_2^3 = 0 \\ \lambda_0 x_0^4 + \lambda_1 x_1^4 + \lambda_2 x_2^4 = \dfrac{1}{5} \\ \lambda_0 x_0^5 + \lambda_1 x_1^5 + \lambda_2 x_2^5 = 0 \end{cases}$$

这是一个相当复杂的非线性方程组,仍运用对称性原则,令

$$x_2 = -x_0, \quad x_1 = 0, \quad \lambda_2 = \lambda_0$$

则可将上述方程组化简为

$$\begin{cases} 2\lambda_0 + \lambda_1 = 1 \\ 2\lambda_0 x_0^2 = \dfrac{1}{3} \\ 2\lambda_0 x_0^4 = \dfrac{1}{5} \end{cases}$$

据此容易定出

$$x_2 = -x_0 = \sqrt{\frac{3}{5}}, \quad x_1 = 0$$

$$\lambda_2 = \lambda_0 = \frac{5}{18}, \quad \lambda_1 = \frac{4}{9}$$

这样构造出的**三点 Gauss 公式**是

$$G_3 = \frac{5}{9} f\left(-\sqrt{\frac{3}{5}}\right) + \frac{8}{9} f(0) + \frac{5}{9} f\left(\sqrt{\frac{3}{5}}\right) \tag{15}$$

它具有 5 阶精度,即其精度与五点 Newton-Cotes 公式(Cotes 公式)相当.

不言而喻,更高阶的 Gauss 公式的构造更为复杂,其实有实用价值的仅仅是上述几个低阶 Gauss 公式.

依式(4),积分区间$[a,b]$的一点、二点和三点 Gauss 公式分别为

$$G_1 = (b-a)f\left(\frac{a+b}{2}\right)$$

$$G_2 = \frac{b-a}{2}\left[f\left(\frac{b+a}{2} - \frac{b-a}{2\sqrt{3}}\right) + f\left(\frac{b+a}{2} + \frac{b-a}{2\sqrt{3}}\right)\right]$$

$$G_3 = \frac{b-a}{2}\left[\frac{5}{9}f\left(\frac{b+a}{2} - \sqrt{\frac{3}{5}}\frac{b-a}{2}\right) + \frac{8}{9}f\left(\frac{b+a}{2}\right) + \frac{5}{9}f\left(\frac{b+a}{2} + \sqrt{\frac{3}{5}}\frac{b-a}{2}\right)\right]$$

2.4 复化求积法

2.4.1 复化求积公式

设将求积区间$[a,b]$划分为 n 等份,步长 $h = \dfrac{b-a}{n}$,等分点为 $x_i = a + ih$,$i = 0,1,\cdots,n$. 所谓**复化求积法**,就是先用低阶求积公式求得每个子段$[x_i, x_{i+1}]$上的积分值 I_i,然后再将它们累加求和,用各段积分之和 $\sum\limits_{i=0}^{n-1} I_i$ 作为所求积分的近似值.

复化求积法对于人们其实并不陌生. 前已指出,早在两千多年前,古希腊的 Archimedes 已经运用复化矩形公式计算曲边图形的面积(2.1.1 小节).

下面具体列出复化求积法的计算公式. **复化梯形公式**

$$\begin{aligned} T_n &= \sum_{i=0}^{n-1} \frac{h}{2}[f(x_i) + f(x_{i+1})] \\ &= \frac{b-a}{2n}\left[f(a) + 2\sum_{i=1}^{n-1} f(x_i) + f(b)\right] \end{aligned} \tag{16}$$

的形式简单. 记子段$[x_i, x_{i+1}]$的中点为 $x_{i+\frac{1}{2}}$,则**复化 Simpson 公式**为

$$\begin{aligned} S_n &= \sum_{i=0}^{n-1} \frac{h}{6}[f(x_i) + 4f(x_{i+\frac{1}{2}}) + f(x_{i+1})] \\ &= \frac{b-a}{6n}\left[f(a) + 4\sum_{i=0}^{n-1} f(x_{i+\frac{1}{2}}) + 2\sum_{i=1}^{n-1} f(x_i) + f(b)\right] \end{aligned} \tag{17}$$

如果将每个子段$[x_i, x_{i+1}]$划分为 4 等份,内分点依次记作 $x_{i+\frac{1}{4}}, x_{i+\frac{1}{2}}, x_{i+\frac{3}{4}}$,则**复化 Cotes 公式**为

$$\begin{aligned} C_n = \frac{b-a}{90n}\Big[&7f(a) + 32\sum_{i=0}^{n-1} f(x_{i+\frac{1}{4}}) + 14\sum_{i=0}^{n-1} f(x_{i+\frac{1}{2}}) \\ &+ 32\sum_{i=0}^{n-1} f(x_{i+\frac{3}{4}}) + 7f(b)\Big] \end{aligned} \tag{18}$$

例3 用函数 $f(x) = \dfrac{\sin x}{x}$ 的数据表(表 2-2)计算积分 $I = \displaystyle\int_0^1 \dfrac{\sin x}{x} \mathrm{d}x$.

解 判定一种算法的优劣,计算量是一个重要的因素. 由于在求 $f(x)$ 的函数值时,通常要做许多次四则运算,因此在统计求积公式 $\sum_i \lambda_i f(x_i)$ 的计算量时,只要统计求函数值 $f(x_i)$ 的次数.

表 2-2

x	$f(x)$	x	$f(x)$
0	1.000 000 0	5/8	0.936 155 6
1/8	0.997 397 8	3/4	0.908 851 6
1/4	0.989 615 8	7/8	0.877 192 5
3/8	0.976 726 7	1	0.841 470 9
1/2	0.958 851 0		

用复化求积法求例 2 的积分值. 取 $n=8$ 用复化梯形公式(16)求得
$$T_8 = 0.945\ 690\ 9$$
再取 $n=4$ 用复化 Simpson 公式(17)求得
$$S_4 = 0.946\ 083\ 2$$
比较这两个结果,它们都需要提供 9 个点上的函数值,工作量基本相同,然而精度却差别很大,同积分的准确值 0.946 083 1 比较,复化梯形法的结果 T_8 只有 2 位有效数字,而复化 Simpson 法的结果 S_4 却有 6 位有效数字. 这个例子再一次表明选择合适的算法意义重大.

2.4.2 变步长梯形法

这里所面对的问题是,运用某种复化求积方法可以获得积分值 I 的近似值 $I(h)$,而所求积分值 I 则可视为 $I(h)$ 当 $h \to 0$ 时的极限值. 这样,在一定精度范围内,只要步长 h 足够小,即可取 $I(h)$ 作为所求积分值 I.

问题在于如何选取合适的步长 h. 步长过大精度不能保证,步长过小则会导致计算量的显著增加. 选择步长需要在精度与计算量两者之间实现合理的平衡,然而事先给出一个合适的步长通常是困难的.

实际计算时,希望在保证精度的前提下选取尽可能大的步长,为此常常采取如下策略:事先预估某个步长 h(可适当放大一点,以留有余地),然后将步长逐次减半,直到二分前后两个近似值的偏差 $\left| I\left(\dfrac{h}{2}\right) - I(h) \right|$ 在精度范围内可以忽略为止. 这种在计算过程中自选步长的方法称作**变步长方法**.

现在在变步长的过程中探讨梯形法的计算规律. 设将积分区间划分为 n 等

份,则一共有 $n+1$ 个等分点

$$x_i = a + ih, \quad h = \frac{b-a}{n}, \quad i = 0, 1, \cdots, n$$

先考察一个子段 $[x_i, x_{i+1}]$,其中点 $x_{i+\frac{1}{2}} = a + \left(i + \frac{1}{2}\right)h$,该子段上二分前后两个梯形值

$$T_1 = \frac{h}{2}[f(x_i) + f(x_{i+1})]$$

$$T_2 = \frac{h}{4}[f(x_i) + 2f(x_{i+\frac{1}{2}}) + f(x_{i+1})]$$

显然有下列关系

$$T_2 = \frac{1}{2}T_1 + \frac{h}{2}f(x_{i+\frac{1}{2}})$$

将这一关系式关于 i 从 0 到 $n-1$ 累加求和,即可导出如下递推算式

$$T_{2n} = \frac{1}{2}T_n + \frac{h}{2}\sum_{i=0}^{n-1} f(x_{i+\frac{1}{2}}) \tag{19}$$

式中 $h = \frac{b-a}{n}$ 为二分前的步长,而

$$x_{i+\frac{1}{2}} = a + \left(i + \frac{1}{2}\right)h$$

算法 2.1 列出变步长梯形法的计算流程.

算法 2.1 (变步长梯形法)

已给被积函数 $f(x)$,求积区间 $[a, b]$ 及精度 ε.

步 1 准备初值 $h \Leftarrow b - a, n \Leftarrow 1$

$$T_1 \Leftarrow \frac{h}{2}[f(a) + f(b)]$$

步 2 二分求梯形值 依式 (19) 有

$$T_2 \Leftarrow \frac{1}{2}T_1 + \frac{h}{2}\sum_{i=0}^{n-1} f\left(a + \left(i + \frac{1}{2}\right)h\right)$$

步 3 控制精度 如果 $|T_2 - T_1| < \varepsilon$ 则输出 T_2 作为结果,终止计算; 否则 $h \Leftarrow \frac{h}{2}, n \Leftarrow 2n, T_1 \Leftarrow T_2$,转步 2 继续计算.

例 4 用变步长梯形法计算积分 $I = \int_0^1 \frac{\sin x}{x} dx$.

解 先对整个区间 $[0, 1]$ 用梯形公式. 对于被积函数 $f(x) = \frac{\sin x}{x}$,由于 $f(0) = 1, f(1) = 0.841\,470\,9$,故有

$$T_1 = \frac{1}{2}[f(0) + f(1)] = 0.920\ 735\ 5$$

然后将区间二分,由于 $f\left(\frac{1}{2}\right) = 0.958\ 851\ 0$,利用递推公式(19) 得

$$T_2 = \frac{1}{2}T_1 + \frac{1}{2}f\left(\frac{1}{2}\right) = 0.939\ 793\ 3$$

再二分一次,并计算新分点上的函数值

$$f\left(\frac{1}{4}\right) = 0.989\ 615\ 8, \quad f\left(\frac{3}{4}\right) = 0.908\ 851\ 6$$

再用式(19) 求得

$$T_4 = \frac{1}{2}T_2 + \frac{1}{4}\left[f\left(\frac{1}{4}\right) + f\left(\frac{3}{4}\right)\right] = 0.944\ 513\ 5$$

这样不断二分下去,计算结果如表 2-3 所示(表中 k 代表二分次数,区间等份数 $n = 2^k$). 这里,用变步长方法二分 10 次得到了有 7 位有效数字的积分值 $I = 0.946\ 083\ 1$. 数据后的括号〈·〉标明有效数字的位数.

表 2-3

k	T_n		k	T_n	
0	0.920 735 5	〈1〉	6	0.946 076 9	〈4〉
1	0.939 793 3	〈2〉	7	0.946 081 5	〈5〉
2	0.944 513 5	〈2〉	8	0.946 082 7	〈5〉
3	0.945 690 9	〈3〉	9	0.946 083 0	〈6〉
4	0.945 985 0	〈3〉	10	0.946 083 1	〈7〉
5	0.946 059 6	〈4〉			

2.5 Romberg 加速算法

2.5.1 梯形法的加速

复化梯形法的算法简单,但精度低,收敛速度缓慢. 能否设法加工梯形值以提高精度呢?

考察二分前后的梯形值

$$T_1 = \frac{b-a}{2}[f(a) + f(b)]$$

$$T_2 = \frac{b-a}{4}[f(a) + 2f(c) + f(b)], \quad c = \frac{a+b}{2}$$

它们都只有 1 阶精度. 若将两者进行松弛,令

$$S_1 = (1+\omega)T_2 - \omega T_1 = T_2 + \omega(T_2 - T_1) \tag{20}$$

显然,不管因子 ω 如何选择,松弛公式(20)均具有1阶精度. 注意到节点 $c = \dfrac{a+b}{2}$ 是二等分点,为使它具有 2 阶精度,它必须是二等分的 Newton-Cotes 公式——Simpson 公式. 因此,这个问题可表述为,能否找到合适的松弛因子 ω,使二分前后的两个梯形值 T_1,T_2 按式(20) 松弛生成 Simpson 值 S_1. 注意到

$$S_1 = \frac{b-a}{6}[f(a) + 4f(c) + f(b)]$$

比较式(20)两端 $f(a), f(c)$ 与 $f(b)$ 的系数,容易定出

$$\omega = \frac{1}{3}$$

从而有

$$S_1 = \frac{4}{3}T_2 - \frac{1}{3}T_1$$

其复化形式为

$$S_n = \frac{4}{3}T_{2n} - \frac{1}{3}T_n \tag{21}$$

这就是说,用二分前后的两个梯形值 T_n 与 T_{2n} 按式(21)进行加工,结果生成 Simpson 值 S_n.

2.5.2 Simpson 法再加速

进一步加工 Simpson 值. 将区间 $[a,b]$ 划分为 4 等份,等分点 $x_i = a + i\dfrac{b-a}{4}$,$i=0,1,\cdots,4$,则二分前后的 Simpson 值 S_1, S_2 都具有 3 阶精度. 适当选取因子 ω,以将松弛值

$$C_1 = (1+\omega)S_2 - \omega S_1 \tag{22}$$

提高到 4 阶精度. 注意到这里节点 x_i,$i=0,1,\cdots,4$ 是 4 等分点,这样设计的求积公式(22)应当是 Cotes 公式

$$C_1 = \frac{b-a}{90}[7f(x_0) + 32f(x_1) + 12f(x_2) + 32f(x_3) + 7f(x_4)]$$

比较式(22)两端 $f(x_i)$,$i=0,1,\cdots,4$ 的系数可定出

$$\omega = \frac{1}{15}$$

从而有

$$C_n = \frac{16}{15}S_{2n} - \frac{1}{15}S_n \tag{23}$$

这样,将二分前后的两个 Simpson 值进行再加工,可进一步生成 Cotes 值.

2.5.3 Cotes 法的进一步加速

再加工 Cotes 值. 将积分区间 $[a,b]$ 划分为 8 等份,等分点 $x_i = a + i\dfrac{b-a}{8}$,$i$

$=0,1,\cdots,8$,则二分前后的 Cotes 值为

$$C_1 = \frac{b-a}{90}[7f(x_0) + 32f(x_2) + 12f(x_4) + 32f(x_6) + 7f(x_8)]$$

$$C_2 = \frac{b-a}{180}[7f(x_0) + 32f(x_1) + 12f(x_2) + 32f(x_3) + 14f(x_4)$$
$$+ 32f(x_5) + 12f(x_6) + 32f(x_7) + 7f(x_8)]$$

这时松弛公式

$$R_1 = (1+\omega)C_2 - \omega C_1$$

至少有 5 阶精度. 现在选取合适的松弛值 ω 将以上求积公式提高到 6 阶精度,为此令它对于 $y = x^6$ 准确成立,据此定出

$$\omega = \frac{1}{63}$$

这样设计出的求积公式

$$R_n = \frac{64}{63}C_{2n} - \frac{1}{63}C_n \tag{24}$$

称作 **Romberg 公式**. 可以验证它实际上有 7 阶精度. 注意到 Romberg 公式的求积节点是区间 $[a,b]$ 的 8 等分点,但仅能保证它有 7 阶精度,因此它不再属于 Newton-Cotes 公式的范畴.

2.5.4 Romberg 算法的计算流程

在步长二分的过程中运用式(21)、式(23)、式(24) 加工三次,就能将粗糙的梯形值 T_n 逐步加工成高精度的 Romberg 值 R_n,或者说,将收敛缓慢的梯形值序列 $\{T_n\}$ 加工成收敛迅速的 Romberg 值序列 $\{R_n\}$. 这种加速算法称作 **Romberg 算法**. Romberg 算法的加工过程如表 2-4 所示,表中符号"╲"表示松弛手续.

表 2-4

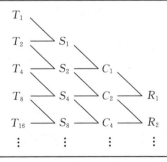

实际计算时,可逐行生成上述数值表. 每二分一次,先求出二分后的梯形值,然后加速三次,分别求得 Simpson 值、Cotes 值与 Romberg 值. 这一过程直到相邻两个 Romberg 值的偏差满足精度要求时终止.

算法 2.2 （Romberg 求积）

已给函数 $f(x)$，求积区间 $[a,b]$ 及精度 ε。

步 1 准备初值 令 $h \Leftarrow b-a, n \Leftarrow 1$。

在步长二分过程中，逐步生成表 2-4 的前 4 行，并存数据 T_8, S_4, C_2, R_1 于单元 t_1, s_1, c_1, r_1 中。

步 2 二分求梯形值 $h \Leftarrow h/2, n \Leftarrow 2n$，依式(19)求出新的梯形值，存于单元 t_2 中。

步 3 松弛加速 依式(21)、式(23)与式(24)求加速值，分别存于单元 s_2, c_2, r_2 中。

步 4 精度控制 如果 $|r_2 - r_1| < \varepsilon$，则输出 r_2 作为结果，终止计算；否则 $t_1 \Leftarrow t_2, s_1 \Leftarrow s_2, c_1 \Leftarrow c_2, r_1 \Leftarrow r_2$，转步 2 继续二分。

例 5 求积分 $I = \int_0^1 \dfrac{\sin x}{x} dx$。

解 用 Romberg 算法加工表 2-3 所示的数据，计算结果如表 2-5 所示。表中用括号⟨·⟩标明数据所具有的有效数字的位数。积分准确值 $I = 0.946\,083\,1$。

表 2-5

k	T_{2^k}	$S_{2^{k-1}}$	$C_{2^{k-2}}$	$R_{2^{k-3}}$
0	0.920 755 5 ⟨1⟩			
1	0.939 793 3 ⟨2⟩	0.946 145 9 ⟨3⟩		
2	0.944 513 5 ⟨2⟩	0.946 086 9 ⟨5⟩	0.946 083 0 ⟨6⟩	
3	0.945 690 9 ⟨3⟩	0.946 083 4 ⟨6⟩	0.946 083 1 ⟨7⟩	0.946 083 1 ⟨7⟩

这里用二分 3 次的梯形值（它们的精度都很低，至多只有两三位有效数字），通过 3 次加速，获得了例 3 需要二分 10 次才能求得的结果，而加速过程所耗费的计算量可以忽略不计，可见 Romberg 算法的加速效果极其显著。

Romberg 算法是优秀算法的一个范例。

2.6 千古绝技"割圆术"

圆，是人们最为熟悉、应用最为广泛的几何曲线之一。

千百年来，人类对圆进行过长期、深入的观察与分析。古人早就知道圆中有个数学不变量：不管圆的大小如何，其周长与直径的比，以及其面积除以半径的平方，是同一个定数。这个数学常数称作**圆周率**，记作 π。

虽然人们早就知道圆周率是个定数，但它的精确计算却是数学史上一道千古难题。

2.6.1 "缀术"之谜

上古规定圆周率为3,突出人们对圆周率这个奇妙数字的宠爱与崇拜."周三径一",许多古代经典,包括东方的《易经》与西方的《圣经》,都规定了这个教条.

据文献记载,首先实现圆周率精确计算的是古希腊的 Archimedes. 早在公元前3世纪,他用内接与外切正96边形逼近圆周,获得 π 的近似值3.14.

中国数学家对于圆周率计算也作出了杰出的贡献.

公元3世纪,魏晋大数学家刘徽用内接正3 072边形逼近圆周,获得 π 的近似值3.141 6,这个结果准确到小数点后第4位.在生产力低下的古代,如此高的精度对于实际应用已是绰绰有余了.

事隔两百多年之后,南北朝祖冲之(429—500)更进一步获得了准确到小数点后7位的圆周率3.141 592 6.这是一项千年称雄的数学成就.

祖冲之称其算法为"缀术".但缀术已失传千年,致使祖冲之计算圆周率的奇妙算法成了数学史上一桩千古疑案.

2.6.2 奇妙的"割圆术"

公元263年,魏晋刘徽为算经《九章算术》作注.刘徽的《九章算术注》奠定了中华数学的理论基础.

关于圆面积计算,《九章算术》"圆田术"指出:"半周半径相乘得积步",这就是说,圆面积等于半周长与半径的乘积.刘徽写了一篇注记附于其后.这篇"圆田术"的刘徽注后人称为"割圆术".

"割圆术"长约1 800字,其内容翔实,结构紧凑,气势磅礴而寓意深邃,是数学史上一篇千古奇文.

"割圆术"的主要内容是基于圆面积计算设计圆周率的高效算法.这一算法包含二分割圆、递推计算与松弛加速三个环节[①].

1° 二分割圆

刘徽从圆周的6等分做起,反复二分各个弧段,逐步将圆周分割成12等份、24等份、48等份……在弧段二分过程中,等份数逐步倍增,二分 k 次圆周被分割成 6×2^k 个弧段,或者说,圆被切割成 6×2^k 个小扇形片(图2-4).

刘徽在弧段二分的过程中考察了小扇形的

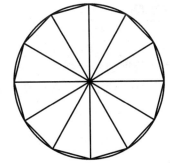

图 2-4

---

① 王能超.千古绝技"割圆术"[M].第2版.武汉:华中科技大学出版社,2003.

近似计算问题,他采取"以直代曲"的逼近策略.将小扇形转化为小三角形.这些小三角形合并为圆的内接正多边形.二分 k 次后圆内接正多边形的边数为 6×2^k.

2° 递推计算

刘徽具体给出了二分前后从内接正 n 边形到 $2n$ 边形的递推公式.设圆半径为 r,内接正 n 边形的边长为 l_n,面积为 S_n,刘徽运用勾股定理导出了如下形式的递推公式

$$l_{2n} = \sqrt{\left(\frac{l_n}{2}\right)^2 + \left[r - \sqrt{r^2 - \left(\frac{l_n}{2}\right)^2}\right]^2}$$

$$S_{2n} = \frac{n}{2} r l_n$$

他据此设计出一个完整的迭代算法,其计算流程如下:

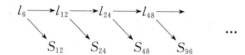

刘徽在《割圆术》一文中,用了三分之二的篇幅,详尽地记录了割圆计算的二分过程,记录了计算过程中每一个中间数据.割圆计算是枯燥无味的,它是简单计算的重复.通过这种不厌其烦的重复,刘徽深刻揭示了算法设计的基本理念:简单的重复生成复杂.

3° 松弛加速

刘徽深入地考察了数据的精加工问题.他发现,如果选取松弛因子

$$\omega = \frac{36}{105}$$

则可将两个粗糙数据 S_{96} 与 S_{192} 加工成高精度的结果 $S_{3\,072}$.

为便于进行筹算,刘徽令 $r = 10$,这时圆面积 $S^* = 100\pi$. 刘徽通过二分割圆手续求得

$$S_{96} = 313 \frac{584}{625}, \quad S_{192} = 314 \frac{64}{625}$$

这两个数据的精度都很差,相当于圆周率 3.14. 其实 Archimedes 早已掌握这些数据. 刘徽比 Archimedes 技高一筹,他设计出下列数据加工过程:

$$S_{192} + \frac{36}{105}(S_{192} - S_{96}) = 314 \frac{64}{625} + \frac{36}{105} \times \frac{105}{625} = 314 \frac{100}{625} = 314 \frac{4}{25}$$

据此获得高精度的圆周率 3.141 6. 刘徽强调指出,这样加工出的结果是 $S_{3\,072}$,即有

$$S_{3\,072} \approx S_{192} + \omega(S_{192} - S_{96})$$

式中

$$\omega = \frac{36}{105}$$

在这里,刘徽利用两个粗糙的数据通过松弛技术加工出高精度的结果,其加工过程几乎不耗费计算量,这是一种加速算法.

众所周知,在西方,数值求积的 Romberg 算法(2.5 节)直到 1955 年才被发现.人们普遍认为这一算法开创了加速算法设计的先河.基于余项展开的快速算法被认为是计算数学中一个突出的难点.令人难以置信的是,中国数学家早在 1 700 多年以前就已经掌握了这门绝技,这是超越时代的大智慧.

2.7 数值微分

微分和积分是一对互逆的数学运算.下面将参照前述数值积分来讨论数值微分.

2.7.1 数值求导的差商公式

按照数值分析的定义,导数 $f'(a)$ 是差商 $\dfrac{f(a+h)-f(a)}{h}$ 当 $h \to 0$ 时的极限,因此,如果精度要求不高,可以简单地取差商作为导数的近似值,这样便建立起一种求导公式,称作**向前差商**

$$f'(a) \approx \frac{f(a+h)-f(a)}{h}$$

类似地,亦可用**向后差商**

$$f'(a) \approx \frac{f(a)-f(a-h)}{h}$$

或用**中心差商**

$$f'(a) \approx \frac{f(a+h)-f(a-h)}{2h}$$

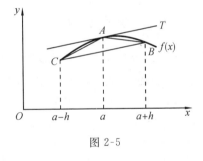

图 2-5

最后一种求导方法也称作**中点方法**,它是前两种方法的算术平均.

在图形上(图 2-5),上述三种导数的近似值分别表示弦线 AB、AC 和 BC 的斜率,比较这三条弦线与切线 AT(其斜率等于导数值 $f'(a)$)平行的程度,从图形上可以明显地看出,其中以 BC 的斜率更接近于切线 AT 的斜率,因此就精度而言,以中点方法更为可取.

为要利用中点公式

$$G(h) = \frac{f(a+h)-f(a-h)}{2h}$$

计算导数值 $f'(a)$,首先必须选取合适的步长.步长太大精度难以保证,步长太小又会导致舍入误差的增长.在实际计算过程中,希望在保证精度的前提下选取尽可能大的步长,然而事先给出一个合适的步长往往是困难的.通常在步长二分的变步长过程中实现步长的自动选择.

例 6 用变步长的中点方法求 e^x 在 $x=1$ 的导数值,设取 $h=0.8$ 起算.

解 这里采用的计算公式是

$$G(h) = \frac{e^{1+h} - e^{1-h}}{2h}$$

计算结果如表 2-6 所示,表中 k 代表二分的步数,步长 $h=\dfrac{0.8}{2^k}$. 可以看到,二分 9 次得出结果 $G=2.71828$,它的每一位数字都是有效数字(所求导数的精确值为 $e=2.7182818$).

表 2-6

k	$G(h)$	k	$G(h)$
0	3.01765	6	2.71835
1	2.79135	7	2.71830
2	2.73644	8	2.71829
3	2.72281	9	2.71828
4	2.71941	10	2.71828
5	2.71856		

2.7.2 数值求导公式的设计方法

同数值求积一样,所谓**数值求导**,就是将导数计算归结为提供若干节点上的函数值. 前述几种差商公式都是特殊的数值求导公式.

设已知 $f(x)$ 在一组节点 $x_i = x_0 + ih$,$i=0,1,\cdots,n$ 的函数值 $f(x_i)$,用这些数据组合生成给定节点 x_k 的导数值,即令求导公式具有形式

$$f'(x_k) \approx \frac{1}{h}\sum_{i=0}^{n}\lambda_i f(x_i)$$

很自然,为使求导公式具有足够的精度,要求它对于足够高次的多项式能准确成立,这又归结为求解关于参数 λ_i 的代数方程组.

问题 3 试对给定节点 $x_0, x_1 = x_0 + h, x_2 = x_0 + 2h$ 构造求导公式

$$f'(x_0) \approx \frac{1}{h}[\lambda_0 f(x_0) + \lambda_1 f(x_1) + \lambda_2 f(x_2)]$$

解 令上式对于 $y = 1, x, x^2$ 准确成立,可列出方程

$$\begin{cases} \lambda_0 + \lambda_1 + \lambda_2 = 0 \\ \lambda_0 x_0 + \lambda_1 x_1 + \lambda_2 x_2 = h \\ \lambda_0 x_0^2 + \lambda_1 x_1^2 + \lambda_2 x_2^2 = 2x_0 h \end{cases}$$

为简化计算,不妨令 $x_0 = 0, h = 1$,则方程组化简为

$$\begin{cases} \lambda_0 + \lambda_1 + \lambda_2 = 0 \\ \lambda_1 + 2\lambda_2 = 1 \\ \lambda_1 + 4\lambda_2 = 0 \end{cases}$$

据此定出
$$\lambda_0 = -\frac{3}{2}, \quad \lambda_1 = 2, \quad \lambda_2 = -\frac{1}{2}$$

这样设计出的求导公式是

$$f'(x_0) \approx \frac{1}{2h}[-3f(x_0) + 4f(x_1) - f(x_2)]$$

再考察一种情况.

问题 4 试对给定节点 $x_0 = x_1 - h, x_1, x_2 = x_1 + h$ 构造求导公式

$$f'(x_1) \approx \frac{1}{h}[\lambda_0 f(x_0) + \lambda_1 f(x_1) + \lambda_2 f(x_2)]$$

解 同问题 3,令上式对于 $y = 1, x, x^2$ 准确成立,可列出方程

$$\begin{cases} \lambda_0 + \lambda_1 + \lambda_2 = 0 \\ \lambda_0 x_0 + \lambda_1 x_1 + \lambda_2 x_2 = h \\ \lambda_0 x_0^2 + \lambda_1 x_1^2 + \lambda_2 x_2^2 = 2x_1 h \end{cases}$$

为简化计算,不妨设 $x_1 = 0, h = 1$,据此定出

$$\lambda_2 = -\lambda_0 = \frac{1}{2}, \quad \lambda_1 = 0$$

这一事实据对称性原则是显然的. 这样设计出的求导公式就是中点公式

$$G(h) = \frac{f(x_1 + h) - f(x_1 - h)}{2h}$$

它具有 2 阶精度.

2.7.3 中点公式的逐步加速

从对称性的角度看,数值求导的中点公式类比于数值求积的梯形公式与中矩形公式. 前已看到,梯形公式可以运用松弛技术建立逐步加速公式. 可以证明,中矩形公式亦可运用这种加速技术. 人们自然会问,数值求导的中点公式是否有类似的结果呢?就是说,计算 $f'(a)$ 的中点公式

$$G(h) = \frac{f(a+h) - f(a-h)}{2h}$$

是否有形如式(21)、式(23)、式(24) 的加速公式

$$G_1(h) = \frac{4}{3}G\left(\frac{h}{2}\right) - \frac{1}{3}G(h) \tag{25}$$

$$G_2(h) = \frac{16}{15}G_1\left(\frac{h}{2}\right) - \frac{1}{15}G_1(h) \tag{26}$$

$$G_3(h) = \frac{64}{63}G_2\left(\frac{h}{2}\right) - \frac{1}{63}G_2(h) \tag{27}$$

呢? 为了检查这个想法,先做一个数值试验.

例 7 用上述方案计算 $f(x) = x^2 e^{-x}$ 的导数值 $f'(0.5)$.

解 这里中点公式表达为

$$G(h) = \frac{1}{2h}\left[\left(\frac{1}{2}+h\right)^2 e^{-\left(\frac{1}{2}+h\right)} - \left(\frac{1}{2}-h\right)^2 e^{-\left(\frac{1}{2}-h\right)}\right]$$

按加速公式(25)、(26)计算的结果列于表 2-7 中. 〈·〉标明有效数字的位数. $f'(0.5)$ 的精确值为 0.454 897 994.

表 2-7

h	$G(h)$	$G_1(2h)$	$G_2(4h)$
0.1	0.451 604 908 1 〈2〉		
0.05	0.454 076 169 3 〈3〉	0.454 899 923 1 〈5〉	
0.025	0.454 692 628 8 〈3〉	0.454 898 115 2 〈5〉	0.454 879 994 〈9〉

这个算例表明,计算公式(25)、(26)有明显的加速效果. 下面对这种计算方案提供理论上的支持.

问题 5 将二分前后两个中点值 $G(h)$ 与 $G\left(\frac{h}{2}\right)$ 进行松弛,希望生成更高精度的结果

$$G_1(h) = (1+\omega)G\left(\frac{h}{2}\right) - \omega G(h)$$

解 考察相应的微分关系式

$$f'(a) \approx (1+\omega)\frac{f\left(a+\frac{h}{2}\right)-f\left(a-\frac{h}{2}\right)}{h} - \omega\frac{f(a+h)-f(a-h)}{2h}$$

为简化分析,令 $a=0, h=1$,这时上式表达为

$$f'(0) \approx (1+\omega)\left[f\left(\frac{1}{2}\right)-f\left(-\frac{1}{2}\right)\right] - \omega\frac{f(1)-f(-1)}{2}$$

令上式对于 $y = x^3$ 准确成立,列出方程

$$0 = (1+\omega) \times 2 \times \left(\frac{1}{2}\right)^3 - \omega$$

据此定出 $\omega = \frac{1}{3}$,从而有加速公式(25). 容易验证它实际上有 4 阶精度.

再对 $G_1(h)$ 施行松弛技术.

问题 6 将二分前后两个值 $G_1(h)$ 与 $G_1\left(\frac{h}{2}\right)$ 进行松弛,希望生成更高精度的

结果
$$G_2(h) = (1+\omega)G_1\left(\frac{h}{2}\right) - \omega G_1(h)$$

解 其相应的微分关系式为
$$f'(a) \approx (1+\omega)\left[\frac{4}{3}G\left(\frac{h}{4}\right) - \frac{1}{3}G(h)\right] - \omega\left[\frac{4}{3}G\left(\frac{h}{2}\right) - \frac{1}{3}G(h)\right]$$

取 $a=0, h=1$，令上式对于 $y=x^5$ 准确成立，即可定出 $\omega=\frac{1}{15}$，从而有加速公式 (26)。

还可以进一步加速下去。总之，对中点公式同样可施行 Romberg 逐步加速手续。

小 结

1° 按积分中值定理，所求积分值等于其平均高度与求积区间的乘积，因而可用若干节点上的函数值（高度）加权平均生成平均高度，这就是所谓**机械求积方法**。这样，机械求积公式的设计便化归为确定平均化系数（权系数）的代数问题，其处理方法类同于插值公式。

值得指出的是，由于求积公式具有普适性，其中节点与权系数的分布应当是对称的。运用**对称性原理**可以简化求积公式的设计过程。

2° 为改善求积方法的精度，亦可仿照插值方法采用分段技术，即事先将求积区间划分为若干等份，然后在每个子段（子段长度称作**步长**）上采用低阶求积公式（譬如梯形公式）。称这类方法是**复化**的。

步长的合理选取是运用复化方法的关键。步长太大精度难以保证，步长太小则会导致计算量的浪费，然而事先给出一个合适的步长往往是困难的。

通常采用变步长的计算方案，即在等份数逐步倍增，相应地步长逐次减半的二分过程中计算积分值。每做一步，检查一下二分前后两个计算结果的偏差，直到满足精度要求时终止计算。这就实现了步长的自动选择。

3° 在二分过程中考察几种低阶求积公式的联系，不难发现，二分前后两个梯形值适当组合可获得 Simpson 值，而二分前后两个 Simpson 值适当组合又可进一步获得 Cotes 值，如果将二分前后两个 Cotes 值再适当组合即可获得更高精度的 Romberg 值。这样，先在二分过程中逐步计算出梯形值序列，然后再将它逐步加工成 Simpson 值序列、Cotes 值序列与 Romberg 值序列，这就是著名的 **Romberg 算法**。

Romberg 算法在几乎不增加计算量的前提下显著地提高了计算结果的精度，其加速效果是奇妙的。它是优秀算法的一个范例。

Romberg 算法是二分技术与超松弛技术这两类优化技术的完美结合.

4° 数值求积的 Romberg 加速算法是 20 世纪中(1955 年)才提出来的. 不可思议的是,早在公元 **263** 年以前,魏晋大数学家刘徽在圆周率的割圆计算中,就已经运用了今日被称作超松弛技术的加速技术. 这是一项超越时代的辉煌成就. 这是中华先贤的大智慧.

例题选讲 2

1. 求积公式的设计

提要　前文介绍了设计求积公式的代数精度方法. 所设计的求积公式应具有"尽可能高"的代数精度,并要求指明所构造的求积公式实际具有的代数精度.

值得强调的是,在设计求积公式时要充分考虑到对称性. 利用对称性可以减少待定参数的数目,从而使所归结出的代数方程组较为容易求解.

题 1　试设计求积公式

$$\int_0^1 f(x)\,\mathrm{d}x \approx A_0 f\left(\frac{1}{4}\right) + A_1 f\left(\frac{3}{4}\right)$$

解　令原式对于 $y = 1, x$ 准确成立,可列出方程组

$$\begin{cases} A_0 + A_1 = 1 \\ \dfrac{1}{4}A_0 + \dfrac{3}{4}A_1 = \dfrac{1}{2} \end{cases}$$

解之得 $A_0 = A_1 = \dfrac{1}{2}$,这样设计出的求积公式是

$$\int_0^1 f(x)\,\mathrm{d}x \approx \frac{1}{2}\left[f\left(\frac{1}{4}\right) + f\left(\frac{3}{4}\right)\right]$$

令 $y = x^2$ 代入上式,有

$$\text{左端} = \int_0^1 x^2 \,\mathrm{d}x = \frac{1}{3}, \quad \text{右端} = \frac{1}{2}\left(\frac{1}{16} + \frac{9}{16}\right)$$

左右两端不相等,故所设计出的求积公式仅有 1 阶精度.

题 2　试设计求积公式

$$\int_0^1 f(x)\,\mathrm{d}x \approx A_0 f\left(\frac{1}{4}\right) + A_1 f\left(\frac{1}{2}\right) + A_2 f\left(\frac{3}{4}\right)$$

解　令原式对于 $y = 1, x, x^2$ 准确成立,可列出方程组

$$\begin{cases} A_0 + A_1 + A_2 = 1 \\ \dfrac{1}{4}A_0 + \dfrac{1}{2}A_1 + \dfrac{3}{4}A_2 = \dfrac{1}{2} \\ \dfrac{1}{16}A_0 + \dfrac{1}{4}A_1 + \dfrac{9}{16}A_2 = \dfrac{1}{3} \end{cases}$$

考虑到对称性，令 $A_2 = A_0$，则方程组化简为

$$\begin{cases} A_0 + \dfrac{1}{2}A_1 = \dfrac{1}{2} \\ \dfrac{5}{8}A_0 + \dfrac{1}{4}A_1 = \dfrac{1}{3} \end{cases}$$

解之得 $\quad A_0 = A_2 = \dfrac{2}{3}, \quad A_1 = -\dfrac{1}{3}$

易知所设计出的求积公式

$$\int_0^1 f(x)\,\mathrm{d}x \approx \dfrac{2}{3} f\left(\dfrac{1}{4}\right) - \dfrac{1}{3} f\left(\dfrac{1}{2}\right) + \dfrac{2}{3} f\left(\dfrac{3}{4}\right)$$

对于 $y = x^3$ 准确成立，而对于 $y = x^4$ 不准确，故它有 3 阶精度.

题 3 试设计求积公式

$$\int_0^1 f(x)\,\mathrm{d}x \approx A_0 f(0) + A_1 f(1) + B_0 f'(0)$$

解 令原式对 $y = 1, x, x^2$ 准确成立，可列出方程组

$$\begin{cases} A_0 + A_1 = 1 \\ A_1 + B_0 = \dfrac{1}{2} \\ A_1 = \dfrac{1}{3} \end{cases}$$

解之得 $\quad A_0 = \dfrac{2}{3}, \quad A_1 = \dfrac{1}{3}, \quad B_0 = \dfrac{1}{6}$

易知这样设计出的求积公式

$$\int_0^1 f(x)\,\mathrm{d}x \approx \dfrac{2}{3} f(0) + \dfrac{1}{3} f(1) + \dfrac{1}{6} f'(0)$$

对于 $y = x^3$ 不准确，故它仅有 2 阶精度.

题 4 试设计求积公式

$$\int_0^h f(x)\,\mathrm{d}x \approx h[a_0 f(0) + a_1 f(1)] + h^2[b_0 f'(0) + b_1 f'(1)]$$

解 不妨设 $h = 1$（否则作变换 $x = ht$），考察求积公式

$$\int_0^1 f(x)\,\mathrm{d}x \approx a_0 f(0) + a_1 f(1) + b_0 f'(0) + b_1 f'(1)$$

令对于 $y = 1, x, x^2, x^3$ 准确成立，可列出方程组

$$\begin{cases} a_0 + a_1 = 1 \\ a_1 + b_0 + b_1 = \dfrac{1}{2} \\ a_1 + 2b_1 = \dfrac{1}{3} \\ a_1 + 3b_1 = \dfrac{1}{4} \end{cases}$$

解之得
$$a_0 = a_1 = \frac{1}{2}, \quad b_0 = -b_1 = \frac{1}{12}$$

易知这样设计出的求积公式
$$\int_0^h f(x)\mathrm{d}x \approx \frac{h}{2}[f(0) + f(1)] + \frac{h^2}{12}[f'(0) - f'(1)]$$

对于 $y = x^4$ 不准确,故它仅有 3 阶精度.

题 5 试设计求积公式
$$\int_{-h}^h f(x)\mathrm{d}x \approx A_0 f(-h) + A_1 f(x_1)$$

解 所要设计的求积公式含有未知的求积节点 x_1,令它对于 $y = 1, x, x^2$ 准确成立,可列出方程组
$$\begin{cases} A_0 + A_1 = 2h \\ -hA_0 + x_1 A_1 = 0 \\ h^2 A_0 + x_1^2 A_1 = \frac{2}{3}h^3 \end{cases}$$

利用前两个方程从最末一个方程中消去 A_1 与 x_1,使之化归为仅含一个变元 A_0 的方程,从而定出 $A_0 = \frac{h}{2}$,再代入求得 $A_1 = \frac{3}{2}h, x_1 = \frac{h}{3}$,于是所设计出的求积公式是
$$\int_{-h}^h f(x)\mathrm{d}x \approx \frac{h}{2} f(-h) + \frac{3}{2} h f\left(\frac{h}{3}\right)$$

易知这一求积公式对于 $y = x^3$ 不准确,故它仅有 2 阶精度.

题 6 试设计求积公式
$$\int_{-1}^1 f(x)\mathrm{d}x \approx A[f(x_0) + f(x_1) + f(x_2)], \quad x_0 < x_1 < x_2$$

解 考虑到求积公式内在的对称性,令 $x_0 = -x_2, x_1 = 0$,则原式化为
$$\int_{-1}^1 f(x)\mathrm{d}x \approx A[f(-x_2) + f(0) + f(x_2)]$$

这样设计出的求积公式对于奇函数 $y = x, x^3, x^5$ 等均准确成立,再令它对于 $y = 1$ 准确成立,列出方程
$$3A = 2$$

因而 $A = \frac{2}{3}$. 进一步令它对于 $y = x^2$ 准确成立,可列出方程
$$\frac{2}{3} \times 2x_2^2 = \frac{2}{3}$$

由此得知 $x_2 = -x_0 = \frac{1}{\sqrt{2}}$,于是所设计出的求积公式是

$$\int_{-1}^{1} f(x)\mathrm{d}x \approx \frac{2}{3}\left[f\left(-\frac{1}{\sqrt{2}}\right) + f(0) + f\left(\frac{1}{\sqrt{2}}\right)\right]$$

易知它对于 $y = x^4$ 不准确，故这一公式有 3 阶精度．

2. Gauss 公式的设计

提要 Gauss 公式是一类高精度的求积公式．这类求积公式还具备其他一系列优点，譬如数值稳定性好，适合于处理某些奇异积分等．

不过，Gauss 公式的设计有实质性的困难．为了同时处理求积系数与求积节点，用代数精度方法归结出的代数方程组是非线性的．2.3 节揭露了一个令人感兴趣的事实：利用 Gauss 公式的对称结构可以使处理过程大大地简化．

题 1 证明下列求积公式有 5 阶精度：
$$\int_{1}^{3} f(x)\mathrm{d}x \approx \frac{5}{9}f\left(2 - \sqrt{\frac{3}{5}}\right) + \frac{8}{9}f(2) + \frac{5}{9}f\left(2 + \sqrt{\frac{3}{5}}\right)$$

证 这个公式含有 3 个节点
$$x_0 = 2 - \sqrt{\frac{3}{5}}, \quad x_1 = 2, \quad x_2 = 2 + \sqrt{\frac{3}{5}}$$

为使它具有 5 阶精度，它必须是 Gauss 公式．事实确实如此．容易看出，若引进变换 $x = t + 2$，则可将它变到三点 Gauss 公式
$$\int_{-1}^{1} f(t)\mathrm{d}t \approx \frac{5}{9}f\left(-\sqrt{\frac{3}{5}}\right) + \frac{8}{9}f(0) + \frac{5}{9}f\left(\sqrt{\frac{3}{5}}\right)$$

题 2 试设计求积公式
$$\int_{-2}^{2} f(x)\mathrm{d}x \approx Af(-a) + Bf(0) + Cf(a)$$

解 注意到它的对称结构，作变换 $x = 2t$，原式变成
$$\int_{-1}^{1} f(2t)\mathrm{d}t \approx \frac{A}{2}f\left(-\frac{a}{2}\right) + \frac{B}{2}f(0) + \frac{C}{2}f\left(\frac{a}{2}\right)$$

与三点 Gauss 公式
$$\int_{-1}^{1} f(x)\mathrm{d}x \approx \frac{5}{9}f\left(-\sqrt{\frac{3}{5}}\right) + \frac{8}{9}f(0) + \frac{5}{9}f\left(\sqrt{\frac{3}{5}}\right)$$

比较知
$$A = C = \frac{10}{9}, \quad B = \frac{16}{9}, \quad a = 2\sqrt{\frac{3}{5}}$$

题 3 试设计求积公式
$$\int_{-1}^{1}(1 + x^2)f(x)\mathrm{d}x \approx A_0 f(x_0) + A_1 f(x_1)$$

使之具有 3 阶精度．

解 令对于 $y = 1, x, x^2, x^3$ 准确成立，可列出方程组

$$\begin{cases} A_0 + A_1 = \dfrac{8}{3} \\ A_0 x_0 + A_1 x_1 = 0 \\ A_0 x_0^2 + A_1 x_1^2 = \dfrac{16}{15} \\ A_0 x_0^3 + A_1 x_1^3 = 0 \end{cases}$$

考虑到对称性,令 $A_0 = A_1, x_0 = -x_1$,则有

$$A_0 = A_1 = \dfrac{4}{3}$$

$$x_0^2 = x_1^2 = \dfrac{2}{5}$$

故有 $x_0 = -x_1 = -\sqrt{\dfrac{2}{5}}$,故所设计的求积公式是

$$\int_{-1}^{1} (1+x^2) f(x) \mathrm{d}x \approx \dfrac{4}{3} \left[f\left(-\sqrt{\dfrac{2}{5}}\right) + f\left(\sqrt{\dfrac{2}{5}}\right) \right]$$

题 4 验证 Gauss 求积公式

$$\int_0^{\infty} \mathrm{e}^{-x} f(x) \mathrm{d}x \approx A_0 f(x_0) + A_1 f(x_1)$$

的系数及节点分别为

$$A_0 = \dfrac{\sqrt{2}+1}{2\sqrt{2}}, \quad A_1 = \dfrac{\sqrt{2}-1}{2\sqrt{2}}$$

$$x_0 = 2 - \sqrt{2}, \quad x_1 = 2 + \sqrt{2}$$

证 令原式对于 $y = 1, x, x^2, x^3$ 准确成立,注意到对正整数 n 有

$$\int_0^{\infty} x^n \mathrm{e}^{-x} \mathrm{d}x = n!$$

可列出方程组

$$\begin{cases} A_0 + A_1 = 1 \\ A_0 x_0 + A_1 x_1 = 1 \\ A_0 x_0^2 + A_1 x_1^2 = 2 \\ A_0 x_0^3 + A_1 x_1^3 = 6 \end{cases}$$

直接验证知所给节点 x_0, x_1 与系数 A_0, A_1 确实满足这个方程组.

3. 梯形法的逐步加速

提要 数值求积的 Romberg 算法是高效算法的一个范例,它提出于 1955 年. 普遍认为,Romberg 算法开启了加速算法设计的先河,它在算法设计学中占有重要地位.

Romberg 算法的加速技术是二分技术与松弛技术的完美结合. 它先通过二

分技术(步长二分)获得精度高低不同的两个积分值(如梯形值、Simpson 值等),然后运用松弛技术将二分前后两个近似值加工成更高精度的结果,从而实现求积过程的加速.问题的关键在于选取合适的松弛因子.

为简化叙述,在以下叙述中,我们都不妨假定积分区间为 $[-1,1]$ 来考察积分

$$I = \int_{-1}^{1} f(x)\mathrm{d}x$$

题 1 记 T_1, T_2 表示二分前后两个梯形值,试选取松弛因子 ω,使求积公式

$$\int_{-1}^{1} f(x)\mathrm{d}x \approx (1+\omega)T_2 - \omega T_1$$

具有高精度.

解 已知 T_1, T_2 有 1 阶精度,希望选取松弛因子 ω 使上式有 2 阶精度,即对 $y = x^2$ 准确成立,而有

$$\int_{-1}^{1} x^2 \mathrm{d}x = (1+\omega)T_2 - \omega T_1$$

这里

$$T_1 = f(-1) + f(1) = 2$$

$$T_2 = \frac{1}{2}[f(-1) + 2f(0) + f(1)] = 1$$

$$\int_{-1}^{1} x^2 \mathrm{d}x = \frac{2}{3}$$

代入上式定出 $\omega = \frac{1}{3}$. 这样设计出的求积公式

$$\int_{-1}^{1} f(x)\mathrm{d}x \approx \frac{4}{3}T_2 - \frac{1}{3}T_1$$

实际上是 Simpson 公式,它有 3 阶精度.

题 2 记 S_1, S_2 表示二分前后两个 Simpson 值,试选取松弛因子 ω,使求积公式

$$\int_{-1}^{1} f(x)\mathrm{d}x \approx (1+\omega)S_2 - \omega S_1$$

具有高精度.

解 已知 S_1, S_2 有 3 阶精度,希望选取松弛因子 ω 使上式有 4 阶精度,即对 $y = x^4$ 准确成立,而有

$$\int_{-1}^{1} x^4 \mathrm{d}x \approx (1+\omega)S_2 - \omega S_1$$

这里

$$S_1 = \frac{1}{3}[f(-1) + 4f(0) + f(1)] = \frac{2}{3}$$

$$S_2 = \frac{1}{6}\left[f(-1) + 4f\left(-\frac{1}{2}\right) + 2f(0) + 4f\left(\frac{1}{2}\right) + f(1)\right] = \frac{5}{12}$$

$$\int_{-1}^{1} x^4 \mathrm{d}x = \frac{2}{5}$$

代入上式定出 $\omega = \frac{1}{15}$. 这样设计出的求积公式

$$\int_{-1}^{1} f(x) \mathrm{d}x \approx \frac{16}{15} S_2 - \frac{1}{15} S_1$$

实际上是 Cotes 公式,它有 5 阶精度.

题 3 记 C_1, C_2 是二分前后两个 Cotes 值,试选取松弛因子 ω 使求积公式

$$\int_{-1}^{1} f(x) \mathrm{d}x \approx (1+\omega) C_2 - \omega C_1$$

具有高精度.

解 已知 C_1, C_2 有 5 阶精度,希望选取松弛因子 ω 使上式有 6 阶精度,即对于 $y = x^6$ 准确成立,而有

$$\int_{-1}^{1} x^6 \mathrm{d}x \approx (1+\omega) C_2 - \omega C_1$$

这里

$$C_1 = \frac{1}{45}\left[7f(-1) + 32f\left(-\frac{1}{2}\right) + 12f(0) + 32f\left(\frac{1}{2}\right) + 7f(1)\right] = \frac{1}{3}$$

$$C_2 = \frac{1}{90}\left[7f(-1) + 32f\left(-\frac{3}{4}\right) + 12f\left(-\frac{1}{2}\right) + 32f\left(-\frac{1}{4}\right) + 14f(0) \right.$$
$$\left. + 32f\left(\frac{1}{4}\right) + 12f\left(\frac{1}{2}\right) + 32f\left(\frac{3}{4}\right) + 7f(1)\right] = \frac{55}{3 \times 64}$$

$$\int_{-1}^{1} x^6 \mathrm{d}x = \frac{2}{7}$$

代入上式定出 $\omega = \frac{1}{63}$. 这样设计出的求积公式

$$\int_{-1}^{1} f(x) \mathrm{d}x \approx \frac{64}{63} C_2 - \frac{1}{63} C_1$$

称作 Romberg 公式,容易验证它有 7 阶精度.

4. 设计求积公式的插值逼近法

提要 对于复杂函数 $f(x)$,可以构造插值函数 $p(x)$ 作为 $f(x)$ 的近似,然后处理 $p(x)$ 获得关于 $f(x)$ 所求的结果. 譬如,可以计算 $\int_a^b p(x) \mathrm{d}x$ 作为积分 $\int_a^b f(x) \mathrm{d}x$ 的近似值,据此构造出所谓**插值型求积公式**.

设将求积区间 $[a,b]$ 划分为 n 等份,等分点为 $x_i = a + ih$, $h = \frac{b-a}{n}$, $i = 0, 1, \cdots, n$,用 $p_n(x)$ 表示函数 $f(x)$ 以等分点 x_i, $i = 0, 1, \cdots, n$ 为节点的插值多项

式,则将
$$\int_a^b f(x)\mathrm{d}x \approx \int_a^b p_n(x)\mathrm{d}x$$
称作 **n 阶插值型求积公式**.

题 1 试设计 1 阶求积公式
$$\int_a^b f(x)\mathrm{d}x \approx \int_a^b p_1(x)\mathrm{d}x$$
式中,$p_1(x)$ 是以端点 a,b 为节点的插值多项式.

解 依 Lagrange 插值公式
$$p_1(x) = \frac{x-b}{a-b}f(a) + \frac{x-a}{b-a}f(b)$$
有
$$\int_a^b p_1(x)\mathrm{d}x = \left(\int_a^b \frac{x-b}{a-b}\mathrm{d}x\right)f(a) + \left(\int_a^b \frac{x-a}{b-a}\mathrm{d}x\right)f(b)$$
$$= \frac{b-a}{2}[f(a) + f(b)]$$

这样设计出的求积公式
$$\int_a^b f(x)\mathrm{d}x \approx \frac{b-a}{2}[f(a) + f(b)]$$
是众所周知的**梯形公式**.

题 2 试设计 2 阶求积公式
$$\int_a^b f(x)\mathrm{d}x \approx \int_a^b p_2(x)\mathrm{d}x$$
式中,$p_2(x)$ 是以 $a,c = \dfrac{a+b}{2}$ 与 b 为节点的插值多项式.

解 依 Lagrange 插值公式
$$p_2(x) = \frac{(x-c)(x-b)}{(a-c)(a-b)}f(a) + \frac{(x-a)(x-b)}{(c-a)(c-b)}f(c) + \frac{(x-a)(x-c)}{(b-a)(b-c)}f(b)$$
为便于积分计算,引进变换
$$x = \frac{a+b}{2} + \frac{b-a}{2}t$$
注意到
$$x - a = \frac{b-a}{2}(1+t), \quad x - c = \frac{b-a}{2}t, \quad x - b = \frac{b-a}{2}(-1+t)$$
又 $b - c = c - a = \dfrac{b-a}{2}$,因而有
$$\int_a^b \frac{(x-c)(x-b)}{(a-c)(a-b)}\mathrm{d}x = \frac{b-a}{2}\int_{-1}^1 t(-1+t)\mathrm{d}t = \frac{b-a}{6}$$
类似地有
$$\int_a^b \frac{(x-a)(x-b)}{(c-a)(c-b)}\mathrm{d}x = \frac{4}{6}(b-a)$$

$$\int_a^b \frac{(x-a)(x-c)}{(b-a)(b-c)}\mathrm{d}x = \frac{b-a}{6}$$

于是有 2 阶求积公式

$$\int_a^b f(x)\mathrm{d}x \approx \frac{b-a}{6}[f(a)+4f(c)+f(b)]$$

此即 Simpson 公式.

题 3 试设计 4 阶求积公式

$$\int_a^b f(x)\mathrm{d}x \approx \int_a^b p_4(x)\mathrm{d}x$$

式中,$p_4(x)$ 是以 4 等分点 $x_i = a+ih$, $h = \dfrac{b-a}{4}$, $i=0,1,2,3,4$ 为节点的插值多项式.

解 依 Lagrange 插值公式

$$\begin{aligned}
p_4(x) =& \frac{(x-x_1)(x-x_2)(x-x_3)(x-x_4)}{(x_0-x_1)(x_0-x_2)(x_0-x_3)(x_0-x_4)}f(x_0) \\
&+ \frac{(x-x_0)(x-x_2)(x-x_3)(x-x_4)}{(x_1-x_0)(x_1-x_2)(x_1-x_3)(x_1-x_4)}f(x_1) \\
&+ \frac{(x-x_0)(x-x_1)(x-x_3)(x-x_4)}{(x_2-x_0)(x_2-x_1)(x_2-x_3)(x_2-x_4)}f(x_2) \\
&+ \frac{(x-x_0)(x-x_1)(x-x_2)(x-x_4)}{(x_3-x_0)(x_3-x_1)(x_3-x_2)(x_3-x_4)}f(x_3) \\
&+ \frac{(x-x_0)(x-x_1)(x-x_2)(x-x_3)}{(x_4-x_0)(x_4-x_1)(x_4-x_2)(x_4-x_3)}f(x_4)
\end{aligned}$$

仿照题 2 的做法,引进变换

$$x = \frac{a+b}{2} + \frac{b-a}{2}t$$

注意到

$$x-x_0 = \frac{b-a}{2}(1+t), \quad x-x_1 = \frac{b-a}{2}\left(\frac{1}{2}+t\right)$$

$$x-x_2 = \frac{b-a}{2}t, \quad x-x_3 = \frac{b-a}{2}\left(-\frac{1}{2}+t\right)$$

$$x-x_4 = \frac{b-a}{2}(-1+t)$$

又

$$x_1-x_0 = \frac{b-a}{4}, \quad x_2-x_0 = \frac{b-a}{2}$$

$$x_3-x_0 = \frac{3}{4}(b-a), \quad x_4-x_0 = b-a$$

于是有

$$\int_a^b \frac{(x-x_1)(x-x_2)(x-x_3)(x-x_4)}{(x_0-x_1)(x_0-x_2)(x_0-x_3)(x_0-x_4)} dx$$

$$= \frac{b-a}{3}\int_{-1}^{1}\left(t^2-\frac{1}{4}\right)(-t+t^2)dt = \frac{7}{90}(b-a)$$

类似地求出其他求积系数,知 4 阶求积公式具有形式

$$\int_a^b f(x)dx \approx \frac{b-a}{90}[7f(x_0)+32f(x_1)+12f(x_2)+32f(x_3)+7f(x_4)]$$

此即 Cotes 公式.

与此相仿,也可使用插值逼近法设计求导公式.

题 4 试设计求导公式

$$f'(x_0) \approx p'_2(x_0)$$

式中,$p_2(x)$ 是以 $x_0, x_1=x_0+h, x_2=x_0+2h$ 为节点的插值多项式.

解
$$p_2(x) = \frac{(x-x_1)(x-x_2)}{(x_0-x_1)(x_0-x_2)}f(x_0) + \frac{(x-x_0)(x-x_2)}{(x_1-x_0)(x_1-x_2)}f(x_1)$$
$$+ \frac{(x-x_0)(x-x_1)}{(x_2-x_0)(x_2-x_1)}f(x_2)$$

两端求导,并令 $f'(x_0) \approx p'_2(x_0)$,得求导公式

$$f'(x_0) = \frac{1}{2h}[-3f(x_0)+4f(x_1)-f(x_2)]$$

题 5 试设计求导公式

$$f''(x_1) \approx p''_2(x_1)$$

式中,$p_2(x)$ 是以 x_1-h, x_1, x_1+h 为节点的插值多项式.

解 将上题 $p_2(x)$ 的表达式求导两次,即得

$$f''(x_1) \approx \frac{1}{h^2}[f(x_1+h)-2f(x_1)+f(x_1-h)]$$

习 题 2

1. 直接验证梯形公式与中矩形公式具有 1 阶代数精度,而 Simpson 公式则有 3 阶代数精度.

2. 试判定下列求积公式的代数精度:

$$\int_0^1 f(x)dx \approx \frac{3}{4}f\left(\frac{1}{3}\right)+\frac{1}{4}f(1)$$

3. 确定下列求积公式中的待定参数,使其代数精度尽可能地高,并指明求积公式所具有的代数精度:

(1) $\int_{-h}^{h} f(x)\mathrm{d}x \approx A_0 f(-h) + A_1 f(0) + A_2 f(h)$

(2) $\int_{0}^{1} f(x)\mathrm{d}x \approx \frac{1}{4} f(0) + A_0 f(x_0)$

4. 下列求积公式称作 Simpson $\frac{3}{8}$ 公式：

$$\int_{0}^{3} f(x)\mathrm{d}x \approx \frac{3}{8}[f(0) + 3f(1) + 3f(2) + f(3)]$$

试判定求积公式的代数精度.

5. 试设计求积公式

$$\int_{0}^{1} f(x)\mathrm{d}x \approx A_0 f(0) + A_1 f(x_1) + A_2 f(1)$$

6. 验证求积公式

$$\int_{1}^{3} f(x)\mathrm{d}x \approx \frac{5}{9} f\left(2 - \sqrt{\frac{3}{5}}\right) + \frac{8}{9} f(2) + \frac{5}{9} f\left(2 + \sqrt{\frac{3}{5}}\right)$$

是三点 Gauss 公式.

7. 试将二分前后的中矩形公式

$$M_1 = (b-a) f\left(\frac{a+b}{2}\right)$$

$$M_2 = \frac{b-a}{2}\left[f\left(\frac{3a+b}{4}\right) + f\left(\frac{a+3b}{4}\right)\right]$$

加工成松弛公式

$$\int_{a}^{b} f(x)\mathrm{d}x \approx M_2 + \omega(M_2 - M_1)$$

使其代数精度尽可能地高.

8. 直接验证下列数值微分方法的代数精度：

(1) 前差公式　　$f'(a) \approx \dfrac{f(a+h) - f(a)}{h}$

(2) 后差公式　　$f'(a) \approx \dfrac{f(a) - f(a-h)}{h}$

(3) 中点公式　　$f'(a) \approx \dfrac{f(a+h) - f(a-h)}{2h}$

9. 证明下列数值微分公式具有 4 阶代数精度：

$$f'(x_0) \approx \frac{1}{12h}[f(x_0 - 2h) - 8f(x_0 - h) + 8f(x_0 + h) - f(x_0 + 2h)]$$

第 3 章 常微分方程的差分方法

科学计算中常常需要求解常微分方程的定解问题.这类问题的最简形式,是本章将着重考察的一阶方程的初值问题

$$\begin{cases} y' = f(x,y) \\ y(x_0) = y_0 \end{cases} \tag{1}$$

这里假定右函数 $f(x,y)$ 适当光滑,譬如关于 y 满足 Lipschitz 条件,以保证上述初值问题的解 $y(x)$ 存在且唯一.

虽然求解常微分方程有各种各样的解析方法,但解析方法只能用来求解一些特殊类型的方程.求解从实际问题当中归结出来的微分方程主要靠数值解法.

差分方法是一类重要的数值解法.这类方法回避解 $y(x)$ 的函数表达式,而是寻求它在一系列离散节点

$$x_0 < x_1 < x_2 \cdots < x_n < \cdots$$

上的近似值 $y_0, y_1, y_2, \cdots, y_n, \cdots$. 相邻两个节点的间距 $h = x_{n+1} - x_n$ 称作**步长**.本章假定步长 h 为定数.

差分方法是一类离散化方法,这类方法将寻求解 $y(x)$ 的分析问题转化为计算离散值 y_n 的代数问题,从而使问题获得了实质性的简化.然而随之带来的困难是,由于数据量 $\{y_n\}$ 往往很大,差分方法所归结出的可能是个大规模的代数方程组.

初值问题的各种差分方法有个基本特点,它们都采取"步进式",即求解过程顺着节点排列的次序一步一步地向前推进.描述这类算法,只要给出从已知信息 $y_n, y_{n-1}, y_{n-2}, \cdots$ 计算 y_{n+1} 的递推公式.这类计算公式称作**差分格式**.

差分格式中仅含一个未知参数 y_{n+1},或者说,它是仅含一个变元 y_{n+1} 的代数方程,这就大大地缩减了计算问题的规模.

总之,**差分方法的设计思想是,将寻求微分方程的解 $y(x)$ 的分析问题化归为计算离散值 $\{y_n\}$ 的代数问题,而"步进式"则进一步将计算模型化归为仅含一个变元 y_{n+1} 的代数方程 —— 差分格式**.

3.1 Euler 方法

方程(1)中含有导数项 $y'(x)$,这是微分方程的本质特征,也正是它难以求解

的症结所在.导数是极限过程的结果,而计算过程则总是有限的.因此,数值解法的第一步就是消除式(1)中的导数项 y',这项手续称作**离散化**.由于差商是微分的近似运算,实现离散化的一种直截了当的途径是用差商替代导数.

3.1.1 Euler 格式

设在区间 $[x_n, x_{n+1}]$ 的左端点 x_n 列出方程(1),即

$$y'(x_n) = f(x_n, y(x_n))$$

并用差商 $\dfrac{y(x_{n+1}) - y(x_n)}{h}$ 替代其中的导数项 $y'(x_n)$,则有**近似关系式**

$$y(x_{n+1}) \approx y(x_n) + hf(x_n, y(x_n)) \tag{2}$$

若用 $y(x_n)$ 的近似值 y_n 代入上式右端,并记所得结果为 y_{n+1},这样设计出的计算公式

$$y_{n+1} = y_n + hf(x_n, y_n), \quad n = 0, 1, 2, \cdots \tag{3}$$

就是著名的 **Euler 格式**.若初值 y_0 已知,则依格式(3)可逐步算出数值解 y_1, $y_2, \cdots$.

例1 求解初值问题

$$\begin{cases} y' = y - \dfrac{2x}{y}, & 0 < x \leqslant 1 \\ y(0) = 1 \end{cases} \tag{4}$$

解 为便于进行比较,本节将利用多种差分方法求解上述初值问题.这里先用 Euler 方法,求解方程(4)的 Euler 格式具有形式

$$y_{n+1} = y_n + h\left(y_n - \dfrac{2x_n}{y_n}\right)$$

取步长 $h = 0.1$,Euler 格式的计算结果如表 3-1 所示.

表 3-1

x_n	y_n	$y(x_n)$	x_n	y_n	$y(x_n)$
0.1	1.100 0	1.095 4	0.6	1.509 0	1.483 2
0.2	1.191 8	1.183 2	0.7	1.580 3	1.549 2
0.3	1.277 4	1.264 9	0.8	1.649 8	1.612 5
0.4	1.358 2	1.341 6	0.9	1.717 8	1.673 3
0.5	1.435 1	1.414 2	1.0	1.784 8	1.732 1

初值问题(4)有解析解 $y = \sqrt{1 + 2x}$,这里将解的准确值 $y(x_n)$ 与近似值 y_n 一起列在表 3-1 中,经过比较可以看出,Euler 格式的精度很低.

再从图形上看,假设节点 $P_n(x_n,y_n)$ 位于积分曲线 $y=y(x)$ 上,则按 Euler 格式定出的节点 $P_{n+1}(x_{n+1},y_{n+1})$ 落在积分曲线 $y=y(x)$ 的切线上(图 3-1),从这个角度也可以看出,Euler 格式是很粗糙的.

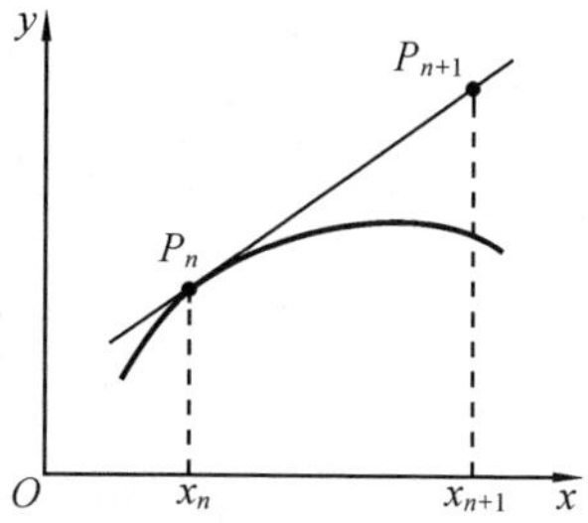

图 3-1

3.1.2 隐式 Euler 格式

再在区间 $[x_n,x_{n+1}]$ 的右端点 x_{n+1} 列出方程(1),即

$$y'(x_{n+1}) = f(x_{n+1},y(x_{n+1}))$$

并改用点 x_{n+1} 处的向后差商 $\dfrac{y(x_{n+1})-y(x_n)}{h}$ 替代方程中的导数项 $y'(x_{n+1})$,再离散化,即可导出**隐式 Euler 格式**

$$y_{n+1} = y_n + hf(x_{n+1},y_{n+1}) \tag{5}$$

这一格式与 Euler 格式(3)有着本质的区别:Euler 格式(3)是关于 y_{n+1} 的一个直接的计算公式,称这类格式是**显式**的;而格式(5)的右端含有未知的 y_{n+1},它实际上是个关于 y_{n+1} 的函数方程(关于函数方程的解法将在第 4 章介绍),称这类格式是**隐式**的.隐式格式的计算远比显式格式困难.

由于数值微分的向前差商公式与向后差商公式具有同等精度,可以预料,隐式 Euler 格式(5)与显式 Euler 格式(3)的精度相当,两者精度都不高.

3.1.3 Euler 两步格式

为了改善精度,可以改用中心差商 $\dfrac{1}{2h}[y(x_{n+1})-y(x_{n-1})]$ 替代方程

$$y'(x_n) = f(x_n,y(x_n))$$

中的导数项,再离散化,即可导出下列格式:

$$y_{n+1} = y_{n-1} + 2hf(x_n,y_n) \tag{6}$$

无论是显式 Euler 格式(3)还是隐式 Euler 格式(5),它们都是**单步法**,其特点是计算 y_{n+1} 时只用到前一步的信息 y_n;然而格式(6)除了 y_n 以外,还显含更前一步的信息 y_{n-1},即调用了前面两步的信息,**Euler 两步格式**因此而得名.

Euler 两步格式(6)虽然比 Euler 格式或隐式 Euler 格式具有更高的精度,但它是一种两步法.两步法不能自行启动,实际使用时除初值 y_0 外还需要借助于某种一步法再提供一个**开始值** y_1,这就增加了计算程序的复杂性.

3.1.4 梯形格式

设将方程 $y'=f(x,y)$ 的两端从 x_n 到 x_{n+1} 求积分,即得

$$y(x_{n+1}) = y(x_n) + \int_{x_n}^{x_{n+1}} f(x,y(x))dx \qquad (7)$$

显然,为要通过这个积分关系式获得 $y(x_{n+1})$ 的近似值,只要近似地算出其中的积分项 $\int_{x_n}^{x_{n+1}} f(x,y(x))dx$,而选用不同的计算方法计算这个积分项,就会得到不同的差分格式.

例如,设用矩形方法计算积分项

$$\int_{x_n}^{x_{n+1}} f(x,y(x))dx \approx hf(x_n,y(x_n))$$

代入式(7),有近似关系式

$$y(x_{n+1}) \approx y(x_n) + hf(x_n,y(x_n))$$

据此离散化又可导出 Euler 格式(3). 由于数值积分的矩形方法精度很低,Euler 格式当然很粗糙.

为了提高精度,改用梯形方法计算积分项

$$\int_{x_n}^{x_{n+1}} f(x,y(x))dx \approx \frac{h}{2}[f(x_n,y(x_n)) + f(x_{n+1},y(x_{n+1}))]$$

再代入式(7),有

$$y(x_{n+1}) \approx y(x_n) + \frac{h}{2}[f(x_n,y(x_n)) + f(x_{n+1},y(x_{n+1}))]$$

设将式中的 $y(x_n),y(x_{n+1})$ 分别用 y_n,y_{n+1} 替代,作为离散化的结果导出下列计算格式:

$$y_{n+1} = y_n + \frac{h}{2}[f(x_n,y_n) + f(x_{n+1},y_{n+1})] \qquad (8)$$

与梯形求积公式相呼应的这一差分格式称作**梯形格式**.

容易看出,梯形格式(8)实际上是显式 Euler 格式(3)与隐式 Euler 格式(5)的算术平均.

3.1.5 改进的 Euler 格式

Euler 格式(3)是一种显式算法,其计算量小,但精度很低;梯形格式(8)虽然提高了精度,但它是一种隐式算法,需要借助于迭代过程求解,计算量大.

可以综合使用这两种方法,先用 Euler 格式求得一个初步近似值 $\bar{y}_{n+1}$,称作**预报值**;预报值的精度不高,用它替代式(8)右端的 y_{n+1} 再直接计算,得到**校正值** y_{n+1},这样建立的**预报校正系统**

$$\begin{cases} \bar{y}_{n+1} = y_n + hf(x_n,y_n) \\ y_{n+1} = y_n + \frac{h}{2}[f(x_n,y_n) + f(x_{n+1},\bar{y}_{n+1})] \end{cases} \qquad (9)$$

称作**改进的 Euler 格式**. 这是一种显式格式,它可表达为如下嵌套形式:

$$y_{n+1} = y_n + \frac{h}{2}[f(x_n,y_n) + f(x_{n+1},y_n + hf(x_n,y_n))]$$

或平均化形式

$$\begin{cases} y_p = y_n + hf(x_n,y_n) \\ y_c = y_n + hf(x_{n+1},y_p) \\ y_{n+1} = \frac{1}{2}(y_p + y_c) \end{cases} \quad (10)$$

例 2 用改进的 Euler 格式求解初值问题(4).

解 求解初值问题(4)的改进的 Euler 格式(10)具有形式

$$\begin{cases} y_p = y_n + h\left(y_n - \frac{2x_n}{y_n}\right) \\ y_c = y_n + h\left(y_p - \frac{2x_{n+1}}{y_p}\right) \\ y_{n+1} = \frac{1}{2}(y_p + y_c) \end{cases}$$

仍取 $h = 0.1$,计算结果如表 3-2 所示. 同例 1 所列的 Euler 格式的计算结果(表 3-1)比较,改进的 Euler 格式明显地改善了精度.

表 3-2

x_n	y_n	$y(x_n)$	x_n	y_n	$y(x_n)$
0.1	1.095 9	1.095 4	0.6	1.486 0	1.483 2
0.2	1.184 1	1.183 2	0.7	1.552 5	1.549 2
0.3	1.266 2	1.264 9	0.8	1.616 5	1.612 5
0.4	1.343 4	1.341 6	0.9	1.678 2	1.673 3
0.5	1.416 4	1.414 2	1.0	1.737 9	1.732 1

3.1.6 Euler 方法的精度分析

类似于前面两章的处理方法,本章依然运用代数精度来判定差分格式的精度.

定义 1 称某个差分格式具有 **m 阶精度**,如果其对应的近似关系式对于次数 $\leqslant m$ 的多项式均能准确成立,而对于 $y = x^{m+1}$ 不准确.

譬如,考察 Euler 格式(3)

$$y_{n+1} = y_n + hf(x_n,y_n), \quad n = 1,2,\cdots$$

其对应的近似关系式为

$$y(x_{n+1}) \approx y(x_n) + hy'(x_n)$$

检验它所具有的代数精度. 当 $y = 1$ 时, 有

$$\text{左端} = \text{右端} = 1$$

当 $y = x$ 时, 有

$$\text{左端} = \text{右端} = x_n + h$$

而当 $y = x^2$ 时, 有

$$\text{左端} = x_{n+1}^2 = (x_n + h)^2, \quad \text{右端} = x_n^2 + 2hx_n$$

这时左端 $\neq$ 右端, 可见 Euler 格式仅有 1 阶精度.

类似地, 不难验证隐式 Euler 格式同样仅有 1 阶精度.

再考察梯形格式(8)

$$y_{n+1} = y_n + \frac{h}{2}[f(x_n, y_n) + f(x_{n+1}, y_{n+1})]$$

其对应的近似关系式为

$$y(x_{n+1}) \approx y(x_n) + \frac{h}{2}[y'(x_n) + y'(x_{n+1})] \tag{11}$$

值得指出的是, 为简化处理手续, 可引进变换 $x = x_n + th$, 而不妨令节点 $x_n = 0$, 步长 $h = 1$, 从而将近似关系式化简. 这时, 梯形格式的近似关系式(11) 化简为

$$y(1) \approx y(0) + \frac{1}{2}[y'(0) + y'(1)]$$

易知它对于 $y = 1, x, x^2$ 均准确成立, 而当 $y = x^3$ 时, 左端 $= 1$, 右端 $= \dfrac{3}{2}$, 因而梯形格式具有 2 阶精度.

比较几种 Euler 方法. Euler 格式是显式计算, 计算量小, 结构简单, 但精度低; 梯形格式改善了精度, 但它是隐式的, 求解困难. 相比之下, 改进的 Euler 格式无论是计算量还是精度都是可取的. 人们自然会问, 能否推广改进的 Euler 格式以进一步提高差分格式的精度呢?

3.1.7　Euler 方法的分类

Euler 方法分**显式格式**与**隐式格式**两大类. Euler 格式与 Euler 两步格式是显式的, 而隐式 Euler 格式与梯形格式则是隐式的. 显式格式与隐式格式各有利弊: 显式格式的计算量小, 但稳定性较差; 与此相反, 隐式格式的稳定性好, 但需要通过迭代法求解, 计算量较大.

相反相成. 实际应用时往往综合应用显式与隐式两种格式, 即先用显式格式求得某个预报值, 然后再用隐式格式迭代一次得出较高精度的校正值. 改进的

Euler 格式即是这种**预报校正系统**.

Euler 方法又有**一步法**与**多步法**之分. 在前述几种 Euler 格式中, Euler 两步格式以外的几种格式都是一步法, 顾名思义, Euler 两步格式则是两步法. 比较一步法与多步法可知, 前者计算量大, 而后者由于使用了前面多步的老信息, 不需要增加计算量即可获得高精度. 不过多步法也有缺点: 它不能自行启动, 必须依赖某种一步法为它提供所需的开始值, 这就导致程序结构的复杂性.

后面两节分别考察一步法的 Runge-Kutta 方法与多步法的 Adams 方法, 它们是 Euler 方法的延伸与拓展.

3.2 Runge-Kutta 方法

3.2.1 Runge-Kutta 方法的设计思想

考察差商 $\dfrac{y(x_{n+1}) - y(x_n)}{h}$, 根据微分中值定理, 存在点 ξ, $x_n < \xi < x_{n+1}$, 使得

$$\frac{y(x_{n+1}) - y(x_n)}{h} = y'(\xi)$$

从而利用所给方程 $y' = f$ 得

$$y(x_{n+1}) = y(x_n) + hf(\xi, y(\xi)) \qquad (12)$$

称 $K^* = f(\xi, y(\xi))$ 为区间 $[x_n, x_{n+1}]$ 上的**平均斜率**. 这样, 只要对平均斜率 K^* 提供一种算法, 由式(12)便相应地导出一种计算格式.

按照这种观点考察 Euler 格式(3), 它简单地取点 x_n 的斜率 $K_1 = f(x_n, y_n)$ 作为平均斜率 K^*, 精度自然很低.

再考察改进的 Euler 格式(9), 它可改写成下列平均化形式:

$$\begin{cases} y_{n+1} = y_n + \dfrac{h}{2}(K_1 + K_2) \\ K_1 = f(x_n, y_n) \\ K_2 = f(x_{n+1}, y_n + hK_1) \end{cases} \qquad (13)$$

因此可以理解为: 它用 x_n 与 x_{n+1} 两个点的斜率 K_1 和 K_2 取算术平均作为平均斜率 K^*, 而 x_{n+1} 处的斜率 K_2 则利用已知信息 y_n 通过 Euler 格式来预报.

这个处理过程启示我们, 如果设法在 $[x_n, x_{n+1}]$ 上多预报几个点的斜率, 然后将它们加权平均作为平均斜率 K^*, 则有可能构造出更高精度的计算格式, 这就是 Runge-Kutta 方法的设计思想.

3.2.2 中点格式

再考察 Euler 两步格式(6)
$$\begin{cases} y_{n+1} = y_{n-1} + 2hy'_n \\ y'_n = f(x_n, y_n) \end{cases}$$

这一格式用区间 $[x_{n-1}, x_{n+1}]$ 的中点 x_n 的斜率 y'_n 作为该区间上的平均斜率. 不难验证它有 2 阶精度. 因此, 如果改用区间 $[x_n, x_{n+1}]$ 的中点 $x_{n+\frac{1}{2}} = x_n + \dfrac{h}{2}$ 的斜率 $y'_{n+\frac{1}{2}}$ 作为该区间上的平均斜率, 则所设计出的差分格式

$$y_{n+1} = y_n + hy'_{n+\frac{1}{2}} \tag{14}$$

也应有 2 阶精度. 问题在于, 该如何生成 $y'_{n+\frac{1}{2}}$ 呢?

设 y_n 为已知, 则可用 Euler 格式预报 $y_{n+\frac{1}{2}}$, 即
$$y_{n+\frac{1}{2}} = y_n + \frac{h}{2} y'_n$$

从而有
$$y'_{n+\frac{1}{2}} = f(x_{n+\frac{1}{2}}, y_{n+\frac{1}{2}})$$

这样设计出的差分格式
$$\begin{cases} y_{n+1} = y_n + hK_2 \\ K_1 = f(x_n, y_n) \\ K_2 = f\left(x_{n+\frac{1}{2}}, y_n + \dfrac{h}{2} K_1\right) \end{cases} \tag{15}$$

称作**变形的 Euler 格式**, 或称作**中点格式**.

表面上看, 中点格式 $y_{n+1} = y_n + hK_2$ 中仅含一个斜率 K_2, 然而 K_2 是通过 K_1 计算出来的, 因此它每做一步仍需要两次计算函数 f 的值, 工作量和改进的 Euler 格式(13) 相同.

例 3 用中点格式(15)求解初值问题(4).

解 仍取 $h = 0.1$, 计算结果如表 3-3 所示. 比较例 2 可以看到, 中点格式与改进的 Euler 格式精度相当.

表 3-3

x_n	y_n	$y(x_n)$	x_n	y_n	$y(x_n)$
0.1	1.095 5	1.095 4	0.6	1.483 7	1.483 2
0.2	1.183 3	1.183 2	0.7	1.549 8	1.549 2
0.3	1.265 1	1.264 9	0.8	1.613 2	1.612 5
0.4	1.341 9	1.341 6	0.9	1.674 2	1.673 3
0.5	1.416 6	1.414 2	1.0	1.733 1	1.732 1

3.2.3 二阶 Runge-Kutta 方法

推广改进的 Euler 格式(13)与中点格式(15). 对于区间 $[x_n, x_{n+1}]$ 上任意给定的一点

$$x_{n+p} = x_n + ph, \quad 0 < p \leq 1$$

设用 x_n 和 x_{n+p} 两个点的斜率 K_1 和 K_2 加权平均得到平均斜率 K^*,即令

$$y_{n+1} = y_n + h[(1-\lambda)K_1 + \lambda K_2] \tag{16}$$

式中,λ 为待定参数. 同改进的 Euler 格式(13)以及中点格式(15)一样,这里仍取 $K_1 = f(x_n, y_n)$,问题在于,该怎样预报 x_{n+p} 处的斜率 K_2 呢?

仿照格式(13)与(15),先用 Euler 格式提供 $y(x_{n+p})$ 的预报值

$$y_{n+p} = y_n + phK_1$$

然后用 y_{n+p} 通过计算 f 产生斜率

$$K_2 = f(x_{n+p}, y_{n+p})$$

这样设计出的计算格式具有形式

$$\begin{cases} y_{n+1} = y_n + h[(1-\lambda)K_1 + \lambda K_2] \\ K_1 = f(x_n, y_n) \\ K_2 = f(x_{n+p}, y_n + phK_1) \end{cases} \tag{17}$$

问题在于,如何选取参数 λ 的值,使得格式(17)具有较高的精度呢?

为此考察格式(16)对应的近似关系式,注意到其中的 K_1, K_2 分别代表点 x_n,x_{n+p} 处的斜率,有

$$y(x_{n+p}) \approx y(x_n) + h[(1-\lambda)y'(x_n) + \lambda y'(x_{n+p})]$$

容易看出,不管 λ 如何选取,上式均有 1 阶精度. 可以适当选取参数 λ,使得上式具有 2 阶精度. 为简化处理,仍令 $x_n = 0, h = 1$,这时上述近似关系式化简为

$$y(p) \approx y(0) + (1-\lambda)y'(0) + \lambda y'(p)$$

令它对于 $y = x^2$ 准确成立,得知

$$\lambda p = \frac{1}{2} \tag{18}$$

满足这项条件的一族格式(17)统称作**二阶 Runge-Kutta 格式**.

二阶 Runge-Kutta 格式有两个重要的特例. 当 $p = 1, \lambda = \frac{1}{2}$ 时,格式(17)是改进的 Euler 格式(13);而如果 $p = \frac{1}{2}, \lambda = 1$,这时二阶 Runge-Kutta 格式是中点格式(15).

3.2.4 Kutta 格式

进一步用 3 个点 $x_n, x_{n+\frac{1}{2}}, x_{n+1}$ 的斜率加权平均生成区间 $[x_n, x_{n+1}]$ 上的平均

斜率,而考察如下形式的差分格式：
$$y_{n+1} = y_n + h(\lambda_0 y'_n + \lambda_1 y'_{n+\frac{1}{2}} + \lambda_2 y'_{n+1})$$
其对应的近似关系式为
$$y(1) \approx y(0) + \lambda_0 y'(0) + \lambda_1 y'\left(\frac{1}{2}\right) + \lambda_2 y'(1)$$
它对 $y = 1$ 自然准确,令对于 $y = x, x^2, x^3$ 准确成立,可列出方程组
$$\begin{cases} \lambda_0 + \lambda_1 + \lambda_2 = 1 \\ \lambda_1 + 2\lambda_2 = 1 \\ \dfrac{3}{4}\lambda_1 + 3\lambda_2 = 1 \end{cases}$$
定出
$$\lambda_0 = \lambda_2 = \frac{1}{6}, \quad \lambda_1 = \frac{2}{3}$$
于是有
$$y_{n+1} = y_n + \frac{h}{6}(y'_n + 4y'_{n+\frac{1}{2}} + y'_{n+1})$$

为使这个式子成为三阶差分格式,剩下的问题是,如何利用 y_n, y'_n 预报 $y'_{n+\frac{1}{2}}$ 和 y'_{n+1} 呢?再用 Euler 格式,有
$$y_{n+\frac{1}{2}} = y_n + \frac{h}{2}y'_n$$
从而有
$$y'_{n+\frac{1}{2}} = f(x_{n+\frac{1}{2}}, y_{n+\frac{1}{2}})$$
进一步预报 y'_{n+1}.考虑到 y'_n 与 $y'_{n+\frac{1}{2}}$ 为已知,线性插值得
$$y'_{n+1} = -y'_n + 2y'_{n+\frac{1}{2}}$$
综上所述,这样设计出的差分格式具有形式
$$\begin{cases} y_{n+1} = y_n + \dfrac{h}{6}(K_1 + 4K_2 + K_3) \\ K_1 = f(x_n, y_n) \\ K_2 = f\left(x_{n+\frac{1}{2}}, y_n + \dfrac{h}{2}K_1\right) \\ K_3 = f(x_{n+1}, y_n + h(-K_1 + 2K_2)) \end{cases}$$
这种三阶格式称作 **Kutta** 格式.

3.2.5 四阶经典 Runge-Kutta 格式

继续这一过程,设法在区间 $[x_n, x_{n+1}]$ 上多预报几个点的斜率,然后将它们加权平均作为平均斜率,即可以设计出更高精度的单步格式.这类格式统称作 **Runge-Kutta** 格式.实际计算中常用的 Runge-Kutta 格式是所谓的**四阶经典格式**

$$\begin{cases} y_{n+1} = y_n + \dfrac{h}{6}(K_1 + 2K_2 + 2K_3 + K_4) \\ K_1 = f(x_n, y_n) \\ K_2 = f\left(x_{n+\frac{1}{2}}, y_n + \dfrac{h}{2}K_1\right) \\ K_3 = f\left(x_{n+\frac{1}{2}}, y_n + \dfrac{h}{2}K_2\right) \\ K_4 = f(x_{n+1}, y_n + hK_3) \end{cases} \quad (19)$$

这一格式用 4 个点 $x_n, x_{n+\frac{1}{2}}, x_{n+\frac{1}{2}}, x_{n+1}$(注意中点 $x_{n+\frac{1}{2}}$ 用了两次)的斜率 K_1, K_2, K_3, K_4 加权平均生成平均斜率,其中 $K_1 = f(x_n, y_n)$ 直接求出,然后依次预报出 K_2, K_3 和 K_4. 可以看到,这一格式每一步需 4 次计算 f 的函数值 y.

例 4 取步长 $h = 0.2$,从 $x = 0$ 直到 $x = 1$ 用四阶经典 Runge-Kutta 格式 (19) 求解初值问题(4).

解 这里四阶经典格式(19)中,K_1, K_2, K_3, K_4 的具体形式是

$$\begin{cases} K_1 = y_n - \dfrac{2x_n}{y_n} \\ K_2 = y_n + \dfrac{h}{2}K_1 - \dfrac{2x_n + h}{y_n + \dfrac{h}{2}K_1} \\ K_3 = y_n + \dfrac{h}{2}K_2 - \dfrac{2x_n + h}{y_n + \dfrac{h}{2}K_2} \\ K_4 = y_n + hK_3 - \dfrac{2(x_n + h)}{y_n + hK_3} \end{cases}$$

表 3-4 记录了计算结果,其中 $y(x_n)$ 仍表示准确解.

表 3-4

x_n	y_n	$y(x_n)$	x_n	y_n	$y(x_n)$
0.2	1.183 2	1.183 2	0.8	1.612 5	1.612 5
0.4	1.341 7	1.341 6	1.0	1.732 1	1.732 1
0.6	1.483 3	1.483 2			

比较例 4 与例 2 的计算结果,显然经典格式的精度更高.注意,虽然经典格式的计算量较改进的 Euler 格式大一倍,但由于这里放大了步长,造出表 3-4 与造出表 3-2 所耗费的计算量几乎相同.这个例子又一次显示了选择算法的重要意义.

3.3 Adams 方法

Runge-Kutta 方法是一类重要方法,但这类方法的每一步需要先预报几个点上的斜率,计算量比较大.考虑到在计算 y_{n+1} 之前已得出一系列节点 $x_n, x_{n-1}, \cdots$ 上的斜率,人们自然会问,能否利用这些"老信息"来减少计算量呢?这就是 Adams 方法的设计思想.

特别地,Euler 格式

$$\begin{cases} y_{n+1} = y_n + hy_n' \\ y_n' = f(x_n, y_n) \end{cases}$$

和隐式 Euler 格式

$$\begin{cases} y_{n+1} = y_n + hy_{n+1}' \\ y_{n+1}' = f(x_{n+1}, y_{n+1}) \end{cases}$$

是**一阶 Adams 格式**.

3.3.1 二阶 Adams 格式

设用 x_n, x_{n-1} 两点的斜率加权平均生成区间 $[x_n, x_{n+1}]$ 上的平均斜率,而设计如下形式的差分格式:

$$\begin{cases} y_{n+1} = y_n + h[(1-\lambda)y_n' + \lambda y_{n-1}'] \\ y_n' = f(x_n, y_n) \\ y_{n-1}' = f(x_{n-1}, y_{n-1}) \end{cases}$$

现在适当选取参数 λ,使上述格式具有 2 阶精度.为此考察其对应的近似关系式,仍设 $x_n = 0, h = 1$,这里有

$$y(1) \approx y(0) + (1-\lambda)y'(0) + \lambda y'(-1)$$

令它对于 $y = x^2$ 准确成立,可定出 $\lambda = -\dfrac{1}{2}$,这样设计出的计算格式

$$y_{n+1} = y_n + \frac{h}{2}(3y_n' - y_{n-1}')$$

称作**二阶显式 Adams 格式**.

类似地,改用 x_n, x_{n+1} 两个节点的斜率 y_n' 与 y_{n+1}' 生成区间 $[x_n, x_{n+1}]$ 上的平均斜率,而使格式

$$\begin{cases} y_{n+1} = y_n + h[(1-\lambda)y_{n+1}' + \lambda y_n'] \\ y_n' = f(x_n, y_n) \\ y_{n+1}' = f(x_{n+1}, y_{n+1}) \end{cases}$$

具有 2 阶精度,不难定出 $\lambda = \dfrac{1}{2}$,从而有**二阶隐式 Adams 格式**

$$y_{n+1} = y_n + \frac{h}{2}(y'_{n+1} + y'_n)$$

它是熟知的梯形格式(8).

3.3.2 误差的事后估计

仿照改进的 Euler 格式的构造方法,可以将显式与隐式两种 Adams 格式匹配在一起,构成下列**二阶 Adams 预报校正系统**:

$$\begin{cases} \bar{y}_{n+1} = y_n + \dfrac{h}{2}(3y'_n - y'_{n-1}) \\ \bar{y}'_{n+1} = f(x_{n+1}, \bar{y}_{n+1}) \\ y_{n+1} = y_n + \dfrac{h}{2}(\bar{y}'_{n+1} + y'_n) \\ y'_{n+1} = f(x_{n+1}, y_{n+1}) \end{cases} \quad (20)$$

这种预报校正系统是个两步法,它在计算 y_{n+1} 时不但要用到前一步的信息 y_n, y'_n,而且要用到更前一步的信息 y'_{n-1},因此它不能自行启动. 在实际计算时,可以先借助于某种单步法,譬如具有 2 阶精度的改进的 Euler 格式(13)提供开始值 y_1,然后再启动上述预报校正系统逐步计算下去.

上述预报校正技术不仅能设计出实用算法,而且还能用于误差的事后估计. 为此再考察系统(20)中预报与校正两种格式

$$p_{n+1} = y_n + \frac{h}{2}(3y'_n - y'_{n-1})$$

$$c_{n+1} = y_n + \frac{h}{2}(y'_{n+1} + y'_n)$$

注意到它们均具有 2 阶精度,进一步将它们加工成具有 3 阶精度的计算格式

$$y_{n+1} = (1-\omega)p_{n+1} + \omega c_{n+1}$$

为此考察其对应的近似关系式

$$y(x_{n+1}) \approx y(x_n) + (1-\omega)\frac{h}{2}[3y'(x_n) - y'(x_{n-1})] + \omega \frac{h}{2}[y'(x_{n+1}) + y'(x_n)]$$

不妨设 $x_n = 0, h = 1$,令对于 $y = x^3$ 准确成立,可定出 $\omega = \dfrac{5}{6}$,从而有

$$y_{n+1} = \frac{1}{6}p_{n+1} + \frac{5}{6}c_{n+1}$$

由于这里 y_{n+1} 是具有 3 阶精度的"准确"值,因而可以将 $y_{n+1} - p_{n+1}$ 与 $y_{n+1} - c_{n+1}$ 视作预报值 p_{n+1} 与校正值 c_{n+1} 的误差,据上式有

$$y_{n+1} - p_{n+1} = -\frac{5}{6}(p_{n+1} - c_{n+1}) \tag{21}$$

$$y_{n+1} - c_{n+1} = \frac{1}{6}(p_{n+1} - c_{n+1}) \tag{22}$$

由此可见,可以用预报值与校正值的偏差 $p_{n+1} - c_{n+1}$ 来估计它们的误差.

利用误差作为计算结果的一种补偿有可能改善精度,因而基于这种误差的事后估计可以进一步优化预报校正系统(20). 就是说,按式(21)与式(22), $p_{n+1} - \frac{5}{6}(p_{n+1} - c_{n+1})$ 与 $c_{n+1} + \frac{1}{6}(p_{n+1} - c_{n+1})$ 分别可以视作 p_{n+1} 与 c_{n+1} 的改进值. 在校正值 c_{n+1} 求出之前,自然用上一步的偏差值 $p_n - c_n$ 替代 $p_{n+1} - c_{n+1}$ 进行计算. 这样,系统(20)可修改为如下**改进的二阶 Adams 预报校正系统**:

$$\begin{cases} p_{n+1} = y_n + \dfrac{h}{2}(3y'_n - y'_{n-1}) \\ m_{n+1} = p_{n+1} - \dfrac{5}{6}(p_n - c_n) \\ m'_{n+1} = f(x_{n+1}, m_{n+1}) \\ c_{n+1} = y_n + \dfrac{h}{2}(m'_{n+1} + y'_n) \\ y_{n+1} = c_{n+1} + \dfrac{1}{6}(p_{n+1} - c_{n+1}) \\ y'_{n+1} = f(x_{n+1}, y_{n+1}) \end{cases} \tag{23}$$

需要指出的是,运用上述计算方案时要用到前面两步的信息 $y_n, y'_n, y_{n-1}, y'_{n-1}$ 和 $p_n - c_n$,因此在启动之前必须先提供开始值 y_1 与 $p_1 - c_1$. 同 Adams 预报校正系统(20)一样,开始值 y_1 可用改进的 Euler 格式(9)来提供,而 $p_1 - c_1$ 一般令其等于 0.

3.3.3 实用的四阶 Adams 预报校正系统

运用上述处理方法,不难导出如下**四阶显式与隐式 Adams 格式**:

$$y_{n+1} = y_n + \frac{h}{24}(55y'_n - 59y'_{n-1} + 37y'_{n-2} - 9y'_{n-3})$$

$$y_{n+1} = y_n + \frac{h}{24}(9y'_{n+1} + 19y'_n - 5y'_{n-1} + y'_{n-2})$$

将两者匹配在一起,即可生成**四阶 Adams 预报校正系统**

$$\begin{cases} \bar{y}_{n+1} = y_n + \dfrac{h}{24}(55y'_n - 59y'_{n-1} + 37y'_{n-2} - 9y'_{n-3}) \\ \bar{y}'_{n+1} = f(x_{n+1}, \bar{y}_{n+1}) \\ y_{n+1} = y_n + \dfrac{h}{24}(9\bar{y}'_{n+1} + 19y'_n - 5y'_{n-1} + y'_{n-2}) \\ y'_{n+1} = f(x_{n+1}, y_{n+1}) \end{cases} \tag{24}$$

这种**四阶 Adams 预报校正系统**是个四步法，它在计算 y_{n+1} 时不但要用到前一步的信息 y_n, y'_n，而且要用到更前三步的信息 $y'_{n-1}, y'_{n-2}, y'_{n-3}$，因此它不能自行启动，实际计算时，需要借助于某种单步法，譬如四阶经典 Runge-Kutta 格式(19) 为其提供开始值 y_1, y_2, y_3。

例 5 用四阶 Adams 预报校正系统(24)求解初值问题(4)。

解 取步长 $h = 0.1$，用四阶 Runge-Kutta 格式(19)提供开始值，然后套用四阶 Adams 系统(24)逐步计算。计算结果如表 3-5 所示。表中 $\bar{y}_n$ 和 y_n 分别为预报值与校正值，同时列出了准确值 $y(x_n)$ 以显示计算结果的精度。

表 3-5

x_n	$\bar{y}_n$	y_n	$y(x_n)$
0.0	—	1.000 0	1.000 0
0.1	—	1.095 4	1.095 4
0.2	—	1.183 2	1.183 2
0.3	—	1.264 9	1.264 9
0.4	1.341 5	1.341 6	1.341 6
0.5	1.414 1	1.414 2	1.414 2
0.6	1.483 2	1.483 2	1.483 2
0.7	1.549 1	1.549 2	1.549 2
0.8	1.612 4	1.612 4	1.612 5
0.9	1.673 3	1.673 3	1.673 3
1.0	1.732 0	1.732 0	1.732 1

3.3.4 改进的四阶 Adams 预报校正系统

仿照二阶 Adams 格式的处理方法估计系统(24)中预报值 p_{n+1} 与校正值 c_{n+1} 的误差。为此，考察如下形式的五阶格式：

$$y_{n+1} = (1-\omega)p_{n+1} + \omega c_{n+1}$$

不难定出

$$\omega = \frac{251}{270}$$

从而有误差估计式

$$y_{n+1} - p_{n+1} = -\frac{251}{270}(p_{n+1} - c_{n+1})$$

$$y_{n+1} - c_{n+1} = \frac{19}{270}(p_{n+1} - c_{n+1})$$

利用这一误差估计式修改四阶 Adams 预报校正系统(24),即可导出下列**改进的四阶 Adams 预报校正系统**:

$$p_{n+1} = y_n + \frac{h}{24}(55y'_n - 59y'_{n-1} + 37y'_{n-2} - 9y'_{n-3})$$

$$m_{n+1} = p_{n+1} - \frac{251}{270}(p_n - c_n)$$

$$m'_{n+1} = f(x_{n+1}, m_{n+1})$$

$$c_{n+1} = y_n + \frac{h}{24}(9m'_{n+1} + 19y'_n - 5y'_{n-1} + y'_{n-2})$$

$$y_{n+1} = c_{n+1} + \frac{19}{270}(p_{n+1} - c_{n+1})$$

$$y'_{n+1} = f(x_{n+1}, y_{n+1})$$

3.4 收敛性与稳定性

3.4.1 收敛性问题

前面已看到,差分方法的设计思想是,通过离散化手续将微分方程化归为差分方程(代数方程)来求解.这种转化是否合适,要看差分方程的解 y_n 当 $h \to 0$ 时是否收敛到微分方程的准确解 $y(x_n)$.

定义 2 对于任给 $x_n = x_0 + nh$,如果数值解 y_n 当 $h \to 0$(同时 $n \to \infty$)时趋于准确解 $y(x_n)$,则称该差分方法是**收敛**的.

收敛性问题比较复杂.为解释收敛性的含义,这里仅考察下列模型问题:

$$\begin{cases} y' = \lambda y, \quad \lambda < 0 \\ y(0) = y_0 \end{cases} \tag{25}$$

这个问题有准确解

$$y = y_0 e^{\lambda x}$$

先考察 Euler 格式的收敛性.问题(25)的 Euler 格式具有形式

$$y_{n+1} = (1 + h\lambda)y_n \tag{26}$$

从而数值解

$$y_n = (1 + h\lambda)^n y_0 = y_0 [(1 + h\lambda)^{\frac{1}{h\lambda}}]^{nh\lambda} = y_0 [(1 + h\lambda)^{\frac{1}{h\lambda}}]^{\lambda x_n}$$

因此当 $h \to 0$ 时

$$y_n \to y_0 e^{\lambda x_n} = y(x_n)$$

可见问题(25)的 Euler 格式是收敛的.

再考察隐式 Euler 格式.问题(25)的隐式 Euler 格式为

$$y_{n+1} = y_n + h\lambda y_{n+1} \tag{27}$$

这时有
$$y_{n+1} = \frac{1}{1-h\lambda} y_n$$

从而数值解
$$y_n = y_0 \left(\frac{1}{1-h\lambda}\right)^n = y_0 \left[\left(1+\frac{h\lambda}{1-h\lambda}\right)^{\frac{1-h\lambda}{h\lambda}}\right]^{\frac{nh\lambda}{1-h\lambda}}$$

因此,当 $h \to 0$ 时仍然有 $y_n \to y(x_n)$,因而问题(25)的隐式 Euler 格式同样是收敛的.

3.4.2 稳定性问题

前面关于收敛性的讨论有个前提,必须假定差分方法的每一步计算都是准确的.然而实际情形并不是这样,差分方程的求解还会有计算误差,譬如由于数字舍入而引起的扰动.这类扰动在传播过程中会不会恶性增长,以至于"淹没"了差分方程的"真解"呢?这就是差分方法的稳定性问题.

在实际计算时,人们希望某一步所产生的扰动值在后面的计算中能够被抑制,甚至是逐步衰减的.定义 3 给出了具体说明.

定义 3 如果一种差分方法在节点值 y_n 有大小为 δ 的扰动,导致以后各节点值 y_m ($m > n$) 上产生的偏差均不超过 δ,则称该方法是**稳定**的.

再针对模型问题(式(25))考察 Euler 格式的稳定性.设在节点值 y_n 有一扰动值 ε_n,它的传播使节点值 y_{n+1} 产生大小为 ε_{n+1} 的扰动值,假设 Euler 格式(26)的计算过程不再引进新的误差,则扰动值满足
$$\varepsilon_{n+1} = (1+h\lambda)\varepsilon_n$$

可见扰动值满足原来的差分方程(26).这样,如果原差分方程的解是不增长的,即有
$$|y_{n+1}| \leqslant |y_n|$$

这时就能保证格式的稳定性.

然而,要保证差分方程(26)的解不增长,选取的 h 必须充分小,使
$$|1+h\lambda| \leqslant 1$$

这表明 Euler 格式是**条件稳定**的.上述稳定性条件也可表达为
$$h \leqslant -\frac{2}{\lambda}$$

再考察隐式 Euler 格式(27),由于 $\lambda < 0$,这时恒成立
$$\left|\frac{1}{1-h\lambda}\right| \leqslant 1$$

从而总有 $|y_{n+1}| \leqslant |y_n|$,这说明隐式 Euler 格式是**恒稳定(无条件稳定)**的.

3.5 方程组与高阶方程的情形

3.5.1 一阶方程组

前面研究了单个方程 $y' = f$ 的差分方法,只要把 y 和 f 理解为向量,所提供的各种算法即可推广应用到一阶方程组的情形.

譬如,对于方程组
$$\begin{cases} y' = f(x,y,z), & y(x_0) = y_0 \\ z' = g(x,y,z), & z(x_0) = z_0 \end{cases}$$

引进节点 $x_n = x_0 + nh$,$n = 1,2,\cdots$,以 y_n,z_n 表示节点 x_n 上的近似值,则其改进的 Euler 格式具有以下形式:

$$\bar{y}_{n+1} = y_n + hf(x_n, y_n, z_n)$$
$$\bar{z}_{n+1} = z_n + hg(x_n, y_n, z_n)$$
$$y_{n+1} = y_n + \frac{h}{2}[f(x_n, y_n, z_n) + f(x_{n+1}, \bar{y}_{n+1}, \bar{z}_{n+1})]$$
$$z_{n+1} = z_n + \frac{h}{2}[g(x_n, y_n, z_n) + g(x_{n+1}, \bar{y}_{n+1}, \bar{z}_{n+1})]$$

而其四阶 Runge-Kutta 格式(经典格式)则为

$$\begin{cases} y_{n+1} = y_n + \dfrac{h}{6}(K_1 + 2K_2 + 2K_3 + K_4) \\ z_{n+1} = z_n + \dfrac{h}{6}(L_1 + 2L_2 + 2L_3 + L_4) \end{cases} \tag{28}$$

式中

$$\begin{cases} K_1 = f(x_n, y_n, z_n) \\ L_1 = g(x_n, y_n, z_n) \\ K_2 = f\left(x_{n+\frac{1}{2}}, y_n + \dfrac{h}{2}K_1, z_n + \dfrac{h}{2}L_1\right) \\ L_2 = g\left(x_{n+\frac{1}{2}}, y_n + \dfrac{h}{2}K_1, z_n + \dfrac{h}{2}L_1\right) \\ K_3 = f\left(x_{n+\frac{1}{2}}, y_n + \dfrac{h}{2}K_2, z_n + \dfrac{h}{2}L_2\right) \\ L_3 = g\left(x_{n+\frac{1}{2}}, y_n + \dfrac{h}{2}K_2, z_n + \dfrac{h}{2}L_2\right) \\ K_4 = f(x_{n+1}, y_n + hK_3, z_n + hL_3) \\ L_4 = g(x_{n+1}, y_n + hK_3, z_n + hL_3) \end{cases} \tag{29}$$

这里,四阶 Runge-Kutta 格式依然是一步法,利用节点值 y_n,z_n 按式(29)顺序计算

$K_1, L_1, K_2, L_2, K_3, L_3, K_4, L_4$,然后代入式(28)即可求得节点值 y_{n+1}, z_{n+1}.

3.5.2　化高阶方程为一阶方程组

关于高阶微分方程(或方程组)的初值问题,原则上总可以归结为一阶方程组来求解. 譬如,对于二阶方程的初值问题

$$\begin{cases} y'' = f(x, y, y') \\ y(x_0) = y_0, \quad y'(x_0) = y'_0 \end{cases}$$

若引进新变量 $z = y'$ 即可化归为一阶方程组的初值问题

$$\begin{cases} y' = z, & y(x_0) = y_0 \\ z' = f(x, y, z), & z(x_0) = y'_0 \end{cases}$$

针对这个问题应用四阶 Runge-Kutta 格式(28)有

$$\begin{cases} y_{n+1} = y_n + \dfrac{h}{6}(K_1 + 2K_2 + 2K_3 + K_4) \\ z_{n+1} = z_n + \dfrac{h}{6}(L_1 + 2L_2 + 2L_3 + L_4) \end{cases}$$

按式(29),有

$$K_1 = z_n, \qquad L_1 = f(x_n, y_n, z_n)$$

$$K_2 = z_n + \dfrac{h}{2}L_1, \quad L_2 = f\left(x_{n+\frac{1}{2}}, y_n + \dfrac{h}{2}K_1, z_n + \dfrac{h}{2}L_1\right)$$

$$K_3 = z_n + \dfrac{h}{2}L_2, \quad L_3 = f\left(x_{n+\frac{1}{2}}, y_n + \dfrac{h}{2}K_2, z_n + \dfrac{h}{2}L_2\right)$$

$$K_4 = z_n + hL_3, \quad L_4 = f(x_{n+1}, y_n + hK_3, z_n + hL_3)$$

消去 K_1, K_2, K_3, K_4,上述格式可化简为

$$\begin{cases} y_{n+1} = y_n + hz_n + \dfrac{h^2}{6}(L_1 + L_2 + L_3) \\ z_{n+1} = z_n + \dfrac{h}{6}(L_1 + 2L_2 + 2L_3 + L_4) \end{cases}$$

式中

$$L_1 = f(x_n, y_n, z_n)$$

$$L_2 = f\left(x_{n+\frac{1}{2}}, y_n + \dfrac{h}{2}z_n, z_n + \dfrac{h}{2}L_1\right)$$

$$L_3 = f\left(x_{n+\frac{1}{2}}, y_n + \dfrac{h}{2}z_n + \dfrac{h^2}{4}L_1, z_n + \dfrac{h}{2}L_2\right)$$

$$L_4 = f\left(x_{n+1}, y_n + hz_n + \dfrac{h^2}{2}L_2, z_n + hL_3\right)$$

3.6　边值问题

在具体求解微分方程时,必须附加某种定解条件. 微分方程和定解条件一起

组成**定解问题**. 对于高阶常微分方程,定解条件通常有两种给法:一种是给出积分曲线在初始时刻的性态,这类条件称作**初始条件**,相应的定解问题就是前面已讨论过的初值问题;另一种是给出了积分曲线首末两端的性态,这类定解条件称作**边界条件**,相应的定解问题称作**边值问题**.

譬如,考察下列二阶线性方程的边值问题:

$$\begin{cases} y'' + p(x)y' + q(x)y = r(x), & a < x < b \\ y(a) = \alpha, \quad y(b) = \beta \end{cases} \quad (30)$$

要应用差分法,关键在于恰当地选取差商逼近微分方程中的导数项,令

$$y'(x) \approx \frac{y(x+h) - y(x-h)}{2h}$$

$$y''(x) \approx \frac{y(x+h) - 2y(x) + y(x-h)}{h^2}$$

设将求解区间 $[a,b]$ 划分为 N 等份,步长 $h = \dfrac{b-a}{N}$,节点 $x_n = x_0 + nh$, $n = 0, 1, 2, \cdots, N$,用差商替代相应的导数,即可将边值问题(30)离散化,导出下列差分方程组

$$\begin{cases} \dfrac{y_{n+1} - 2y_n + y_{n-1}}{h^2} + p_n \dfrac{y_{n+1} - y_{n-1}}{2h} + q_n y_n = r_n, & n = 1, 2, \cdots, N-1 \\ y_0 = \alpha, \quad y_N = \beta \end{cases}$$

式中,p_n, q_n, r_n 的下标 n 表示在节点 x_n 处取值. 从上面的式子中消去已知的 y_0 和 y_N,可整理得到关于 y_n 的下列方程组:

$$\begin{cases} (-2 + h^2 q_1)y_1 + \left(1 + \dfrac{h}{2}p_1\right)y_2 = h^2 r_1 - \left(1 - \dfrac{h}{2}p_1\right)\alpha \\ \left(1 - \dfrac{h}{2}p_n\right)y_{n-1} + (-2 + h^2 q_n)y_n + \left(1 + \dfrac{h}{2}p_n\right)y_{n+1} = h^2 r_n, \\ \qquad\qquad\qquad\qquad\qquad\qquad n = 2, 3, \cdots, N-2 \\ \left(1 - \dfrac{h}{2}p_{n-1}\right)y_{N-2} + (-2 + h^2 q_{n-1})y_{n-1} = h^2 r_{n-1} - \left(1 + \dfrac{h}{2}p_{n-1}\right)\beta \end{cases} \quad (31)$$

这样归结出的方程组是三对角型的,求解这类方程组可用 6.1 节推荐的追赶法.

小 结

本书前 3 章组成一个板块. 这个板块可称作数值微积分. 从微积分的角度看,第 1 章为函数的近似表示,第 2 章为积分与微分的近似计算,而第 3 章则是常微分方程的近似求解. 这 3 章是相互关联的:第 1 章构造出的插值函数可以充当某种简单的近似函数;用插值函数近似替代被积函数,即可导出第 2 章的数值求积公

式；由于常微分方程形式上可以表达为积分形式，因而基于数值求积公式又可以导出第 3 章的差分格式.

值得强调的是，无论是插值公式、数值求积公式还是差分格式，数值微积分的近似公式的设计全都基于某种平均化原则，其设计思想都是归结为某些离散函数值的加权平均. 这样，近似公式的设计便归结为确定平均化系数（权系数）的代数问题.

设计数值微积分的近似公式首先要代数化，将数学分析化归为某种代数模型，这是数值计算的前提.

进一步设计算法时希望尽量回避求解代数方程组. 考虑到数值微积分的计算模型具有平均化的内涵，本书采取逐步松弛策略，将含有多个平均化系数的代数模型加工成每一步确定一个松弛因子的某种递推过程，据此设计出逐步插值的 Aitken 算法与逐步求积的 Romberg 算法. 例题选讲 3 中的第 2 项说明，常微分方程的 Adams 格式也可运用这种技术逐步生成.

逐步松弛策略的成功运用告诉人们：算法设计的基本原理是简单的重复生成复杂. 设计算法时要深刻领悟这个原理.

微分方程是人们最为关注的一类计算模型. 微分方程的数值解是数值计算的核心课题. 第 3 章常微分方程的差分方法是个承上启下的重要环节.

前已看到，常微分方程的定解问题分初值问题与边值问题两大类. 边值问题的差分方法化归为某个大型的线性方程组，第 5、第 6 两章将讨论线性方程组的解法.

对于常微分方程的初值问题，其差分格式又分显式与隐式两种. 隐式格式的每一步需要求解某个函数方程，第 4 章将考虑函数方程的解法.

例题选讲 3

1. 线性多步法

提要 在差分方法逐步推进的求解过程中，计算 y_{n+1} 之前事实上已经求出了一系列近似值 $y_n, y'_n, y_{n-1}, y'_{n-1}, \cdots$. 如果充分利用前面多步的信息来计算 y_{n+1}，则可以期望以较小的代价获得较高的精度，这就是线性多步法的设计思想. 前已介绍过的 Adams 方法是一类特殊的线性多步法.

线性多步法的设计方法依然是，基于代数精度的概念，将问题归结为求解某个线性方程组.

题 1 试设计下列形式的差分格式：
$$y_{n+1} = ay_n + by_{n-1} + h(cy'_n + dy'_{n-1})$$

解 令 $n = 0, h = 1$，考察对应的近似关系式

$$y(1) \approx ay(0) + by(-1) + cy'(0) + dy'(-1)$$

注意到式中含有 4 个待定参数,令它对于 $y = 1, x, x^2, x^3$ 准确成立,可列出方程组

$$\begin{cases} a + b = 1 \\ -b + c + d = 1 \\ b - 2d = 1 \\ -b + 3d = 1 \end{cases}$$

解之得

$$a = -4, \quad b = 5, \quad c = 4, \quad d = 2$$

这样设计出的差分格式是

$$y_{n+1} = -4y_n + 5y_{n-1} + 2h(2y'_n + y'_{n-1})$$

它有 3 阶精度.

题 2 确定参数 a 的值,使下列格式有 4 阶精度:

$$y_{n+1} = a(y_n - y_{n-1}) + y_{n-2} + \frac{h}{2}(3 - a)(y'_n + y'_{n-1})$$

解 令 $n = 0, h = 1$,考察其对应的近似关系式

$$y(1) \approx a[y(0) - y(-1)] + y(-2) + \frac{1}{2}(3 - a)[y'(0) + y'(-1)]$$

为保证所要设计的格式有 4 阶精度,令它对于 $y = 1, x, x^2, x^3, x^4$ 准确成立,据此列出的方程可唯一地定出 $a = -9$,从而所求的 4 阶格式为

$$y_{n+1} = -9(y_n - y_{n-1}) + y_{n-2} + 6h(y'_n + y'_{n-1})$$

题 3 试设计下列形式的差分格式:

$$y_{n+1} = y_{n-1} + 2h(\lambda_0 y'_{n+1} + \lambda_1 y'_n + \lambda_2 y'_{n-1})$$

解 令 $n = 0, h = 1$,考察其对应的近似关系式

$$y(1) \approx y(-1) + 2[\lambda_0 y'(1) + \lambda_1 y'(0) + \lambda_2 y'(-1)]$$

它对于 $y = 1$ 自然准确.令其对于 $y = x, x^2, x^3$ 准确成立,可列出方程组

$$\begin{cases} \lambda_0 + \lambda_1 + \lambda_2 = 1 \\ \lambda_0 - \lambda_2 = 0 \\ \lambda_0 + \lambda_2 = \dfrac{1}{3} \end{cases}$$

据此定出

$$\lambda_0 = \lambda_2 = \frac{1}{6}, \quad \lambda_1 = \frac{2}{3}$$

这样设计出的差分格式

$$y_{n+1} = y_{n-1} + \frac{h}{3}(y'_{n+1} + 4y'_n + y'_{n-1})$$

称作 **Simpson 格式**,它是个隐式格式,实际上有 4 阶精度.

题 4 试设计下列形式的差分格式:

$$y_{n+1} = y_{n-3} + 4h(\lambda_0 y'_n + \lambda_1 y'_{n-1} + \lambda_2 y'_{n-2})$$

解 令 $n=0, h=1$，考察其对应的近似关系式

$$y(1) \approx y(-3) + 4[\lambda_0 y'(0) + \lambda_1 y'(-1) + \lambda_2 y'(-2)]$$

它对于 $y=1$ 自然准确. 令其对于 $y=x, x^2, x^3$ 准确成立，可列出方程组

$$\begin{cases} \lambda_0 + \lambda_1 + \lambda_2 = 1 \\ \lambda_1 + 2\lambda_2 = 1 \\ \lambda_1 + 4\lambda_2 = \dfrac{7}{3} \end{cases}$$

据此定出

$$\lambda_0 = \frac{2}{3}, \quad \lambda_1 = -\frac{1}{3}, \quad \lambda_2 = \frac{2}{3}$$

这样设计出的差分格式

$$y_{n+1} = y_{n-3} + \frac{4h}{3}(2y'_n - y'_{n-1} + 2y'_{n-2})$$

称作 **Milne 格式**. 它是个显式格式，实际上有 4 阶精度.

题 5 试设计下列形式的差分格式：

$$y_{n+1} = \mu_0 y_n + \mu_1 y_{n-2} + h(\lambda_0 y'_{n+1} + \lambda_1 y'_n + \lambda_2 y'_{n-1})$$

解 令其对于 $y=1, x, x^2, x^3, x^4$ 准确成立，可列出方程组

$$\begin{cases} \mu_0 + \mu_1 = 1 \\ -2\mu_1 + \lambda_0 + \lambda_1 + \lambda_2 = 1 \\ 4\mu_1 + 2(\lambda_0 - \lambda_2) = 1 \\ -8\mu_1 + 3(\lambda_0 + \lambda_2) = 1 \\ 16\mu_1 + 4(\lambda_0 - \lambda_2) = 1 \end{cases}$$

据此定出

$$\mu_0 = \frac{9}{8}, \quad \mu_1 = -\frac{1}{8}$$

$$\lambda_0 = \frac{3}{8}, \quad \lambda_1 = \frac{3}{4}, \quad \lambda_2 = -\frac{3}{8}$$

这样设计出的差分格式

$$y_{n+1} = \frac{1}{8}(9y_n - y_{n-2}) + \frac{3h}{8}(y'_{n+1} + 2y'_n - y'_{n-1})$$

称作 **Hamming 格式**. 它是隐式的，有 4 阶精度.

2. Adams 格式的逐步构造

提要 Adams 格式的一般形式为

$$y_{n+1} = y_n + hK(y'_{n+1}, y'_n, y'_{n-1}, \cdots)$$

式中，平均斜率 K 是若干个斜率 $y'_{n+1}, y'_n, y'_{n-1}, \cdots$ 的加权平均. 基于代数精度的概念，Adams 格式的设计有两条可供选择的途径：直接求解平均化系数所满足的线性方程组；或者，回避求解线性方程组而运用松弛技术逐步构造.

以下介绍这种逐步松弛的加工方案,如表 3-6 所示,Adams 格式的平均斜率可以从低阶到高阶逐步生成.

表 3-6

y'_{n+1}			
y'_n	$K(y'_{n+1}, y'_n)$		
y'_{n-1}	$K(y'_n, y'_{n-1})$	$K(y'_{n+1}, y'_n, y'_{n-1})$	
y'_{n-2}	$K(y'_n, y'_{n-2})$	$K(y'_n, y'_{n-1}, y'_{n-2})$	$K(y'_{n+1}, y'_n, y'_{n-1}, y'_{n-2})$
y'_{n-3}	$K(y'_n, y'_{n-3})$	$K(y'_n, y'_{n-1}, y'_{n-3})$	$K(y'_n, y'_{n-1}, y'_{n-2}, y'_{n-3})$

题 1 利用两个一阶格式

$$y_{n+1} = y_n + hy'_n$$
$$y_{n+1} = y_n + hy'_{n-i}, \quad i \neq 0$$

松弛生成二阶格式

$$y_{n+1} = y_n + h[(1-\omega)y'_n + \omega y'_{n-i}]$$

解 考察相应的近似关系式

$$y(x_{n+1}) \approx y(x_n) + h[(1-\omega)y'(x_n) + \omega y'(x_{n-i})]$$

不妨设 $x_n = 0, h = 1$,令其简化形式

$$y(1) \approx y(0) + (1-\omega)y'(0) + \omega y'(-i)$$

对于 $y = x^2$ 准确成立,可列出方程

$$1 = 2\omega(-i)$$

据此定出

$$\omega = -\frac{1}{2i}$$

据此设计出一类二阶 Adams 格式

$$y_{n+1} = y_n + \frac{h}{2i}[(2i+1)y'_n - y'_{n-i}], \quad i \neq 0$$

特别地,若取 $i = -1$,则 $\omega = \frac{1}{2}$,据此得到二阶隐式 Adams 格式

$$y_{n+1} = y_n + \frac{h}{2}(y'_{n+1} + y'_n)$$

此即梯形格式. 而取 $i = 1, 2, 3$ 可得二阶显式 Adams 格式

$$y_{n+1} = y_n + \frac{h}{2}(3y'_n - y'_{n-1})$$

$$y_{n+1} = y_n + \frac{h}{4}(5y'_n - y'_{n-2})$$

$$y_{n+1} = y_n + \frac{h}{6}(7y'_n - y'_{n-3})$$

题 2 利用两个二阶格式

$$y_{n+1} = y_n + \frac{h}{2}(3y'_n - y'_{n-1})$$

$$y_{n+1} = y_n + \frac{h}{2i}[(2i+1)y'_n - y'_{n-i}], \quad i \neq 0,1$$

松弛生成三阶格式

$$y_{n+1} = y_n + h\left\{\frac{1-\omega}{2}(3y'_n - y'_{n-1}) + \frac{\omega}{2i}[(2i+1)y'_n - y'_{n-1}]\right\}$$

解 考察近似关系式的简化形式

$$y(1) \approx y(0) + \frac{1-\omega}{2}[3y'(0) - y'(1)] + \frac{\omega}{2i}[(2i+1)y'(0) - y'(-i)]$$

令其对于 $y = x^3$ 准确成立,可列出方程

$$1 = \frac{1-\omega}{2}(-3) + \frac{\omega}{2i}(-3i^2)$$

据此定出

$$\omega = \frac{5}{3(1-i)}$$

从而导出一类三阶 Adams 格式. 若取 $i = -1$,则有 $\omega = \frac{5}{6}$,这时有三阶隐式 Adams 格式

$$y_{n+1} = y_n + \frac{h}{12}(5y'_{n+1} + 8y'_n - y'_{n-1})$$

若取 $i = 2,3$,则由此导出三阶显式 Adams 格式

$$y_{n+1} = y_n + \frac{h}{12}(23y'_n - 16y'_{n-1} + 5y'_{n-2})$$

$$y_{n+1} = y_n + \frac{h}{36}(64y'_n - 33y'_{n-1} + 5y'_{n-3})$$

题 3 利用两个三阶格式

$$y_{n+1} = y_n + \frac{h}{12}(23y'_n - 16y'_{n-1} + 5y'_{n-2})$$

$$y_{n+1} = y_n + \frac{h}{36}(64y'_n - 33y'_{n-1} + 5y'_{n-3})$$

松弛生成四阶显式 Adams 格式.

解 考察近似关系式的简化形式

$$y(1) \approx y(0) + \frac{1}{12}\{(1-\omega)[23y'(0) - 16y'(-1) + 5y'(-2)]$$

$$+ \frac{\omega}{3}[64y'(0) - 33y'(-1) + 5y'(-3)]\}$$

令其对于 $y = x^4$ 准确成立，可列出方程，据此定出

$$\omega = -\frac{27}{10}$$

从而有三阶显式 Adams 格式

$$y_{n+1} = y_n + \frac{h}{24}(55y'_n - 59y'_{n-1} + 37y'_{n-2} - 9y'_{n-3})$$

题 4 利用两个三阶格式

$$y_{n+1} = y_n + \frac{h}{12}(5y'_{n+1} + 8y'_n - y'_{n-1})$$

$$y_{n+1} = y_n + \frac{h}{12}(23y'_n - 16y'_{n-1} + 5y'_{n-2})$$

松弛生成**四阶显式 Adams 格式**.

解 考察近似关系式的简化形式

$$y(1) \approx y(0) + \frac{1}{12}\{(1-\omega)[5y'(1) + 8y'(0) - y(-1)]$$
$$+ \omega[23y'(0) - 16y(-1) + 5y'(-2)]\}$$

令其对于 $y = x^4$ 准确成立，可列出方程，据此定出 $\omega = \frac{1}{10}$，从而有**四阶隐式 Adams 格式**

$$y_{n+1} = y_n + \frac{h}{24}(9y'_{n+1} + 19y'_n - 5y'_{n-1} + y'_{n-2})$$

综上所述，表 3-6 的具体形式如表 3-7 所示.

表 3-7

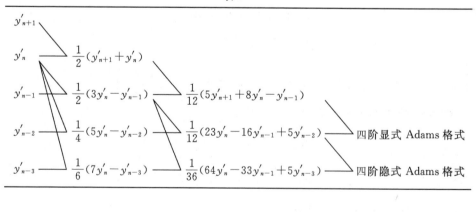

习 题 3

1. 列出求解下列初值问题的 Euler 格式：

(1) $y' = x^2 - y^2$ $(0 \leqslant x \leqslant 0.4)$, $y(0) = 1$, 取 $h = 0.2$

(2) $y' = \left(\dfrac{y}{x}\right)^2 - \dfrac{y}{x}$ $(1 \leqslant x \leqslant 1.2)$, $y(1) = 1$, 取 $h = 0.1$

2. 用 Euler 格式求解初值问题 $y' = ax + b$, $y(0) = 0$:

(1) 试导出近似解 y_n 的显式表达式;

(2) 证明整体截断误差为
$$y(x_n) - y_n = \frac{1}{2}anh^2$$

3. 证明改进的 Euler 格式能准确地求解初值问题 $y' = ax + b, y(0) = 0$.

4. 设计下列两步格式:
$$y_{n+1} = ay_n + by_{n-1} + h[cf(x_n, y_n) + df(x_{n-1}, y_{n-1})]$$
使其精度尽可能地高.

5. 用梯形格式求解初值问题 $y' + y = 0, y(0) = 1$, 试验证其近似解有显式表达式
$$y_n = \left(\frac{2-h}{2+h}\right)^n$$
并证明当 $h \to 0$ 时 y_n 收敛到原初值问题的精确解 $y = e^{-x}$.

6. 用改进的 Euler 格式求解题 5.

7. 试设计下列差分格式:

(1) $y_{n+1} = y_n + h(ay'_n + by'_{n-1})$

(2) $y_{n+1} = a(y_n + y_{n-1}) + h(by'_n + cy'_{n-1})$

使其精度尽可能地高.

8. 试设计差分格式
$$y_{n+1} = (1-b)y_n + by_{n-1} + \frac{h}{4}[(b+3)y'_{n+1} + (3b+1)y'_{n-1}]$$
使其精度尽可能地高, 并证明当 $b \neq -1$ 时方法为二阶, 而当 $b = -1$ 时则为三阶.

9. 试列出求解初值问题
$$\begin{cases} y'_1 = a_{11}y_1 + a_{12}y_2, & y_1(0) = y_1^0 \\ y'_2 = a_{21}y_1 + a_{22}y_2, & y_2(0) = y_2^0 \end{cases}$$
的改进的 Euler 格式.

第 4 章 方程求根

许多数学物理问题归结为求解函数方程 $f(x) = 0$. 方程 $f(x) = 0$ 的解称作它的**根**. 本章仅限于考察实根.

对于非线性方程,在某个范围内往往有不止一个根,而且根的分布情况可能很复杂. 面对这种情况,通常先将所考虑的范围划分成若干子段,然后判断哪些子段内有根. 这项手续称作**根的隔离**.

将所求的根隔离开来以后,再在有根子段内找出满足精度要求的近似根. 为此适当选取有根子段内某一点作为根的初始近似,然后运用迭代方法使之逐步精确化.

本章着重介绍单个函数方程的一种有效的求根方法 ——Newton 法.

4.1 根 的 搜 索

4.1.1 根的逐步搜索

首先进行根的隔离,即在给定区间 $[a,b]$ 上判定根的大致分布. 为此从区间的左端点 $x = a$ 出发,按某个预定的步长 h 一步一步地向右跨,每跨一步进行一次**根的搜索**,即检查每一步的起点 x_0 和终点 $x_0 + h$ 的函数值是否同号. 如果发现 $f(x_0), f(x_0 + h)$ 非同号,即成立

$$f(x_0) \cdot f(x_0 + h) \leqslant 0$$

即可找出一个压缩了的**有根区间** $[x_0, x_0 + h]$.

例 1 考察方程

$$f(x) = x^3 - x - 1 = 0$$

注意到 $f(0) < 0, f(+\infty) > 0$,知 $f(x) = 0$ 至少有一个正的实根.

设从 $x = 0$ 出发,取 $h = 0.5$ 为步长向右进行根的搜索. 列表记录各个节点上函数值的符号(表 4-1),发现在区间 $[1.0, 1.5]$ 上必有实根.

表 4-1

x	0	0.5	1.0	1.5
$f(x)$ 的符号	−	−	−	+

在具体运用上述逐步搜索方法时,步长 h 的选择是个关键. 很明显,只要步长

h 充分小,运用这种方法通常可以将所求的根隔离开来,甚至可以获得满足精度要求的近似根.不过当 h 缩小时,所要搜索的步数相应增多,从而使计算量增大.因此,如果精度要求比较高,单用这种逐步搜索方法是不切实际的.

现在运用二分技术加速根的搜索过程.

4.1.2 根的二分搜索

假定函数 $f(x)$ 在 $[a,b]$ 上连续,且 $f(a) \cdot f(b) < 0$,根据连续函数的性质,方程 $f(x) = 0$ 在 $[a,b]$ 上一定有实根.这里假定它在 $[a,b]$ 上有唯一的单实根 x^*.

考察有根区间 $[a,b]$,取中点 $x_0 = \dfrac{a+b}{2}$ 将它划分为两半,然后进行根的搜索,即检查 $f(x_0)$ 与 $f(a)$ 是否同号:如果确系同号,说明所求的根 x^* 在 x_0 的右侧,这时令 $a_1 = x_0, b_1 = b$;否则 x^* 必在 x_0 的左侧,这时令 $a_1 = a, b_1 = x_0$(图 4-1).不管出现哪一种情形,新的有根区间 $[a_1, b_1]$ 的长度仅为 $[a,b]$ 的一半,这是一种规模减半的加工手续.

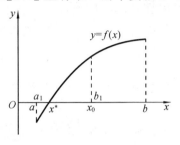

图 4-1

对压缩了的有根区间 $[a_1, b_1]$ 继续施行上述二分手续,即用中点 $x_1 = \dfrac{a_1 + b_1}{2}$ 将区间 $[a_1, b_1]$ 再划分为两半,然后判定所求的根 x^* 在 x_1 的哪一侧,从而又确定一个新的有根区间 $[a_2, b_2]$,其长度是 $[a_1, b_1]$ 的一半.

如此反复二分下去,即可得出一系列有根区间

$$[a,b] \supset [a_1, b_1] \supset [a_2, b_2] \supset \cdots$$

其中每个区间的长度都是前一区间长度的一半,因此二分 k 次后区间 $[a_k, b_k]$ 的长度为

$$b_k - a_k = \frac{1}{2^k}(b-a)$$

可见,如果二分过程无限地继续下去,这些有根区间最终必收敛于一点 x^*.该点显然就是所求的根.

不过在实际计算时,我们不可能完成这个无限过程.其实也没有这种必要,因为实际计算的结果允许带有一定的误差.由于二分 $k+1$ 次后

$$|x^* - x_k| \leqslant \frac{1}{2}(b_k - a_k) = b_{k+1} - a_{k+1}$$

只要有根区间 $[a_{k+1}, b_{k+1}]$ 的长度小于 ε,那么结果 x_k 关于允许误差 ε 就能"准确"地满足方程 $f(x) = 0$.

例 2 求方程

$$f(x) = x^3 - x - 1 = 0$$

在区间 $[1, 1.5]$ 上的实根 x^*,要求准确到小数点后的第 2 位.

解 用二分法,这里 $a=1, b=1.5$,且 $f(a)<0$. 首先取区间 $[a,b]$ 的中点 $x_0 = 1.25$ 将区间二等分. 由于 $f(x_0) < 0$,即 $f(x_0)$ 与 $f(a)$ 同号,故所求根必在 x_0 的右侧,这时令 $a_1 = x_0 = 1.25, b_1 = b = 1.5$,而得到新的有根区间 $[a_1, b_1]$(表 4-2).

对区间 $[a_1, b_1]$ 再用中点 $x_1 = 1.375$ 二分,并进行根的搜索. 二分过程无须赘述. 值得指出的是,这时 $f(x_1)$ 仍然只要同 $f(a)$ 比较符号,因为 $f(a_1)$ 与 $f(a)$ 不可能异号(按假定 $[a,b]$ 内仅有一根,下面给出的算法也仅仅适用于这种情况).

如此反复二分下去. 现在预估计所要二分的次数. 按误差估计式

$$|x^* - x_k| \leqslant b_{k+1} - a_{k+1} = \frac{1}{2^{k+1}}(b-a)$$

只要二分 6 次,便能达到所要的精度

$$|x^* - x_6| \leqslant 0.005$$

上述二分法的计算结果如表 4-2 所示. 二分法的步骤如算法 4.1 所述.

表 4-2

k	a_k	b_k	x_k	$f(x_k)$ 的符号
0	1	1.5	1.25	−
1	1.25	1.5	1.375	+
2	1.25	1.375	1.312 5	−
3	1.312 5	1.375	1.343 8	+
4	1.312 5	1.343 8	1.328 1	+
5	1.312 5	1.328 1	1.320 3	−
6	1.320 3	1.328 1	1.324 2	−

算法 4.1 (二分法)

步 1 从所给区间 $[a,b]$ 着手二分. 令 $a_1 \Leftarrow a, b_1 \Leftarrow b$.

步 2 取有根区间 $[a_1, b_1]$ 的中点 x 作为近似根.

步 3 通过根的搜索确定二分后新的有根区间 $[a_1, b_1]$.

步 4 检查近似根 x 是否满足精度要求:若不满足转步 2 继续二分;若满足精度则输出结果 x 及相应的函数值 $f(x)$.

4.2 迭代过程的收敛性

对于函数方程 $f(x) = 0$,具体求根通常分两步走:先用适当方法(譬如用根的搜索方法,4.1节)获得根的某个初始近似值 x_0,然后再反复迭代,将 x_0 逐步加工成一系列近似根 $x_1, x_2, \cdots$,直到足够精确为止.

4.2.1 迭代法的设计思想

迭代法是一类重要的逐次逼近方法. 这种方法用某个固定公式反复校正根的近似值,使之逐步精确化,最后得出满足精度要求的结果.

例 3 用迭代法求方程
$$x^3 - x - 1 = 0 \tag{1}$$
在 $x_0 = 1.5$ 附近的一个根.

解 将方程(1)改写成
$$x = \sqrt[3]{x+1} \tag{2}$$
用所给初始近似值 $x_0 = 1.5$ 作为预报值,代入式(2)的右端,得到校正值
$$x_1 = \sqrt[3]{x_0 + 1} = 1.357\,21$$
这里迭代偏差 $x_1 - x_0$ 显著,表明根 x_1 的精度不高. 如果改用 x_1 作为预报值再代入式(2)的右端,又得新的校正值
$$x_2 = \sqrt[3]{x_1 + 1} = 1.330\,86$$
由于 x_2 与 x_1 的偏差依然不可忽略,再取 x_2 作为预报值重复上述步骤. 如此继续下去,这种逐步校正的过程称作迭代过程,这里迭代公式为
$$x_{k+1} = \sqrt[3]{x_k + 1}, \quad k = 0, 1, 2, \cdots \tag{3}$$
表 4-3 记录了各步迭代的计算结果. 可以看到,如果仅取 6 位数字计算,那么校正值 x_8 与预报值 x_7 相同,这时继续迭代已失去意义,从而得出所求的根为
$$x^* = 1.324\,72$$

表 4-3

k	x_k	k	x_k
0	1.5	5	1.324 76
1	1.357 21	6	1.324 73
2	1.330 86	7	1.324 72
3	1.325 88	8	1.324 72
4	1.324 94		

再考察一般情形. 方程 $f(x) = 0$ 的求根之所以有困难,根源在于它是隐式的. 为将**隐式方程显式化**,试将方程 $f(x) = 0$ 改写成
$$x = \varphi(x) \tag{4}$$

的形式.这个方程的左端仅为变元 x,它具有显式的外表,但其右端仍含有未知的 x,因而其本质依然是隐式的.如何将"形显实隐"的形式(4)真正地显式化呢?

显式化是个递归的计算过程.如果给出根的某个近似值 x_k,将它代入式(4)的右端,则它立即变成显式的,即

$$x_{k+1} = \varphi(x_k)$$

这样,从给定的初值 x_0 出发,按

$$x_{k+1} = \varphi(x_k), \quad k = 0,1,2,\cdots \tag{5}$$

反复地进行显式计算,即可生成一个序列 $x_1, x_2, \cdots$.如果这个数列有极限,则称迭代过程(5)是**收敛**的,而极限值

$$x^* = \lim_{k \to \infty} x_k$$

显然就是方程 $x = \varphi(x)$ 即 $f(x) = 0$ 的根.

不言而喻,称迭代过程(5)是收敛的,如果其**迭代误差** $e_k = |x_k - x^*|$ 趋于 0(当 $k \to \infty$ 时).这里,x^* 是方程 $x \equiv \varphi(x)$ 的根.

这就是求解函数方程的**迭代法**.这种方法依据某个固定公式 $x_{k+1} = \varphi(x_k)$,$k = 0, 1, 2, \cdots$ 逐步加工所给初值 x_0,结果生成根的近似值序列 $x_1, x_2, \cdots$.这里,函数 $\varphi(x)$ 称作**迭代函数**.

迭代法是否有效,关键在于确保其收敛性.问题在于,迭代函数 $\varphi(x)$ 该怎样设计才能保证迭代过程收敛呢?

4.2.2 线性迭代的启示

为使迭代法有效,必须保证它的收敛性.一个发散(即不收敛)的迭代过程,纵使进行千万步迭代,其结果也是毫无价值的.

这里先考察迭代函数 $\varphi(x)$ 为线性函数的简单情形,以获得某种直观的启示.

设 $\varphi(x)$ 是如下形式的线性函数

$$\varphi(x) = Lx + d, \quad L > 0$$

则所给方程的精确根 x^* 满足函数方程

$$x = Lx + d$$

相应的迭代公式具有形式

$$x_{k+1} = Lx_k + d$$

将上面两个式子相减,知

$$x^* - x_{k+1} = L(x^* - x_k)$$

因而关于迭代误差 $e_k = |x^* - x_k|$ 有

$$e_{k+1} = Le_k$$

据此反复递推,有

$$e_k = L^k e_0 \tag{6}$$

由此可见,在线性迭代的情形,为要保证迭代过程收敛,即 $e_k \to 0$,按式(6)只要保证迭代误差 e_k 具有一致的压缩性,即满足条件
$$L < 1$$

4.2.3 压缩映像原理

考察一般情形. 设用迭代公式 $x_{k+1} = \varphi(x_k)$ 求方程 $x = \varphi(x)$ 在区间 $[a,b]$ 上的一个根 x^*,依微分中值定理有
$$x^* - x_{k+1} = \varphi(x^*) - \varphi(x_k) = \varphi'(\xi)(x^* - x_k) \tag{7}$$
式中,ξ 是 x^* 与 x_k 之间某一点. 由此得知,如果存在定数 $L,0 \leqslant L < 1$,使得对于任意 $x \in [a,b]$ **一致地**成立
$$|\varphi'(x)| \leqslant L$$
则据式(7)有
$$|x^* - x_{k+1}| \leqslant L|x^* - x_k| \tag{8}$$
据此反复递推,类同于式(6),这里对迭代误差 $e_k = |x^* - x_k|$ 同样有
$$e_k \leqslant L^k e_0$$
由于 $0 \leqslant L < 1$,因而 $e_k \to 0 (k \to \infty)$,故迭代收敛.

需要指出的是,在上述论证过程中应当保证一切迭代值 x_k 全落在区间 (a,b) 内,为此要求对任意 $x \in [a,b]$ 总有
$$\varphi(x) \in [a,b]$$

综上所述有如下**压缩映像原理**.

定理 1 设 $\varphi(x)$ 在 $[a,b]$ 上具有连续的一阶导数,且满足下列两项条件:
$1°$ **封闭性条件** 对于任意 $x \in [a,b]$ 总有 $\varphi(x) \in [a,b]$;
$2°$ **压缩性条件** 存在定数 $L,0 \leqslant L < 1$,使对于任意 $x \in [a,b]$ 一致地成立
$$|\varphi'(x)| \leqslant L \tag{9}$$
则迭代过程 $x_{k+1} = \varphi(x_k)$ 对于任给初值 $x_0 \in [a,b]$ 收敛于方程 $x = \varphi(x)$ 的根 x^*.

4.2.4 局部收敛性

压缩映像原理(定理1)要求迭代函数 $\varphi(x)$ 在某个区间 $[a,b]$ 上一致地满足压缩性条件(9),这项要求很苛刻,实际应用时很难确定这样的范围 $[a,b]$. 下面退一步考察迭代过程的局部收敛性.

定义 1 称 种迭代过程在根 x^* **邻近收敛**,如果存在邻域 $\Delta: |x - x^*| \leqslant \delta$($\delta$ 为某个定数,可以足够小),使得迭代过程对任给初值 $x_0 \in \Delta$ 均收敛.

这种在根的邻近具有的收敛性称作**局部收敛性**. 局部收敛性要求所选取的初值 x_0 足够准确.

定理 2 设 $\varphi(x)$ 在方程 $x = \varphi(x)$ 的根 x^* 的邻近有连续的一阶导数, 且成立

$$|\varphi'(x^*)| < 1$$

则迭代过程 $x_{k+1} = \varphi(x_k)$ 在 x^* 邻近具有局部收敛性.

证 由于 $|\varphi'(x^*)| < 1$, 存在充分小邻域 $\Delta: |x - x^*| \leqslant \delta$, 使得当 $x \in \Delta$ 时成立

$$|\varphi'(x)| \leqslant L < 1$$

这里 L 为某个定数. 又易知当 $x \in \Delta$ 时 $\varphi(x) \in \Delta$, 故由定理 1 可以断定 $x_{k+1} = \varphi(x_k)$ 对于任意初值 $x_0 \in \Delta$ 均收敛. 定理得证.

定理 2 说明, **具有局部收敛性的迭代过程 $x_{k+1} = \varphi(x_k)$ 对于足够准确的迭代初值 x_0 收敛.**

例 4 用迭代法求方程 $x = e^{-x}$ 在 $x_0 = 0.5$ 附近的一个根 x^*, 要求精度为 10^{-5}.

解 这里迭代函数

$$\varphi(x) = e^{-x}, \quad \varphi'(x) = -e^{-x}$$

在 $x_0 = 0.5$ 附近有

$$\varphi'(x^*) \approx \varphi'(x_0) = -e^{-0.5} \approx -0.6$$

因而据定理 2 知, 迭代过程 $x_{k+1} = e^{-x_k}$ 具有局部收敛性.

事实上, 取初值 $x_0 = 0.5$, 按这一迭代公式反复迭代即得满足精度要求的根 0.567 141 (表 4-4). 所求根的准确值为 0.567 143.

表 4-4

k	x_k	k	x_k
0	0.500 000	10	0.566 907
1	0.606 531	11	0.567 277
2	0.545 239	12	0.567 067
3	0.579 703	13	0.567 186
4	0.560 605	14	0.567 119
5	0.571 172	15	0.567 157
6	0.564 863	16	0.567 135
7	0.568 438	17	0.567 148
8	0.566 409	18	0.567 141
9	0.567 560		

4.2.5 迭代过程的收敛速度

一种迭代过程具有实用价值,不但需要肯定它是收敛的,还要求它收敛得比较快.

再考察收敛性定理 2. 前已指出,当 $|\varphi'(x^*)|<1$ 时迭代过程具有局部收敛性,进一步分析容易看出,值 $\varphi'(x^*)$ 越小,误差的压缩性越显著,这时迭代过程收敛得越快.

定义 2 对于具有局部收敛性的迭代过程 $x_{k+1}=\varphi(x_k)$,若 $\varphi'(x^*)\neq 0$ 则称该迭代过程是**线性收敛**的,而当 $\varphi'(x^*)=0$ 时称迭代过程至少具有**平方收敛性**.

具有平方收敛性的迭代法是快速收敛的.

4.3 迭代过程的加速

4.3.1 迭代公式的加工

对于收敛的迭代过程,只要迭代足够多次,就可以使结果达到任意精度,但有时迭代过程收敛缓慢,从而使计算量变得很大,因此迭代过程的加速是个重要课题.

设 x_k 是根 x^* 的某个近似值,用迭代公式校正一次得

$$\bar{x}_{k+1}=\varphi(x_k)$$

假设 $\varphi'(x)$ 在所考察的范围内改变不大,其估计值为 L,则有

$$x^*-\bar{x}_{k+1}\approx L(x^*-x_k) \tag{10}$$

由此解出 x^* 得

$$x^*\approx \frac{1}{1-L}\bar{x}_{k+1}-\frac{L}{1-L}x_k$$

这就是说,如果将迭代值 $\bar{x}_{k+1}$ 与 x_k **加权平均**,可以期望所得到的

$$x_{k+1}=\frac{1}{1-L}\bar{x}_{k+1}-\frac{L}{1-L}x_k$$

是比 $\bar{x}_{k+1}$ 更好的近似根. 这样加工后的计算过程是:

迭代 $\bar{x}_{k+1}=\varphi(x_k)$

加速 $x_{k+1}=\dfrac{1}{1-L}\bar{x}_{k+1}-\dfrac{L}{1-L}x_k$

这组迭代公式可合并写成

$$x_{k+1}=\frac{1}{1-L}[\varphi(x_k)-Lx_k] \tag{11}$$

例 5 用加速方法 (11) 再求方程 $x=\mathrm{e}^{-x}$ 在 $x=0.5$ 附近的根.

解 这里 $\varphi'(x) = -\mathrm{e}^{-x}$，据例 4 取 $L = -0.6$，则加速公式(11)的具体形式是

$$x_{k+1} = \frac{1}{1.6}(\mathrm{e}^{-x_k} + 0.6 x_k)$$

计算结果如下：

$$x_0 = 0.5, \quad x_1 = 0.566\,58, \quad x_2 = 0.567\,12, \quad x_3 = 0.567\,14$$

例 4 迭代 18 次得到精度为 10^{-5} 的结果 $0.567\,14$，这里只需迭代 3 次即可得到，可见加速的效果是显著的.

4.3.2 Aitken 加速方法

上述加速方案的缺点是，由于其中含有导数 $\varphi'(x)$ 的有关信息而不便于实际应用.

设将迭代值 $\bar{x}_{k+1} = \varphi(x_k)$ 再迭代一次，又得

$$\tilde{x}_{k+1} = \varphi(\bar{x}_{k+1})$$

由于

$$x^* - \tilde{x}_{k+1} \approx L(x^* - \bar{x}_{k+1})$$

将它与式(10)联立，消去未知的 L，有

$$\frac{x^* - \bar{x}_{k+1}}{x^* - \tilde{x}_{k+1}} \approx \frac{x^* - x_k}{x^* - \bar{x}_{k+1}}$$

由此得

$$x^* \approx \tilde{x}_{k+1} - \frac{(\tilde{x}_{k+1} - \bar{x}_{k+1})^2}{\tilde{x}_{k+1} - 2\bar{x}_{k+1} + x_k}$$

若以上式右端得出的结果作为新的改进值，则这样构造出的加速公式不再含有关于导数的信息，但它需要用两次迭代值 $\bar{x}_{k+1}, \tilde{x}_{k+1}$ 进行加工，其具体计算公式如下：

迭代 $\quad \bar{x}_{k+1} = \varphi(x_k)$

迭代 $\quad \tilde{x}_{k+1} = \varphi(\bar{x}_{k+1})$

加速 $\quad x_{k+1} = \tilde{x}_{k+1} - \dfrac{(\tilde{x}_{k+1} - \bar{x}_{k+1})^2}{\tilde{x}_{k+1} - 2\bar{x}_{k+1} + x_k}$

上述方法称作 **Aitken 加速方法**.

例 6 用 Aitken 加速方法迭代过程 $x_{k+1} = \mathrm{e}^{-x_k}$，再求方程 $x = \mathrm{e}^{-x}$ 在 $x = 0.5$ 附近的根.

解 这里 Aitken 方法的迭代公式是

$$\begin{cases} \bar{x}_{k+1} = \mathrm{e}^{-x_k} \\ \tilde{x}_{k+1} = \mathrm{e}^{-\bar{x}_{k+1}} \\ x_{k+1} = \tilde{x}_{k+1} - \dfrac{(\tilde{x}_{k+1} - \bar{x}_{k+1})^2}{\tilde{x}_{k+1} - 2\bar{x}_{k+1} + x_k} \end{cases}$$

取 $x_0 = 0.5$，计算结果如表 4-5 所示. 同例 4 与例 5 相比较可以看出，Aitken 加速

的效果是显著的.

表 4-5

k	$\bar{x}_k$	$\tilde{x}_k$	x_k
1	0.606 53	0.545 24	0.567 12
2	0.566 87	0.567 30	0.567 14
3	0.567 14	0.567 14	

4.3.3 一点注记

对于所给方程 $f(x)=0$,为要应用迭代法,必须先将它改写成 $x=\varphi(x)$ 的形式,即需要针对所给的 $f(x)$ 选取合适的迭代函数 $\varphi(x)$.

迭代函数 $\varphi(x)$ 可以是多种多样的,譬如可令

$$\varphi(x) = x + f(x)$$

这时相应的迭代公式是

$$x_{k+1} = x_k + f(x_k)$$

一般来说,这种迭代公式不一定会收敛,或者收敛速度缓慢.

运用前述加速技术于迭代函数 $\varphi(x) = x + f(x)$,这里式(11)具有形式

$$x_{k+1} = x_k - \frac{f(x_k)}{M} \tag{12}$$

式中,$M = L - 1$ 是导数 $f'(x)$ 的某个估计值. 这样导出的迭代公式其实是 4.5 节将要介绍的 Newton 公式的一种简化形式.

4.4 开 方 法

开方法是古代数学中一颗璀璨的明珠. 无论是古巴比伦数学还是中华传统数学,上古先民早已熟练地掌握求开方值的计算方法. 本节进一步剖析开方法的设计机理,目的在于引出方程求根的一般方法.

4.4.1 开方公式的建立

大家知道,对于给定值 $a > 0$,计算方根值 $\sqrt{a}$ 就是要求解二次方程

$$x^2 - a = 0 \tag{13}$$

为此,可以运用校正技术设计从预报值 x_k 生成校正值 x_{k+1} 的迭代公式(0.3 节). 人们自然希望校正值

$$x_{k+1} = x_k + \Delta x$$

能更好满足所给方程(13),即

$$x_k^2 + 2x_k\Delta x + (\Delta x)^2 \approx a$$

这是关于校正量 Δx 的近似关系式,若从中删去二次项 $(\Delta x)^2$,即可化归为一次方程

$$x_k^2 + 2x_k\Delta x = a \tag{14}$$

解之得

$$\Delta x = \frac{a - x_k^2}{2x_k}$$

从而可得关于校正值 $x_{k+1} = x_k + \Delta x$ 的如下**开方公式**:

$$x_{k+1} = \frac{1}{2}\left(x_k + \frac{a}{x_k}\right), \quad k = 0,1,2,\cdots \tag{15}$$

上述演绎过程表明,开方法的设计思想是逐步线性化,即将二次方程(13)的求解化归为一次方程(14)求解过程的重复.

开方公式(15)规定了预报值 x_k 与校正值 x_{k+1} 之间的一种函数关系 $x_{k+1} = \varphi(x_k)$,这里

$$\varphi(x) = \frac{1}{2}\left(x + \frac{a}{x}\right)$$

为开方法的**迭代函数**.

再考察开方公式(15)的直观含义.

对于方根值 $\sqrt{a}$ 的某个预报值 x_k,设 $x_k \approx \sqrt{a}$,则相应地有

$$\frac{a}{x_k} \approx \sqrt{a}$$

且成立

$$\frac{a}{x_k} - \sqrt{a} = \frac{\sqrt{a}}{x_k}(\sqrt{a} - x_k) \approx \sqrt{a} - x_k$$

可见,这时实际上获得了相伴随的一对预报值 x_k 与 $\frac{a}{x_k}$,它们位于 $\sqrt{a}$ 的左、右两侧,并且与 $\sqrt{a}$ 的间距大致相等(图 4-2),由此得知,$\sqrt{a}$ 差不多是它们两者的算术平均,即

$$\sqrt{a} \approx \frac{1}{2}\left(x_k + \frac{a}{x_k}\right)$$

因此,直观上看开方公式(15)的结构是合理的.

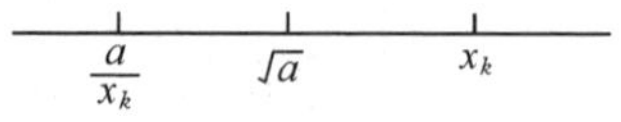

$$\frac{a}{x_k} \quad \sqrt{a} \quad x_k$$

图 4-2

4.4.2 开方法的收敛性

开方公式的合理性决定了开方过程的收敛性,即迭代误差 $e_k = |x_k - \sqrt{a}|$ 当

$k \to \infty$ 时趋于 0.

现在证明这一事实. 按式(15)有
$$x_{k+1} - \sqrt{a} = \frac{1}{2x_k}(x_k - \sqrt{a})^2$$

同理有
$$x_{k+1} + \sqrt{a} = \frac{1}{2x_k}(x_k + \sqrt{a})^2$$

两式相除有递推公式
$$\frac{x_{k+1} - \sqrt{a}}{x_{k+1} + \sqrt{a}} = \left(\frac{x_k - \sqrt{a}}{x_k + \sqrt{a}}\right)^2$$

反复递推得
$$\frac{x_k - \sqrt{a}}{x_k + \sqrt{a}} = \left(\frac{x_0 - \sqrt{a}}{x_0 + \sqrt{a}}\right)^{2^k}$$

令
$$q = \left|\frac{x_0 - \sqrt{a}}{x_0 + \sqrt{a}}\right|$$

则有
$$\frac{x_k - \sqrt{a}}{x_k + \sqrt{a}} = q^{2^k}$$

显然,若 $x_0 > 0$ 则有 $0 < q < 1$,这时有
$$x_k = \frac{1 + q^{2^k}}{1 - q^{2^k}} \cdot \sqrt{a} \to \sqrt{a}$$

由此得定理 3.

定理 3 开方法对任意给定初值 $x_0 > 0$ 均收敛.

开方法的初值可以随意选取(关于初值 $x_0 > 0$ 的要求是不言而喻的),并且收敛速度很快,如此优秀的迭代算法是十分罕见的. 开方法是高效算法的一个生动的范例.

方程求根的核心算法是即将介绍的 Newton 法. 我们将会看到,普适性的 Newton 法与开方法是一脉相承的.

4.5 Newton 法

4.5.1 Newton 公式的导出

考察一般形式的函数方程
$$f(x) = 0 \tag{16}$$
首先运用校正技术建立迭代公式. 设已知它的近似根 x_k,则自然要求校正值 x_{k+1}

$= x_k + \Delta x$ 能更好地满足所给方程(16),即
$$f(x_k + \Delta x) \approx 0$$
将其左端用其线性主部 $f(x_k) + f'(x_k)\Delta x$ 替代,而令
$$f(x_k) + f'(x_k)\Delta x = 0$$
这是关于增量 Δx 的线性方程,据此定出
$$\Delta x = -\frac{f(x_k)}{f'(x_k)}$$
从而关于校正值 $x_{k+1} = x_k + \Delta x$ 有如下计算公式:
$$x_{k+1} = x_k - \frac{f(x_k)}{f'(x_k)} \tag{17}$$
这就是著名的 **Newton 公式**.

由此可见,类同于开方法,Newton 法的设计思想依然是,将非线性方程的求根逐步线性化.

Newton 公式(17)决定了预报值 x_k 与校正值 x_{k+1} 之间的一种函数关系 $x_{k+1} = \varphi(x_k)$,这里**迭代函数**为
$$\varphi(x) = x - \frac{f(x)}{f'(x)} \tag{18}$$

4.5.2 Newton 法的收敛性

Newton 法有明显的几何解释. 方程 $f(x) = 0$ 的根 x^* 在几何上解释为曲线 $y = f(x)$ 与 x 轴交点的横坐标. 设 x_k 是根 x^* 的某个近似值,对曲线 $y = f(x)$ 上横坐标为 x_k 的点 P_k 引切线,设该切线与 x 轴的交点的横坐标记作 x_{k+1} (图 4-3),则这样获得的 x_{k+1} 即为按 Newton 公式(17)求得的近似根. 由于这种几何背景 Newton 法也称作**切线法**.

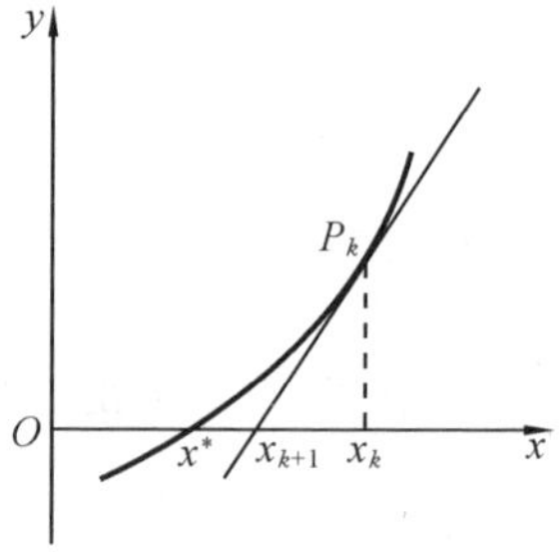

考察 Newton 法的收敛速度. 利用式(18)求导知
$$\varphi'(x) = \frac{f(x)f''(x)}{[f'(x)]^2}$$

图 4-3

假定 x^* 是方程 $f(x) = 0$ 的单根,即 $f(x^*) = 0$, $f'(x^*) \neq 0$,则由上式知 $\varphi'(x^*) = 0$,因而据定义 2 可以得到定理 4.

定理 4 Newton 法在 $f(x) = 0$ 的单根 x^* 邻近为平方收敛.

4.5.3 Newton 法的计算流程

Newton 法(算法 4.2)的突出优点是收敛速度快,且算法的逻辑结构简单.

算法 4.2 （Newton 法）

步 1 适当提供迭代初值 x_0.

步 2 按 Newton 公式(17)有
$$x_1 = x_0 - f(x_0)/f'(x_0)$$
求迭代值 x_1.

步 3 检查偏差 $|x_1 - x_0|$ 是否满足精度要求：满足精度则输出结果 x_1，计算结束；否则令 $x_0 \Leftarrow x_1$ 转步 2 继续迭代.

例 7 用 Newton 法解方程 $xe^x - 1 = 0$.

解 这里 Newton 公式为
$$x_{k+1} = x_k - \frac{x_k - e^{-x_k}}{1 + x_k}$$

取 $x_0 = 0.5$，迭代结果如下：
$$x_1 = 0.571\,02, \quad x_2 = 0.567\,16, \quad x_3 = 0.567\,14, \quad x_4 = 0.567\,14$$
这里迭代 3 次得到了精度为 10^{-5} 的结果，可见 Newton 法收敛得很快（试与例 6 比较）.

4.5.4 Newton 法应用举例

前述开方法与求倒数值的迭代法(0.3 节)是 Newton 法具体应用的两个范例.

大家知道，求方根值 $\sqrt{a}$ 就是要求解方程
$$f(x) = x^2 - a = 0$$
这时 $f'(x) = 2x$，其 Newton 法的迭代函数为
$$\varphi(x) = x - \frac{f(x)}{f'(x)} = \frac{1}{2}\left(a + \frac{a}{x}\right)$$
因而相应的 Newton 公式 $x_{k+1} = \varphi(x_k)$ 就是开方公式(15).

此外，求倒数 $\frac{1}{a}$ 就是要求解方程
$$f(x) = \frac{1}{x} - a = 0$$
这里 $f'(x) = -\frac{1}{x^2}$，其 Newton 法的迭代函数为
$$\varphi(x) = x - \frac{f(x)}{f'(x)} = 2x - ax^2$$
因而相应的 Newton 公式是
$$x_{k+1} = 2x_k - ax_k^2 \tag{19}$$

仿照开方公式的做法(4.4.1 小节)，再考察上述倒数公式的直观含义. 对于倒数值 $\frac{1}{a}$ 的某个猜测值 x_k，设 $x_k \approx \frac{1}{a}$，则相应地有

$$ax_k^2 = (ax_k)x_k \approx \frac{1}{a}$$

可见 ax_k^2 与 x_k 是相伴随的一对预报值. 考察它们与 $\frac{1}{a}$ 的偏差. 注意到(图 4-4)

$$ax_k^2 - x_k = ax_k\left(x_k - \frac{1}{a}\right) \approx x_k - \frac{1}{a} \tag{20}$$

由此得知，预报值 ax_k^2 与 x_k 位于 $\frac{1}{a}$ 的同一侧，且 x_k 位于 $\frac{1}{a}$ 与 ax_k^2 的中间(图 4-4)，因而两个预报值 x_k 与 ax_k^2 有优劣之分. 由于偏差 $ax_k^2 - \frac{1}{a}$ 大致是偏差 $x_k - \frac{1}{a}$ 的 2 倍，所以松弛值 $2x_k - ax_k^2$ 会是更好的结果，实际上，由式(20)立即得知

$$\frac{1}{a} \approx 2x_k - ax_k^2$$

这说明倒数公式(19)的设计是合理的.

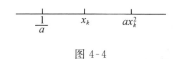

图 4-4

4.6 Newton 法的改进

4.6.1 Newton 下山法

一般来说，Newton 法的收敛性依赖于初值 x_0 的选取，如果 x_0 偏离 x^* 比较远，则 Newton 法可能发散.

例 8 用 Newton 法求方程 $x^3 - x - 1 = 0$ 在 $x = 1.5$ 附近的一个根.

解 取迭代初值 $x_0 = 1.5$，用 Newton 公式

$$x_{k+1} = x_k - \frac{x_k^3 - x_k - 1}{3x_k^2 - 1}$$

计算结果为

$$x_1 = 1.347\ 83, \quad x_2 = 1.325\ 20, \quad x_3 = 1.324\ 72$$

其中，x_3 的每一位数字都是有效数字.

但是，如果改用 $x_0 = 0.6$ 作为初值，则按上式迭代一次得 $x_1 = 17.9$，这个结果反比 x_0 更偏离了所求的根 x^*.

为了防止迭代发散,通常对 Newton 法的迭代过程(式(17))再附加如下一项要求:
$$|f(x_{k+1})|<|f(x_k)| \quad (21)$$
即保证函数值单调下降.满足这项要求的算法称作 **Newton 下山法**.

为此,将 Newton 法的计算结果
$$\bar{x}_{k+1} = x_k - \frac{f(x_k)}{f'(x_k)}$$
与前一步的近似值 x_k 适当加权平均作为新的改进值
$$x_{k+1} = \lambda \bar{x}_{k+1} + (1-\lambda)x_k$$
或者说,采用下列迭代公式
$$x_{k+1} = x_k - \lambda \frac{f(x_k)}{f'(x_k)} \quad (22)$$
式中,$0<\lambda \leqslant 1$ 称作**下山因子**,将问题归结为,如何选取下山因子 λ 使单调性要求式(21)成立.

下山因子的选择是个逐步探索的过程,从 $\lambda = 1$ 开始反复将因子 λ 的值减半进行计算,一旦单调性要求式(21)成立,则称"下山成功";反之,如果在上述过程中找不到使要求式(21)成立的下山因子 λ,则称"下山失败",这时需另选初值 x_0 重算.

再考察例 8,前面已指出,若取 $x_0 = 0.6$,则按 Newton 公式(17)求得迭代值 $\bar{x}_1 = 17.9$,如果取下山因子 $\lambda = \frac{1}{32}$,则由式(22)可求得
$$x_1 = \frac{1}{32}\bar{x}_1 + \frac{31}{32}x_0 = 1.140\ 625$$
这个结果纠正了 $\bar{x}_1$ 的严重偏差.

4.6.2 弦截法

Newton 法的突出优点是收敛速度快,但它还有个明显的缺点:每一步迭代需要提供导数值 $f'(x_k)$.如果函数 $f(x)$ 比较复杂,致使导数的计算比较困难,那么使用 Newton 公式是不方便的.

设 $f'(x)$ 在某个范围内改变不大,近似取某个定值 M,即
$$f'(x) \approx M$$
那么,Newton 公式(17)中的导数值 $f'(x_k)$ 可用定数 M 来近似地取代,而将其简化成 4.3.3 小节列出的迭代公式(12)
$$x_{k+1} = x_k - \frac{f(x_k)}{M}$$

这种简化的 Newton 法也称作**平行线法**(图 4-5).其几何意义是,用一族平行线取代图 4-3 的切线族逼近所求的根 x^*.

平行线法形式简单,计算量小,但其收敛性往往不能保证,因而实用价值不大.

为避开导数的计算,也可改用差商 $\dfrac{f(x_k) - f(x_0)}{x_k - x_0}$ 替换 Newton 公式(17)中的导数 $f'(x_k)$,即得到下列离散化形式:

$$x_{k+1} = x_k - \frac{f(x_k)}{f(x_k) - f(x_0)}(x_k - x_0) \tag{23}$$

容易看出,这个公式是根据方程 $f(x) = 0$ 的等价形式

$$x = x - \frac{f(x)}{f(x) - f(x_0)}(x - x_0) \tag{24}$$

建立的迭代公式.

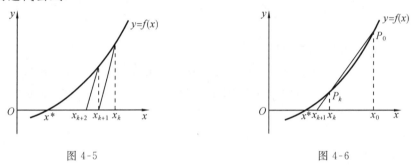

图 4-5　　　　　　　　　图 4-6

迭代公式(23)的几何解释如图 4-6 所示,记曲线 $y = f(x)$ 上横坐标为 x_k 的点为 P_k,则差商 $\dfrac{f(x_k) - f(x_0)}{x_k - x_0}$ 表示弦线 $\overline{P_0 P_k}$ 的斜率.容易看出,按式(23)求得的 x_{k+1} 实际上是弦线 $\overline{P_0 P_k}$ 与 x 轴的交点,因此这种方法称作**弦截法**.

考察弦截法的收敛性,直接对式(24)的迭代函数

$$\varphi(x) = x - \frac{f(x)}{f(x) - f(x_0)}(x - x_0)$$

求导,得 $\quad \varphi'(x^*) = 1 + \dfrac{f'(x^*)}{f(x_0)}(x^* - x_0) = 1 - \dfrac{f'(x^*)}{\dfrac{f(x^*) - f(x_0)}{x^* - x_0}}$

当 x_0 充分接近 x^* 时 $0 < |\varphi'(x^*)| < 1$,故由定义 2(4.2.5 小节)知弦截法仅为线性收敛.

由此可见,弦截法避开了导数计算,消除了 Newton 法要求提供导数值的困难,但为此在收敛速度方面付出了不可低估的代价.

4.6.3 快速弦截法

为提高弦截法的收敛速度,改用差商 $\dfrac{f(x_k)-f(x_{k-1})}{x_k-x_{k-1}}$ 替代 Newton 公式(17)中的导数 $f'(x_k)$,而导出下列迭代公式:

$$x_{k+1}=x_k-\dfrac{f(x_k)}{f(x_k)-f(x_{k-1})}(x_k-x_{k-1})$$

这种迭代法称作**快速弦截法**.

快速弦截法虽然提高了收敛速度,但它为此也付出了"沉重"的代价:它在计算 x_{k+1} 时要用到前面两步的信息 x_k,x_{k-1},即这种迭代法为**两步法**. 两步法不能自行启动. 使用这种迭代法,在计算前必须先提供两个开始值 x_0 与 x_1.

例 9 用快速弦截法解方程 $xe^x-1=0$.

解 取 $x_0=0.5, x_1=0.6$ 作为开始值,用快速弦截法求得的结果为

$$x_2=0.567\,54,\quad x_3=0.567\,15,\quad x_4=0.567\,14$$

同例 7 运用 Newton 法的计算结果相比可以看出,如果开始值比较合适,快速弦截法的收敛速度是令人满意的.

小 结

算法设计的理念是将"复杂化归为简单的重复". 方程求根的迭代法突出地表达了这种理念,其设计思想是将隐式的非线性模型逐步地显式化、线性化,从而达到化繁为简的目的.

为保证简单的重复能生成复杂,需要精心设计迭代函数. 本书推荐了设计迭代函数的校正技术. 校正技术的基础是分析预报值的校正量,通过舍弃高阶小量的"删繁就简"手续,将难以处理的非线性方程加工成容易求解的线性化的校正方程,然后重复这种加工手续,逐步校正所获得的近似根,直到满足精度要求为止. 可见校正技术的设计机理是"以简御繁,逐步求精"(0.3 节).

为要达到"逐步求精"的目的,必须保证迭代过程的收敛性. 所谓迭代收敛就是要求迭代误差逐步缩减. 如果将迭代误差理解为每一步计算的规模,那么在迭代过程中问题的规模是逐步缩减的,可见迭代法亦可理解为缩减技术的运用,迭代过程又是个"大事化小,小事化了"的过程.

为改善迭代法的有效性,要求尽量提高它的收敛速度. 关于迭代加速的研究是极其重要的. 为此需要运用松弛技术,将每一步迭代步的新值与老值适当加权平均,以得出更高精度的改进值. Newton 下山法表明,这种"优劣互补、相反相成"的设计策略往往是奏效的.

总而言之,方程求根的迭代法是运用算法设计基本技术——校正技术、缩减技术与松弛技术的又一典范.

例题选讲 4

1. 压缩映像原理

提要 运用压缩映像原理考察迭代法的收敛性时,必须全面地考察封闭性与压缩性两个方面.两项条件缺一不可.忽视封闭性条件是运用压缩映像原理解题时常犯的错误之一.

另外,将定理中的压缩性条件 $|\varphi'(x)| \leqslant L < 1$ 轻率地替代为 $|\varphi'(x)| < 1$,这是运用压缩映像原理解题时另一个常见的原则性错误,请读者留意.

压缩映像原理的反命题是:如果存在定数 $L > 1$,使得对于任给 $x \in [a,b]$ 恒成立

$$|\varphi'(x)| \geqslant L$$

则迭代过程 $x_{k+1} = \varphi(x_k)$ 对于任给初值 $x_0 \in [a,b]$ 均发散.

题 1 应用迭代法求解方程

$$x = \frac{\cos x + \sin x}{4}$$

并讨论迭代过程的收敛性.

解 这里迭代函数

$$\varphi(x) = \frac{\cos x + \sin x}{4}, \quad \varphi'(x) = \frac{-\sin x + \cos x}{4}$$

对于任给实值 x,$\varphi(x)$ 均为实值,且成立

$$|\varphi'(x)| \leqslant \frac{\sqrt{2}}{4} < 1$$

因此迭代过程

$$x_{k+1} = \frac{\cos x_k + \sin x_k}{4}$$

对于任给实值 x_0 均收敛.

题 2 改写方程 $x^2 = 2$ 为

$$x = \frac{x}{2} + \frac{1}{x}$$

运用压缩映像原理证明,迭代过程 $x_{k+1} = \frac{x_k}{2} + \frac{1}{x_k}$ 对于任给初值 $x_0 > 2$ 均收敛于 $\sqrt{2}$.

解 这里迭代函数

$$\varphi(x) = \frac{x}{2} + \frac{1}{x}, \quad \varphi'(x) = \frac{1}{2} - \frac{1}{x^2}$$

注意到
$$\left(\sqrt{\frac{x}{2}} - \frac{1}{\sqrt{x}}\right)^2 \geqslant 0$$

对于任意 $x > 0$ 成立

$$\varphi(x) = \frac{x}{2} + \frac{1}{x} \geqslant 2\sqrt{\frac{x}{2} \cdot \frac{1}{\sqrt{x}}} = \sqrt{2} > 1$$

而当 $x \geqslant 1$ 时有

$$|\varphi'(x)| \leqslant \frac{1}{2} < 1$$

因此,迭代公式 $x_{k+1} = \frac{x_k}{2} + \frac{1}{x_k}$ 对于任给初值 $x_0 \geqslant 1$ 均收敛于方程 $x^2 = 2$ 的正根 $\sqrt{2}$.

题 3 基于迭代原理证明

$$\sqrt{2 + \sqrt{2 + \sqrt{2 + \cdots}}} = 2$$

证 首先建立迭代公式. 令

$$x_k = \sqrt{2 + \sqrt{2 + \sqrt{2 + \cdots}}}$$

则有迭代公式

$$\begin{cases} x_{k+1} = \sqrt{2 + x_k}, \quad k = 0, 1, 2, \cdots \\ x_0 = 0 \end{cases}$$

这里迭代函数

$$\varphi(x) = \sqrt{2 + x}, \quad \varphi'(x) = \frac{1}{2\sqrt{2+x}}$$

显然当 $x \in [0, 2]$ 时 $\varphi(x) \in [0, 2]$,且成立

$$|\varphi'(x)| \leqslant \frac{1}{2\sqrt{2}} < 1$$

因此这一迭代过程收敛于方程

$$x^2 - x - 2 = 0$$

的正根 $x^* = 2$.

题 4 基于迭代原理证明

$$\sqrt{1 + \sqrt{1 + \sqrt{1 + \cdots}}} = \frac{1 + \sqrt{5}}{2}$$

证 仿照题 3 的证法. 这里迭代公式为

$$\begin{cases} x_{k+1} = \sqrt{1+x_k}, & k=0,1,2,\cdots \\ x_0 = 1 \end{cases}$$

相应的迭代函数是

$$\varphi(x) = \sqrt{1+x}$$

容易验证,当 $x \in [0,2]$ 时 $\varphi(x) \in [0,2]$,且成立

$$|\varphi'(x)| \leqslant \frac{1}{2} < 1$$

因此上述迭代过程收敛于方程

$$x^2 - x - 1 = 0$$

的正根 $x^* = \dfrac{1+\sqrt{5}}{2}$.

题 5 改写方程 $2^x + x - 4 = 0$ 为 $x = -2^x + 4$ 的形式,据此能否用迭代法求所给方程在 $(1,2)$ 内的实根?

解 这里迭代函数 $\varphi(x) = -2^x + 4$, $\varphi'(x) = -2^x \ln 2$,由于当 $x \in [1,2]$ 时

$$|\varphi'(x)| \geqslant 2\ln 2 > 1$$

故迭代方程 $x_{k+1} = \varphi(x_k)$ 对于任给初值 x_0 均发散.

题 6 改写方程 $2^x + x - 4 = 0$ 为 $x = \ln(4-x)/\ln 2$ 的形式,据此能否用迭代法求所给方程在 $(1,2)$ 内的实根?

解 这里 $f(x) = 2^x + x - 4$,注意到 $f(1) < 0, f(2) > 0$,因而方程 $f(x) = 0$ 在区间 $(1,2)$ 内有实根. 由于

$$\varphi(x) = \frac{\ln(4-x)}{\ln 2}, \quad \varphi'(x) = -\frac{1}{(4-x)\ln 2}$$

注意到当 $x \in [1,2]$ 时 $\varphi(x) \in [1,2]$,且成立

$$|\varphi'(x)| \leqslant \frac{1}{2\ln 2} < 1$$

依据压缩映像原理,这里迭代公式 $x_{k+1} = \varphi(x_k)$ 对于任意初值 $x_0 \in [1,2]$ 均收敛.

2. 迭代过程的收敛速度

提要 第 4 章定理 2 表明,如果成立 $|\varphi'(x^*)| < 1$,则迭代公式 $x_{k+1} = \varphi(x_k)$ 在点 x^* 邻近具有局部收敛性. 在这种情况下,$\varphi'(x^*) \neq 0$ 时仅为线性收敛;$\varphi'(x^*) = 0, \varphi''(x^*) \neq 0$ 时为平方收敛;而 $\varphi'(x^*) = \varphi''(x^*) = 0$ 时至少 3 阶收敛.

题 1 证明求解方程 $(x^2 - a)^2 = 0$ 计算 $\sqrt{a}$ 的 Newton 法

$$x_{k+1} = \frac{3}{4}x_k + \frac{a}{4x_k}$$

仅为线性收敛.

证 这里迭代函数
$$\varphi(x) = \frac{3}{4}x + \frac{a}{4x}, \quad \varphi'(x) = \frac{3}{4} - \frac{a}{4x^2}$$

由于 $\varphi(\sqrt{a}) = \sqrt{a}$,而
$$0 < \varphi'(\sqrt{a}) = \frac{1}{2} < 1$$

故这一迭代公式仅为线性收敛.

注意,从求根 $x^* = \sqrt{a}$ 的角度来看,方程 $(x^2-a)^2 = 0$ 与 $x^2 - a = 0$ 是不等价的:前者 x^* 是个二重根,而后者它只是所给方程的一个单根.

题 2 证明求解方程 $(x^3-a)^2 = 0$ 计算 $\sqrt[3]{a}$ 的 Newton 法
$$x_{k+1} = \frac{5}{6}x_k + \frac{a}{6x_k^2}$$

仅为线性收敛.

证 这里迭代函数
$$\varphi(x) = \frac{5}{6}x + \frac{a}{6x^2}, \quad \varphi'(x) = \frac{5}{6} - \frac{a}{3x^3}$$

由于 $\varphi(\sqrt[3]{a}) = \sqrt[3]{a}$,而
$$0 < \varphi'(\sqrt[3]{a}) = \frac{1}{2} < 1$$

故这一迭代公式仅为线性收敛.

题 3 证明迭代公式
$$x_{k+1} = \frac{2}{3}x_k + \frac{a}{3x_k^2}$$

是求解方程 $(x^3 - a)^2 = 0$ 的二阶方法.

证 这里迭代函数
$$\varphi(x) = \frac{2}{3}x + \frac{a}{3x^2}, \quad \varphi'(x) = \frac{2}{3}\left(1 - \frac{a}{x^3}\right)$$

由于 $\varphi(\sqrt[3]{a}) = \sqrt[3]{a}$,而 $\varphi'(\sqrt[3]{a}) = 0, \varphi''(\sqrt[3]{a}) \neq 0$,故这一迭代法为平方收敛.

题 4 试设计计算 $\sqrt{a}$ 的迭代公式
$$x_{k+1} = \lambda_0 x_k + \lambda_1\left(\frac{a}{x_k}\right) + \lambda_2\left(\frac{a^2}{x_k^3}\right)$$

使其收敛的阶尽可能地高.

解 若 $x_k \approx \sqrt{a}$,则 $\frac{a}{x_k}, \frac{a^2}{x_k^3}$ 均近似等于 $\sqrt{a}$,取三者组合生成迭代值 x_{k+1}. 这里迭代函数

$$\varphi(x) = \lambda_0 x + \lambda_1 \left(\frac{a}{x}\right) + \lambda_2 \left(\frac{a^2}{x^3}\right)$$

$$\varphi'(x) = \lambda_0 + \lambda_1 \left(\frac{-a}{x^2}\right) + \lambda_2 \left(\frac{-3a^2}{x^4}\right)$$

$$\varphi''(x) = \lambda_1 \left(\frac{2a}{x^3}\right) + \lambda_2 \left(\frac{12a^2}{x^5}\right)$$

为保证所设计的迭代公式至少 3 阶收敛,要求成立 $\varphi(\sqrt{a}) = \sqrt{a}, \varphi'(\sqrt{a}) = \varphi''(\sqrt{a}) = 0$,据此列出方程

$$\begin{cases} \lambda_0 + \lambda_1 + \lambda_2 = 1 \\ \lambda_0 - \lambda_1 - 3\lambda_2 = 0 \\ \lambda_1 + 6\lambda_2 = 0 \end{cases}$$

据此定出

$$\lambda_0 = \frac{3}{8}, \quad \lambda_1 = \frac{3}{4}, \quad \lambda_2 = -\frac{1}{8}$$

这样设计出的迭代公式为

$$x_{k+1} = \frac{3}{8}x_k + \frac{3a}{4x_k} - \frac{a^2}{8x_k^3}$$

题 5 试设计计算 $\sqrt{a}$ 的迭代公式

$$x_{k+1} = \lambda_0 x_k + \lambda_1 \frac{a}{x_k} + \lambda_2 \frac{a^3}{x_k^5}$$

解 解法与题 4 类同. 这里迭代函数为

$$\varphi(x) = \lambda_0 x + \lambda_1 \frac{a}{x} + \lambda_2 \frac{a^3}{x^5}$$

令 $\varphi(\sqrt{a}) = \sqrt{a}, \varphi'(\sqrt{a}) = \varphi''(\sqrt{a}) = 0$,可列出方程

$$\begin{cases} \lambda_0 + \lambda_1 + \lambda_2 = 1 \\ \lambda_0 - \lambda_1 - 5\lambda_2 = 0 \\ \lambda_1 + 15\lambda_2 = 0 \end{cases}$$

据此定出 $\lambda_0, \lambda_1, \lambda_2$,知所求的迭代公式为

$$x_{k+1} = \frac{5}{12}x_k + \frac{5a}{8x_k} - \frac{a^3}{24x_k^5}$$

题 6 试设计计算 $\sqrt[3]{a}$ 的迭代公式

$$x_{k+1} = \lambda_0 x_k + \lambda_1 \frac{a}{x_k^2} + \lambda_2 \frac{a^2}{x_k^5}$$

解 解法同前题类同. 所求的迭代公式为

$$x_{k+1} = \frac{5}{9}x_k + \frac{5a}{9x_k^2} - \frac{a^2}{9x_k^5}$$

3. Newton 法的修正

提要 对于给定方程 $f(x)=0$，Newton 法

$$x_{k+1}=x_k-\frac{f(x_k)}{f'(x_k)},\quad k=0,1,2,\cdots$$

是方程求根的核心算法. 这种方法通常是快速收敛的. 如定理 4 所述：Newton 法在 $f(x)=0$ 的单根 x^* 邻近为平方收敛.

人们自然会问，Newton 法在 $f(x)=0$ 的重根邻近收敛性如何？而如果收敛速度不能保证又该怎样处理呢？

题 1 证明求解方程 $(x^3-a)^2=0$ 计算 $\sqrt[3]{a}$ 的 Newton 法

$$x_{k+1}=\frac{5}{6}x_k+\frac{a}{6x_k^2}$$

仅为线性收敛.

解 注意 $\sqrt[3]{a}$ 是所给方程的二重根，而迭代函数

$$\varphi(x)=\frac{5}{6}x+\frac{a}{6x^2},\quad \varphi'(x)=\frac{5}{6}-\frac{a}{3x^3}$$

由于 $\varphi(\sqrt[3]{a})=\sqrt[3]{a}$，且

$$0<\varphi'(\sqrt[3]{a})=\frac{1}{2}<1$$

按 4.2.5 小节定义 2，这一迭代公式在重根 $\sqrt[3]{a}$ 邻近仅为线性收敛.

题 2 证明迭代公式

$$x_{k+1}=\frac{2}{3}x_k+\frac{a}{3x_k^2}$$

是求解方程 $(x^3-a)^2=0$ 的二阶方法，即具有平方收敛性.

解 这里迭代函数

$$\varphi(x)=\frac{2}{3}x+\frac{a}{3x^2},\quad \varphi'(x)=\frac{2}{3}\left(1-\frac{a}{x^3}\right)$$

易知 $\varphi(\sqrt[3]{a})=\sqrt[3]{a}$，且 $\varphi'(\sqrt[3]{a})=0$ 而 $\varphi''(\sqrt[3]{a})\neq 0$，故这一迭代法为平方收敛.

题 3 设 x^* 为方程 $f(x)=0$ 的 $m\,(m\geqslant 2)$ 重根，证明这时 Newton 法

$$x_{k+1}=x_k-\frac{f(x_k)}{f'(x_k)}$$

仅为线性收敛.

证 考察 Newton 法的迭代函数

$$\varphi(x)=x-\frac{f(x)}{f'(x)},\quad \varphi'(x)=\frac{f(x)f''(x)}{[f'(x)]^2}$$

由于 x^* 为 $f(x)$ 的 m 重零点，故它具有形式

$$f(x)=(x-x^*)^m g(x),\quad g(x^*)\neq 0$$

这里
$$f'(x) = m(x-x^*)^{m-1}g(x) + (x-x^*)^m g'(x)$$
$$f''(x) = m(m-1)(x-x^*)^{m-2}g(x) + 2m(x-x^*)^{m-1}g'(x) + (x-x^*)^m g''(x)$$
于是
$$\varphi'(x) = \frac{g(x)[m(m-1)g(x) + 2m(x-x^*)g'(x) + (x-x^*)^2 g''(x)]}{[mg(x) + (x-x^*)g'(x)]^2}$$
从而有
$$\varphi'(x^*) = \frac{m(m-1)[g(x^*)]^2}{[mg(x^*)]^2} = 1 - \frac{1}{m}$$

因 $m \geqslant 2$,有 $0 < \varphi'(x^*) < 1$,故这时 Newton 法仅为线性收敛.

题 4 设 x^* 为方程 $f(x) = 0$ 的 m ($m \geqslant 2$) 重根,证明修正的 **Newteon 法**

$$x_{k+1} = x_k - m\frac{f(x_k)}{f'(x_k)}$$

具有平方收敛性.

证 这里迭代函数
$$\varphi(x) = x - m\frac{f(x)}{f'(x)}$$
$$\varphi'(x) = 1 - m + m\frac{f(x)f''(x)}{[f'(x)]^2}$$

利用题 3 的结果得知
$$\varphi'(x^*) = 1 - m + m\left(1 - \frac{1}{m}\right) = 0$$

故这一迭代法为平方收敛.

题 5 导出方程 $f(x) = (x^2 - a)^2 = 0$ 的修正的 Newton 法.

解 由于 $\sqrt{a}$ 是所给方程的二重根,这时修正的 Newton 法的迭代函数
$$\varphi(x) = x - 2\frac{f(x)}{f'(x)} = \frac{1}{2}\left(x + \frac{a}{x}\right)$$

相应的迭代公式为
$$x_{k+1} = \frac{1}{2}\left(x_k + \frac{a}{x_k}\right)$$

这是据方程 $x^2 - a = 0$ 求单根 $\sqrt{a}$ 的迭代公式,众所周知它具有平方收敛性.

题 6 导出方程 $f(x) = (x^3 - a)^2 = 0$ 的修正的 Newton 法.

解 类同于题 5,所给方程 $(x^3 - a)^2 = 0$ 的修正的 Newton 法正是方程 $x^3 - a = 0$ 的 Newton 法

$$x_{k+1} = \frac{2}{3}x_k + \frac{a}{3x_k^2}$$

题 2 直接证明了这种方法具有平方收敛性.

习 题 4

1. 利用校正技术设计计算 $\sqrt[3]{a}$ 的迭代公式,并证明该迭代过程的收敛性.

2. 早在 1225 年,有人曾求解方程 $x^3 + 2x^2 + 10x - 20 = 0$,并给出了高精度的实根 $x^* = 1.368\,808\,107$,试用 Netwon 法求得这个结果.

3. 用 Newton 法求下列方程的根:

(1) $x^3 - 3x - 1 = 0$, $x_0 = 2$

(2) $x^3 - 3x - e^x + 2 = 0$, $x_0 = 1$

要求计算结果有 4 位有效数字.

4. 对于给定值 $a > 0$,应用 Newton 法导出计算 $\dfrac{1}{\sqrt{a}}$ 而不使用开方运算与除法运算的迭代公式.

5. 考察求解方程 $12 - 3x + 2\cos x = 0$ 的迭代法

$$x_{k+1} = 4 + \frac{2}{3}\cos x_k$$

(1) 证明它对于任意初值 x_0 均收敛;

(2) 证明它具有线性收敛性;

(3) 取 $x_0 = 0.4$,求误差不超过 10^{-3} 的近似根.

6. 给出计算

$$x = \cfrac{1}{1 + \cfrac{1}{1 + \cdots}}$$

的迭代公式,讨论迭代过程的收敛性,并证明 $x = \dfrac{\sqrt{5} - 1}{2}$.

7. 求方程 $x^3 - x^2 - 1 = 0$ 在 $x_0 = 1.5$ 附近的一个根,讨论如下几种迭代过程在区间 $[1.3, 1.6]$ 上的敛散性.

(1) 改写方程为 $x^2 = \dfrac{1}{x - 1}$,相应的迭代格式为

$$x_{k+1} = \frac{1}{\sqrt{x_k - 1}}$$

(2) 改写方程为 $x = \dfrac{1}{x^2} + 1$,相应的迭代格式为

$$x_{k+1} = \frac{1}{x_k^2} + 1$$

(3) 改写方程为 $x^2 = x^3 - 1$,相应的迭代格式为

$$x_{k+1} = \sqrt{x_k^3 - 1}$$

(4) 改写方程为 $x^3 = x^2 + 1$,相应的迭代格式为

$$x_{k+1} = \sqrt[3]{x_k^2 + 1}$$

8. 设方程 $x = \varphi(x)$ 在区间 $[a,b]$ 上有根 x^*,如果对于 $x \in [a,b]$ 恒成立 $|\varphi'(x)| \geqslant 1$,证明这时迭代过程 $x_{k+1} = \varphi(x_k)$ 对于任意初值 $x_0 \in [a,b]$ 均发散.

9. 分别用弦截法和快速弦截法求方程

$$f(x) = x^3 + 2x^2 + 10x - 20 = 0$$

的根,要求精度为 10^{-6}.

10. 设用差商 $\dfrac{f(x_k + f(x_k)) - f(x_k)}{f(x_k)}$ 替换 Newton 公式中的导数项 $f'(x_k)$,证明这样构造出的迭代公式

$$x_{k+1} = x_k - \frac{[f(x_k)]^2}{f(x_k + f(x_k)) - f(x_k)}$$

在 $f(x) = 0$ 的单根 x^* 附近为二阶收敛.

第 5 章 线性方程组的迭代法

5.1 迭代法的设计思想

线性方程组

$$\begin{cases} a_{11}x_1 + a_{12}x_2 + \cdots + a_{1n}x_n = b_1 \\ a_{21}x_1 + a_{22}x_2 + \cdots + a_{2n}x_n = b_2 \\ \quad \vdots \\ a_{n1}x_1 + a_{n2}x_2 + \cdots + a_{nn}x_n = b_n \end{cases} \tag{1}$$

是个基本的计算模型,它在科学与工程计算中扮演着极其重要的角色.

线性方程组中含有多个变元.在初等数学里人们早已熟知,当变元个数不多时线性方程组的求解是容易的.问题在于,科学与工程计算中所归结出的线性方程组,其变元个数可能高达几万甚至几百万,大规模的线性方程组该如何求解呢?

众所周知,如果系数行列式 $\det|a_{ij}|$ 的值异于 0,则方程组(1)有唯一解.然而正如本书引论中所指出的:运用 Cramer 法则求解线性方程组虽然原则上可行,但因其计算量过大而失去实用价值.

求解大规模的线性方程组主要用迭代法.迭代法的设计思想仍是将"复杂"化归为"简单"的重复.这里面对的问题是,相对于形式复杂的式(1),其所对应的"简单"是指什么样的计算模型呢?

5.1.1 变元的相关性

线性方程组(1)可表达为

$$\sum_{j=1}^{n} a_{ij}x_j = b_i, \quad i = 1, 2, \cdots, n$$

或借助于矩阵的记号

$$\boldsymbol{A} = \begin{bmatrix} a_{11} & a_{12} & \cdots & a_{1n} \\ a_{21} & a_{22} & \cdots & a_{2n} \\ \vdots & \vdots & & \vdots \\ a_{n1} & a_{n2} & \cdots & a_{nn} \end{bmatrix}$$

$$\boldsymbol{b} = (b_1, b_2, \cdots, b_n)^{\mathrm{T}}, \quad \boldsymbol{x} = (x_1, x_2, \cdots, x_n)^{\mathrm{T}}$$

简洁地表达为

$$Ax = b$$

由此可见，线性方程组(1)本质上是个隐式的计算模型，它的多个变元 x_i 用系数矩阵 A 相互"捆绑"在一起.

线性方程组求解的症结所在，是它的各个变元相互关联在一起，或者说，方程组中的各个方程是彼此联立的. 如何将方程组中的诸多变元彼此分离开来从而求出它的解呢？

从最简单的做起.

值得注意的是，方程组的解

$$x_i = c_i, \quad i = 1, 2, \cdots, n$$

可以理解为系数矩阵为单位阵的退化情形. 由此可见，线性方程组的求解，就是要设法将其系数矩阵演变成平凡的单位阵.

5.1.2 对角方程组的平凡情形

线性方程组求解的难易程度取决于其系数矩阵的复杂程度. 特别地，如果 A 是一个对角阵

$$A = \begin{bmatrix} a_{11} & & & \\ & a_{22} & & \\ & & \ddots & \\ & & & a_{nn} \end{bmatrix}$$

这类方程组

$$a_{ii} x_i = b_i, \quad i = 1, 2, \cdots, n$$

称作**对角方程组**，其解为

$$x_i = b_i / a_{ii}, \quad i = 1, 2, \cdots, n$$

对角方程组的各个方程是独立的，并没有真正捆绑在一起，就是说，它只是若干个独立方程的"聚集". 对角方程组不能算作严格意义上的"联立方程组".

5.1.3 三角方程组的特殊情形

还有一种容易处理的简单情形，方程组的系数矩阵 A 是一个三角阵，譬如其上三角部分全为零元素[①]，即

$$A = \begin{bmatrix} a_{11} & & & \\ a_{21} & a_{22} & & \\ \vdots & \ddots & \ddots & \\ a_{n1} & \cdots & a_{n,n-1} & a_{nn} \end{bmatrix}$$

---

① 稀疏矩阵中的空白部分表示全为零元素，后同.

对于这种**下三角方程组**

$$\begin{cases} a_{11}x_1 = b_1 \\ a_{21}x_1 + a_{22}x_2 = b_2 \\ \quad \vdots \\ a_{n1}x_1 + a_{n2}x_2 + a_{n3}x_3 + \cdots + a_{nn}x_n = b_n \end{cases}$$

即

$$\sum_{j=1}^{i} a_{ij}x_j = b_i, \quad i = 1, 2, \cdots, n$$

只要**自上而下**逐步回代,即可**顺序**得出它的解

$$x_1 \to x_2 \to \cdots \to x_n$$

这里回代公式为

$$\begin{cases} x_1 = b_1/a_{11} \\ x_i = \left(b_i - \sum_{j=1}^{i-1} a_{ij}x_j\right)\Big/a_{ii}, \quad i = 2, 3, \cdots, n \end{cases}$$

类似地,对于**上三角方程组**

$$\begin{cases} a_{11}x_1 + a_{12}x_2 + \cdots + a_{1n}x_n = b_1 \\ a_{22}x_2 + \cdots + a_{2n}x_n = b_2 \\ \quad \vdots \\ a_{nn}x_n = b_n \end{cases}$$

即

$$\sum_{j=i}^{n} a_{ij}x_j = b_i, \quad i = 1, 2, \cdots, n$$

只要**自下而上**逐步回代,即可**逆序**得出它的解

$$x_n \to x_{n-1} \to \cdots \to x_1$$

这里回代公式为

$$\begin{cases} x_n = b_n/a_{nn} \\ x_i = \left(b_i - \sum_{j=i+1}^{n} a_{ij}x_j\right)\Big/a_{ii}, \quad i = n-1, n-2, \cdots, 1 \end{cases}$$

由此可见,对于三角方程组(无论是下三角方程组还是上三角方程组),只要事先设定诸变元的计算顺序,即可逐步将各个方程分离开来,从而得出它的解. 三角方程组的回代算法的设计显然是缩减技术的运用.

综上所述,对于系数矩阵为对角阵或三角阵的特殊情形,线性方程组的求解是容易的.

算法设计的机理是将复杂化归为简单的重复. 后文将会看到,**求解线性方程组的迭代法,其实质是将所给方程组逐步地对角化或三角化,即将线性方程组的求解过程加工成对角方程组或三角方程组求解过程的重复**.

5.2 迭代公式的建立

5.2.1 Jacobi 迭代

Jacobi 迭代的设计思想是将所给线性方程组逐步对角化.

首先考察 3 阶方程组的具体情形：

$$\begin{cases} a_{11}x_1 + a_{12}x_2 + a_{13}x_3 = b_1 \\ a_{21}x_1 + a_{22}x_2 + a_{23}x_3 = b_2 \\ a_{31}x_1 + a_{32}x_2 + a_{33}x_3 = b_3 \end{cases} \quad (2)$$

令其左端仅保留对角成分，将其余成分挪到右端，而改写成如下"伪对角形式"：

$$\begin{cases} a_{11}x_1 = b_1 - a_{12}x_2 - a_{13}x_3 \\ a_{22}x_2 = b_2 - a_{21}x_1 - a_{23}x_3 \\ a_{33}x_3 = b_3 - a_{31}x_1 - a_{32}x_2 \end{cases}$$

用**预报值** $x_1^{(k)}, x_2^{(k)}, x_3^{(k)}$ 代入上式右端，求得的解 $x_1^{(k+1)}, x_2^{(k+1)}, x_3^{(k+1)}$ 称作**校正值**，这样建立的**预报校正系统**为

$$\begin{cases} a_{11}x_1^{(k+1)} = b_1 - a_{12}x_2^{(k)} - a_{13}x_3^{(k)} \\ a_{22}x_2^{(k+1)} = b_2 - a_{21}x_1^{(k)} - a_{23}x_3^{(k)} \\ a_{33}x_3^{(k+1)} = b_3 - a_{31}x_1^{(k)} - a_{32}x_2^{(k)} \end{cases}$$

相应的迭代公式为

$$\begin{cases} x_1^{(k+1)} = (b_1 - a_{12}x_2^{(k)} - a_{13}x_3^{(k)})/a_{11} \\ x_2^{(k+1)} = (b_2 - a_{21}x_1^{(k)} - a_{23}x_3^{(k)})/a_{22} \\ x_3^{(k+1)} = (b_3 - a_{31}x_1^{(k)} - a_{32}x_2^{(k)})/a_{33} \end{cases}$$

进而考察一般形式的方程组(1)，从中分离出对角元素，即令其第 i 个方程的左端仅保留对角元 x_i，而将其余成分挪到右端，则可改写成如下"伪对角形式"：

$$a_{ii}x_i = b_i - \sum_{\substack{j=1 \\ j \neq i}}^{n} a_{ij}x_j, \quad i = 1, 2, \cdots, n$$

依据这种等价形式可建立 **Jacobi 迭代**

$$x_i^{(k+1)} = \left(b_i - \sum_{\substack{j=1 \\ j \neq i}}^{n} a_{ij}x_j^{(k)}\right)\bigg/a_{ii}, \quad i = 1, 2, \cdots, n \quad (3)$$

可以看到，求解线性方程组的 **Jacobi 迭代法**的设计思想是，将一般形式的线性方程组的求解归结为对角方程组求解过程的重复.

迭代法因其计算规则简单而易于编写计算程序. 通常用**相邻两次迭代值的偏差** $\max\limits_{1 \leqslant i \leqslant n} |x_i^{(k+1)} - x_i^{(k)}|$ 刻画迭代值的**精度**. 此外，为防止迭代过程不收敛或者收

敛速度过于缓慢,我们设置**最大迭代次数** N,如果迭代次数超过 N 还不能达到精度要求,则宣告迭代失败.

算法 5.1 列出了 Jacobi 迭代的计算步骤.

算法 5.1 (Jacobi 迭代)

步 1 适当提供迭代初值 $\{x_i^{(0)}\}$.

步 2 按 Jacobi 公式(3)将老值 $\{x_i^{(k)}\}$ 加工成新值 $\{x_i^{(k+1)}\}$.

步 3 若迭代偏差 $e_k = \max\limits_{1 \leqslant i \leqslant n} |x_i^{(k+1)} - x_i^{(k)}|$ 小于指定精度 ε,则输出结果,终止计算;否则执行下一步.

步 4 若迭代次数 k 尚未达到最大次数 N,则转步 2 继续迭代;否则输出迭代失败标志,终止计算.

例 1 用 Jacobi 迭代法解方程组

$$\begin{cases} 10x_1 - x_2 - 2x_3 = 7.2 \\ -x_1 + 10x_2 - 2x_3 = 8.3 \\ -x_1 - x_2 + 5x_3 = 4.2 \end{cases} \quad (4)$$

解 取迭代初值 $x_1^{(0)} = x_2^{(0)} = x_3^{(0)} = 0$ 套用 Jacobi 公式

$$\begin{cases} x_1^{(k+1)} = 0.72 + 0.1 x_2^{(k)} + 0.2 x_3^{(k)} \\ x_2^{(k+1)} = 0.83 + 0.1 x_1^{(k)} + 0.2 x_3^{(k)} \\ x_3^{(k+1)} = 0.84 + 0.2 x_1^{(k)} + 0.2 x_1^{(k)} \end{cases}$$

反复迭代,计算结果如表 5-1 所示. 可以看到,当迭代次数 k 增大时,迭代值 $x_1^{(k)}$,$x_2^{(k)}$,$x_3^{(k)}$ 会越来越逼近所求的解 $x_1^* = 1.1, x_2^* = 1.2, x_3^* = 1.3$.

表 5-1

k	$x_1^{(k)}$	$x_2^{(k)}$	$x_3^{(k)}$
0	0.000 00	0.000 00	0.000 00
1	0.720 00	0.083 00	0.840 00
2	0.971 00	1.070 00	1.150 00
3	1.057 00	1.157 10	1.248 20
4	1.085 35	1.185 34	1.282 82
5	1.095 10	1.195 10	1.294 14
6	1.098 34	1.198 34	1.298 04
7	1.099 44	1.199 44	1.299 34
8	1.099 81	1.199 81	1.299 78
9	1.099 94	1.199 94	1.299 92

5.2.2 Gauss-Seidel 迭代

我们再设法将所给方程组逐步三角化,以设计出新的迭代法.

仍然先考察 3 阶方程组(2),设令其左端仅保留下三角成分,而将其余成分挪到右端,则可改写成如下"伪三角形式":

$$\begin{cases} a_{11}x_1 & = b_1 - a_{12}x_2 - a_{13}x_3 \\ a_{21}x_1 + a_{22}x_2 & = b_2 - a_{23}x_3 \\ a_{31}x_1 + a_{32}x_2 + a_{33}x_3 & = b_3 \end{cases}$$

依据这一等价形式可设计出迭代法

$$\begin{cases} a_{11}x_1^{(k+1)} & = b_1 - a_{12}x_2^{(k)} - a_{13}x_3^{(k)} \\ a_{21}x_1^{(k+1)} + a_{22}x_2^{(k+1)} & = b_2 - a_{23}x_3^{(k)} \\ a_{31}x_1^{(k+1)} + a_{32}x_2^{(k+1)} + a_{33}x_3^{(k+1)} & = b_3 \end{cases}$$

它可以视作关于迭代值 $x_1^{(k+1)}, x_2^{(k+1)}, x_3^{(k+1)}$ 的下三角方程组,用回代法求解,其回代公式为

$$\begin{cases} x_1^{(k+1)} = (b_1 - a_{12}x_2^{(k)} - a_{13}x_3^{(k)})/a_{11} \\ x_2^{(k+1)} = (b_2 - a_{21}x_1^{(k+1)} - a_{23}x_3^{(k)})/a_{22} \\ x_3^{(k+1)} = (b_3 - a_{31}x_1^{(k+1)} - a_{32}x_2^{(k+1)})/a_{33} \end{cases} \tag{5}$$

与 Jacobi 公式不同,式(5)先设定计算顺序 $x_1^{(k+1)} \to x_2^{(k+1)} \to x_3^{(k+1)}$,然后充分利用新信息进行计算,如用 $x_1^{(k+1)}$ 取代 $x_1^{(k)}$ 计算 $x_2^{(k+1)}$,再用 $x_2^{(k+1)}$ 取代 $x_2^{(k)}$ 计算 $x_3^{(k+1)}$ 等.由于这里充分利用新信息进行计算,可以预料,它的逼近效果通常比 Jacobi 迭代好.

进而讨论一般形式的方程组(1).令其左端仅保留下三角成分,将其余成分挪到右端,而加工成如下"伪三角形式"[①]:

$$\sum_{j=1}^{i} a_{ij}x_j = b_i - \sum_{j=i+1}^{n} a_{ij}x_j, \quad i = 1, 2, \cdots, n$$

据此设计出迭代公式

$$\sum_{j=1}^{i} a_{ij}x_j^{(k+1)} = b_i - \sum_{j=i+1}^{n} a_{ij}x_j^{(k)}$$

这是关于迭代值 $x_i^{(k+1)}$ 的下三角方程组,自上而下逐步回代即可顺序求出

$$x_1^{(k+1)} \to x_2^{(k+1)} \to \cdots \to x_{i-1}^{(k+1)} \to x_i^{(k+1)} \to \cdots \to x_n^{(k+1)}$$

相应的迭代公式

$$x_i^{(k+1)} = \left(b_i - \sum_{j=1}^{i-1} a_{ij}x_j^{(k+1)} - \sum_{j=i+1}^{n} a_{ij}x_j^{(k)}\right) \bigg/ a_{ii}, \quad i = 1, 2, \cdots, n \tag{6}$$

称作求解方程组(1)的 **Gauss-Seidel 迭代**.

---

① 本书约定,和式 $\sum_{j=m}^{l} a_j$ 当 $l < m$ 时其值为 0.譬如当 $i = n$ 时项 $\sum_{j=i+1}^{n} a_{ij}x_j$,当 $i = 1$ 时项 $\sum_{j=1}^{i-1} a_{ij}x_j^{(k+1)}$ 等都是虚设的.

与 Jacobi 迭代不同,**Gauss-Seidel** 迭代的设计思想是,将一般形式的线性方程组的求解归结为下三角方程组求解过程的重复.

Gauss-Seidel 公式的特点是,一旦求出变元 x_i 的新值 $\{x_i^{(k+1)}\}$ 后,老值 $\{x_i^{(k)}\}$ 在以后的计算中便失去使用价值,因之可将新值 $\{x_i^{(k+1)}\}$ 存放在老值 $\{x_i^{(k)}\}$ 所占用的单元内,而将迭代公式(6)表达为下列动态形式:

$$x_i \Leftarrow \left(b_i - \sum_{\substack{j=1 \\ j \neq i}}^{n} a_{ij} x_j \right)\bigg/ a_{ii}, \quad i=1,2,\cdots,n$$

算法 5.2 列出了 Gauss-Seidel 迭代的计算步骤. 同 Jacobi 迭代相比较,两种迭代法的计算步骤相类同. 不过要特别注意两个迭代公式的差异.

算法 5.2 (Gauss-Seidel 迭代)

步 1 适当提供迭代初值 $\{x_i^{(0)}\}$.

步 2 按 Gauss-Seidel 公式(6)将老值 $\{x_i^{(k)}\}$ 加工成新值 $x_i^{(k+1)}$.

步 3 若迭代偏差 $e_k = \max\limits_{1 \leqslant i \leqslant n} | x_i^{(k+1)} - x_i^{(k)} |$ 小于指定精度 ε,则输出结果,终止计算;否则执行下一步.

步 4 若迭代次数 k 小于事先设定的最大迭代次数 N,则转步 2 继续迭代;否则输出迭代失败标志,终止计算.

例 2 用 Gauss-Seidel 迭代求解方程组(4)并与例 1 比较计算结果.

解 这里 Gauss-Seidel 迭代公式为

$$\begin{cases} x_1^{(k+1)} = 0.72 + 0.1 x_2^{(k)} + 0.2 x_3^{(k)} \\ x_2^{(k+1)} = 0.83 + 0.1 x_1^{(k+1)} + 0.2 x_3^{(k)} \\ x_3^{(k+1)} = 0.84 + 0.2 x_1^{(k+1)} + 0.2 x_2^{(k+1)} \end{cases}$$

仍取初值 $x_1^{(0)} = x_2^{(0)} = x_3^{(0)} = 0$ 进行迭代,计算结果如表 5-2 所示. 与表 5-1 所列出的 Jacobi 迭代的计算结果相比较可以明显地看出,Gauss-Seidel 迭代的效果比 Jacobi 迭代好.

表 5-2

k	$x_1^{(k)}$	$x_2^{(k)}$	$x_3^{(k)}$
0	0.000 00	0.000 00	0.000 00
1	0.720 00	0.902 00	1.164 40
2	1.043 08	1.167 19	1.282 05
3	1.093 13	1.195 72	1.297 77
4	1.099 13	1.199 47	1.299 72
5	1.099 89	1.199 93	1.299 97
6	1.099 99	1.199 99	1.300 00

以上介绍了求解线性方程组的两种迭代法.由于 Gauss-Seidel 迭代充分利用了迭代过程中的新信息,一般来说,它的迭代效果要比 Jacobi 迭代好.但情况并不总是这样,有时 Gauss-Seidel 迭代比 Jacobi 迭代收敛得慢,甚至可以举出 Jacobi 迭代收敛而 Gauss-Seidel 迭代发散的例子.

5.3 迭代过程的收敛性

5.3.1 迭代收敛的概念

为保证迭代法的有效性,必须要求迭代过程是收敛的.一个发散的迭代过程,即使进行了千万次迭代,其计算结果也是毫无价值的.

例 3 用 Jacobi 迭代求解方程组

$$\begin{cases} -x_1 - x_2 + 5x_3 = 4.2 \\ -x_1 + 10x_2 - 2x_3 = 8.3 \\ 10x_1 - x_2 - 2x_3 = 7.2 \end{cases}$$

解 求解上述方程组的 Jacobi 迭代公式是

$$\begin{cases} x_1^{(k+1)} = -4.2 - x_2^{(k)} + 5x_3^{(k)} \\ x_2^{(k+1)} = 0.83 + 0.1 x_1^{(k)} + 0.2 x_3^{(k)} \\ x_3^{(k+1)} = -3.6 + 5 x_1^{(k)} - 0.5 x_2^{(k)} \end{cases}$$

取迭代初值 $(x_1^{(0)}, x_2^{(0)}, x_3^{(0)}) = (0,0,0)$ 代入上式右端,解得

$$x_1^{(1)} = -4.2, \quad x_2^{(1)} = 0.83, \quad x_3^{(1)} = -3.6$$

再迭代一次有

$$x_1^{(2)} = -23.03, \quad x_2^{(2)} = -0.31, \quad x_3^{(2)} = -25.015$$

如此反复迭代下去,计算结果会越来越偏离所求的解 $(1.1,1.2,1.3)$,这个迭代过程是发散的.

需要注意的是,例 3 所考察的方程组其实同例 1 的方程组(4)是等价的,两者的差别仅仅是方程的排序不同.这说明,方程组中诸方程的排序方式可能会严重影响迭代过程的收敛性.

在探究收敛性的判别条件之前,首先针对线性方程组进一步明确迭代收敛的概念.

对于一般形式的线性方程组

$$\sum_{j=1}^{n} a_{ij} x_j = b_i, \quad i = 1, 2, \cdots, n$$

称迭代序列 $(x_1^{(k)}, x_2^{(k)}, \cdots, x_n^{(k)})$ **收敛**到方程组的解 $(x_1^*, x_2^*, \cdots, x_n^*)$,如果成立

$$\lim_{k \to \infty} x_i^{(k)} = x_i^*, \quad i = 1, 2, \cdots, n$$

按照这个定义,为了判断迭代过程的收敛性,需要检查 n 个数列 $\{x_i^{(k)}\}$ 是否全都收敛,这就增加了处理的复杂性.

简化分析的一种有效方法是引进**迭代误差**

$$e_k = \max_{1 \leqslant i \leqslant n} | x_i^{(k)} - x_i^* |$$

基于迭代误差,收敛性的概念可表述为定义 1.

定义 1 称迭代序列 $(x_1^{(k)}, x_2^{(k)}, \cdots, x_n^{(k)})$ 收敛到解 $(x_1^*, x_2^*, \cdots, x_n^*)$,如果

$$\lim_{k \to \infty} e_k = 0$$

在第 4 章已看到,迭代过程的收敛性取决于迭代误差的压缩性.关于线性方程组的迭代法如何保证这种压缩性呢?

5.3.2 二阶方程组的启示

首先考察二阶方程组

$$\begin{cases} a_{11}x_1 + a_{12}x_2 = b_1 \\ a_{21}x_1 + a_{22}x_2 = b_2 \end{cases} \tag{7}$$

其 Jacobi 迭代是

$$\begin{cases} x_1^{(k+1)} = -\dfrac{a_{12}}{a_{11}}x_2^{(k)} + \dfrac{b_1}{a_{11}} \\ x_2^{(k+1)} = -\dfrac{a_{21}}{a_{22}}x_1^{(k)} + \dfrac{b_2}{a_{22}} \end{cases} \tag{8}$$

将方程组的精确解记作 (x_1^*, x_2^*),则有

$$x_1^{(k+1)} - x_1^* = -\frac{a_{12}}{a_{11}}(x_2^{(k)} - x_2^*)$$

$$x_2^{(k+1)} - x_2^* = -\frac{a_{21}}{a_{22}}(x_1^{(k)} - x_1^*)$$

可见这时迭代误差

$$e_k = \max\{| x_1^{(k)} - x_1^* |, | x_2^{(k)} - x_2^* |\}$$

满足 $$e_{k+1} \leqslant L e_k$$

这里 $$L = \max\left\{\left|\frac{a_{12}}{a_{11}}\right|, \left|\frac{a_{21}}{a_{22}}\right|\right\}$$

由此得知,如果成立

$$| a_{11} | > | a_{12} |, \quad | a_{22} | > | a_{21} | \tag{9}$$

则有 $$0 \leqslant L < 1$$

从而有 $$e_k \leqslant L^k e_0 \to 0$$

即这时 Jacobi 迭代(8)对于任给初值均收敛.

再考察求解方程组(7)的 Gauss-Seidel 迭代

$$\begin{cases} x_1^{(k+1)} = -\dfrac{a_{12}}{a_{11}}x_2^{(k)} + \dfrac{b_1}{a_{11}} \\ x_2^{(k+1)} = -\dfrac{a_{21}}{a_{22}}x_1^{(k+1)} + \dfrac{b_2}{a_{22}} \end{cases} \tag{10}$$

这里有

$$x_1^{(k+1)} - x_1^* = -\dfrac{a_{12}}{a_{11}}(x_2^{(k)} - x_2^*)$$

$$x_2^{(k+1)} - x_2^* = -\dfrac{a_{21}}{a_{22}}(x_1^{(k+1)} - x_1^*) = \dfrac{a_{21}}{a_{22}}\dfrac{a_{12}}{a_{11}}(x_2^{(k)} - x_2^*)$$

因此,当条件(9)成立时,有

$$|x_1^{(k+1)} - x_1^*| \leqslant Le_k, \quad |x_2^{(k+1)} - x_2^*| \leqslant L^2 e_k \leqslant Le_k$$

从而仍有误差估计式

$$e_{k+1} \leqslant Le_k$$

可见这时 Gauss-Seidel 迭代(10)对于任给初值均收敛.

上述事实具有普遍意义.

5.3.3 对角占优阵的概念

再剖析收敛性条件(9)的含义. 所给方程组(7)的系数矩阵具有形式

$$\begin{bmatrix} a_{11} & a_{12} \\ a_{21} & a_{22} \end{bmatrix}$$

条件(9)表明,其对角元素按绝对值大于同行的其他元素. 称这种矩阵是对角占优的.

进一步推广这个概念.

定义2 称矩阵 $A = [a_{ij}]_{n\times n}$ 为**对角占优阵**,如果其对角元素 a_{ii} 按绝对值大于同行其他元素 a_{ij} $(j \neq i)$ 绝对值之和,即

$$|a_{ii}| > \sum_{\substack{j=1 \\ j\neq i}}^{n} |a_{ij}|, \quad i = 1, 2, \cdots, n$$

即成立

$$L = \max_{1\leqslant i \leqslant n} \sum_{\substack{j=1 \\ j\neq i}}^{n} \dfrac{|a_{ij}|}{|a_{ii}|} < 1 \tag{11}$$

系数矩阵为对角占优阵的线性方程组称作是**对角占优**的. 实际计算中归结出来的线性方程组往往具有这种特征,譬如,三次样条插值归结出的基本方程组(第1章式(24))以及求解常微分方程边值问题列出的差分方程组(第3章式(31))都是对角占优的.

5.3.4 迭代收敛的一个充分条件

仿照 5.3.2 小节的做法讨论 Jacobi 迭代(3),即

$$x_i^{(k+1)} = \frac{1}{a_{ii}}\left(b_i - \sum_{\substack{j=1 \\ j\neq i}}^n a_{ij} x_j^{(k)}\right)$$

的收敛性. 由于解 $\{x_i^*\}$ 满足

$$x_i^* = \frac{1}{a_{ii}}\left(b_i - \sum_{\substack{j=1 \\ j\neq i}}^n a_{ij} x_j^*\right)$$

以上两组式子相减,有

$$x_i^{(k+1)} - x_i^* = -\frac{1}{a_{ii}} \sum_{\substack{j=1 \\ j\neq i}}^n a_{ij}(x_j^{(k)} - x_j^*)$$

据此得知

$$|x_i^{(k+1)} - x_i^*| \leqslant \sum_{\substack{j=1 \\ j\neq i}}^n \frac{|a_{ij}|}{|a_{ii}|} \max_{1 \leqslant i \leqslant n} |x_i^{(k)} - x_i^*|$$

从而关于迭代误差 $e_k = \max\limits_{1 \leqslant i \leqslant n} |x_i^{(k)} - x_i^*|$,有估计式

$$e_{k+1} \leqslant \left(\max_{1 \leqslant i \leqslant n} \sum_{\substack{j=1 \\ j\neq i}}^n \frac{|a_{ij}|}{|a_{ii}|}\right) e_k$$

由此可见,如果所给方程组是对角占优的,即式(11)成立,则迭代误差是逐步压缩的. 据此得到定理 1.

定理 1 如果方程组(1)是对角占优的,则其 Jacobi 迭代(3)对于任给初值均收敛.

再考察前面的例 1 与例 3. 例 1 的方程组(4)为对角占优,故其 Jacobi 迭代是收敛的;与此不同,例 3 由于方程调序而破坏了系数矩阵的对角占优性,结果导致迭代过程发散.

类似地不难证明定理 2.

定理 2 如果方程组(1)是对角占优的,则其 Gauss-Seidel 迭代(6)对于任给初值均收敛.

5.4 超松弛迭代

使用迭代法的困难所在是计算量难以估计. 有时迭代过程虽然收敛,但收敛速度缓慢,使计算量变得很大而失去实用价值. 因此,迭代过程的加速具有重要意义.

所谓迭代加速,就是运用松弛技术,将 Gauss-Seidel 迭代值进一步加工成某种松弛值,以尽量改善精度.

再考察简单的二阶方程组

$$\begin{cases} a_{11} x_1 + a_{12} x_2 = b_1 \\ a_{21} x_1 + a_{22} x_2 = b_2 \end{cases}$$

基于 Gauss-Seidel 迭代

$$\begin{cases} x_1^{(k+1)} = -\dfrac{a_{12}}{a_{11}} x_2^{(k)} + \dfrac{b_1}{a_{11}} \\ x_2^{(k+1)} = -\dfrac{a_{21}}{a_{22}} x_1^{(k+1)} + \dfrac{b_2}{a_{22}} \end{cases}$$

的松弛加速公式是

迭代 $\quad \tilde{x}_1^{(k+1)} = -\dfrac{a_{12}}{a_{11}} x_2^{(k)} + \dfrac{b_1}{a_{11}}$

松弛 $\quad x_1^{(k+1)} = \omega\, \tilde{x}_1^{(k+1)} + (1-\omega) x_1^{(k)}$

迭代 $\quad \tilde{x}_2^{(k+1)} = -\dfrac{a_{21}}{a_{22}} x_1^{(k+1)} + \dfrac{b_2}{a_{22}}$

松弛 $\quad x_2^{(k+1)} = \omega\, \tilde{x}_2^{(k+1)} + (1-\omega) x_2^{(k)}$

对于一般形式的方程组(1)

$$\sum_{j=1}^{n} a_{ij} x_j = b_i, \quad i = 1, 2, \cdots, n$$

其松弛迭代对 $i = 1, 2, \cdots, n$ 反复执行以下两项计算：

$$\begin{cases} \tilde{x}_i^{(k+1)} = \left(b_i - \sum\limits_{j=1}^{i-1} a_{ij} x_j^{(k+1)} - \sum\limits_{j=i+1}^{n} a_{ij} x_j^{(k)} \right) \Big/ a_{ii} \\ x_i^{(k+1)} = \omega\, \tilde{x}_i^{(k+1)} + (1-\omega) x_i^{(k)} \end{cases} \tag{12}$$

很明显,Gauss-Seidel 迭代是松弛因子 $\omega = 1$ 的特殊情形,因而上述松弛迭代可以视作是 Gauss-Seidel 迭代的改进. 由于新值 $\tilde{x}_i^{(k+1)}$ 通常优于老值 $x_i^{(k)}$,在将两者加工成松弛值 $\{x_i^{(k+1)}\}$ 时,自然要求取松弛因子 $\omega > 1$,以尽量发挥新值的优势. 这类松弛迭代(12)称作**超松弛法**. 超松弛迭代简称 **SOR**(succesive over-relaxation)**方法**.

关于 SOR 方法(12)需要注意两点:一是每一迭代步的迭代值 $\tilde{x}_i^{(k+1)}$ 与松弛值 $x_i^{(k+1)}$ 是交替生成的,即

$$\tilde{x}_1^{(k+1)} \to x_1^{(k+1)} \to \tilde{x}_2^{(k+1)} \to x_2^{(k+1)} \to \cdots \to \tilde{x}_n^{(k+1)} \to x_n^{(k+1)}$$

又对于式(12),在计算迭代值 $\tilde{x}_i^{(k+1)}$ 时,用松弛值 $x_1^{(k+1)}, x_2^{(k+1)}, \cdots, x_{i-1}^{(k+1)}$ 取代相应的迭代值. 这样,将式(12)的迭代与松弛两个环节归并在一起,即得 SOR 方法的下列计算公式：

$$x_i^{(k+1)} = x_i^{(k)} + \dfrac{\omega}{a_{ii}} \left(b_i - \sum_{j=1}^{i-1} a_{ij} x_j^{(k+1)} - \sum_{j=i}^{n} a_{ij} x_j^{(k)} \right), \quad i = 1, 2, \cdots, n$$

请读者自行编制 SOR 方法的计算程序.

超松弛迭代即 SOR 方法具有计算公式简单、编制程序容易等突出优点,它是求解大型稀疏方程组的一种有效方法. 如果松弛因子 ω 选择合适,SOR 方法有可能显著地提高收敛速度.

使用 **SOR 方法的关键在于选取合适的松弛因子**. 松弛因子的取值对收敛速度影响极大. 实际计算时, 通常依据系数矩阵的特点, 并结合科学计算的实践经验来选取合适的松弛因子.

例 4 取 $\omega = 1.3$, 用 SOR 方法求解方程组

$$\begin{cases} -4x_1 + x_2 + x_3 + x_4 = 1 \\ x_1 - 4x_2 + x_3 + x_4 = 1 \\ x_1 + x_2 - 4x_3 + x_4 = 1 \\ x_1 + x_2 + x_3 - 4x_4 = 1 \end{cases}$$

要求精度 $\varepsilon = 10^{-5}$. 该方程组的精确解为 $(-1, -1, -1, -1)^T$.

解 这时 SOR 迭代公式为

$$\begin{cases} x_1^{(k+1)} = x_1^{(k)} - \omega(1 + 4x_1^{(k)} - x_2^{(k)} - x_3^{(k)} - x_4^{(k)})/4 \\ x_2^{(k+1)} = x_2^{(k)} - \omega(1 - x_1^{(k+1)} + 4x_2^{(k)} - x_3^{(k)} - x_4^{(k)})/4 \\ x_3^{(k+1)} = x_3^{(k)} - \omega(1 - x_1^{(k+1)} - x_2^{(k+1)} + 4x_3^{(k)} - x_4^{(k)})/4 \\ x_4^{(k+1)} = x_4^{(k)} - \omega(1 - x_1^{(k+1)} - x_2^{(k+1)} - x_3^{(k+1)} + 4x_4^{(k)})/4 \end{cases}$$

令初值 $x_1^{(0)} = x_2^{(0)} = x_3^{(0)} = x_4^{(0)} = 0$, 取松弛因子 $\omega = 1.3$, 迭代 11 次获得满足精度 $\max\limits_{1 \leqslant i \leqslant 4} |x_i^{(k+1)} - x_i^{(k)}| < 10^{-5}$ 的结果.

SOR 方法的计算量与松弛因子 ω 的具体选择密切相关. 设用 SOR 方法求解例 4, 表 5-3 显示松弛因子 ω 与迭代次数 N 的关系. 表中, $\omega = 1.0$ 时过程为 Gauss-Seidel 迭代, $\omega = 1.3$ 为**最佳松弛因子**.

表 5-3

ω	1.0	1.1	1.2	1.3	1.4	1.5	1.6	1.7	1.8
N	22	17	12	11	14	17	23	33	53

5.5 迭代法的矩阵表示

下面将运用矩阵记号刻画迭代法, 以进一步揭示迭代法的实质.

由于线性方程组 $Ax = b$ 是个隐式的计算模型, 要运用迭代法, 需要将它改写成"形显实隐"的等价形式

$$x = Gx + d$$

式中, G 称作**迭代矩阵**. 据此即可建立迭代公式

$$x^{(k+1)} = Gx^{(k)} + d$$

设计求解方程组 $Ax = b$ 的迭代法, 就是要构造出合适的迭代矩阵 G, 使得迭代过程 $x^{(k+1)} = Gx^{(k)} + d$ 收敛, 并且收敛的速度比较快.

同方程求根的迭代法类似(4.1 节), 求解线性方程组 $Ax = b$ 的迭代法, 其设

计思想是将所给计算模型逐步显式化. 问题在于,怎样依据所给系数矩阵 A 设计出合理的迭代矩阵 G 呢?

5.5.1 矩阵的三角分裂

设将方程组 $Ax = b$ 的系数矩阵 A 分裂成对角阵 D、严格下三角阵 L 与严格上三角阵 U 三种成分[①],即

$$A = D + L + U$$

亦即

$$\begin{bmatrix} a_{11} & a_{12} & a_{13} & \cdots & a_{1n} \\ a_{21} & a_{22} & a_{23} & \cdots & a_{2n} \\ a_{31} & a_{32} & a_{33} & \cdots & a_{3n} \\ \vdots & \vdots & \vdots & & \vdots \\ a_{n1} & a_{n2} & a_{n3} & \cdots & a_{nn} \end{bmatrix}$$

$$= \begin{bmatrix} a_{11} & & & & \\ & a_{22} & & & \\ & & a_{33} & & \\ & & & \ddots & \\ & & & & a_{nn} \end{bmatrix} + \begin{bmatrix} 0 & & & & \\ a_{21} & 0 & & & \\ a_{31} & a_{32} & 0 & & \\ \vdots & \vdots & \ddots & \ddots & \\ a_{n1} & a_{n2} & \cdots & a_{n,n-1} & 0 \end{bmatrix} + \begin{bmatrix} 0 & a_{12} & a_{13} & \cdots & a_{1n} \\ & 0 & a_{23} & \cdots & a_{2n} \\ & & \ddots & \ddots & \vdots \\ & & & 0 & a_{n-1,n} \\ & & & & 0 \end{bmatrix}$$

则所给方程组 $Ax = b$ 可表达为

$$(D + L + U)x = b$$

令左端仅保留对角成分,而将其余成分挪到右端,即改写成**伪对角形式**

$$Dx = -(L + U)x + b$$

则有

$$x = -D^{-1}(L + U)x + D^{-1}b$$

据此设计出的迭代公式为

$$x^{(k+1)} = -D^{-1}(L + U)x^{(k)} + D^{-1}b \tag{13}$$

它是 Jacobi 迭代(3) 的矩阵形式,可见 Jacobi 迭代的迭代矩阵为

$$G = -D^{-1}(L + U)$$

换一种做法,令方程组 $Ax = b$ 的左端仅保留下三角成分 $D + L$,而改写成下列**伪下三角形式**

$$(D + L)x = -Ux + b$$

据此设计出迭代公式

$$(D + L)x^{(k+1)} = -Ux^{(k)} + b \tag{14}$$

由此得

$$Dx^{(k+1)} = -Lx^{(k+1)} - Ux^{(k)} + b$$

[①] 称下三角阵 L 与上三角阵 U 为"严格"下三角阵与"严格"上三角阵,如果其对角线元素全为 0.

从而有
$$x^{(k+1)} = -D^{-1}(Lx^{(k+1)} + Ux^{(k)}) + D^{-1}b$$

容易看出,它是 Gauss-Seidel 公式(6)的矩阵形式,而式(14)表明,Gauss-Seidel 迭代的迭代矩阵为
$$G = -(D+L)^{-1}U$$

5.5.2 迭代法的设计机理

进一步运用预报校正技术(0.3节)剖析迭代法的设计机理.

设有解的预报值 $x^{(0)}$,寻求校正值 $x^{(1)} = x^{(0)} + \Delta x$ 使之具有更高的精度:
$$A(x^{(0)} + \Delta x) \approx b$$
即能较为准确地成立
$$A\Delta x \approx -Ax^{(0)} + b$$

为此,考察如下形式的校正方程
$$\tilde{A}\Delta x = -Ax^{(0)} + b \tag{15}$$

其中矩阵 $\tilde{A}$ 称为**校正矩阵**.自然要求:

1° $\tilde{A}$ 与 A 相近似,以保证迭代过程收敛;

2° $\tilde{A}$ 的求逆较 A 方便,以保证迭代过程计算简单.

针对矩阵的三角分裂 $A = D + L + U$,采取下述两种设计策略:

1° 取 A 的对角成分 D 充当校正矩阵 $\tilde{A}$,这时校正方程(15)具有形式
$$D\Delta x = -Ax^{(0)} + b$$
从而有
$$Dx^{(1)} = D(x^{(0)} + \Delta x)$$
$$= (D - A)x^{(0)} + b$$
$$= -(L + U)x^{(0)} + b$$

据此建立的迭代公式
$$x^{(1)} = -D^{-1}(L + U)x^{(0)} + D^{-1}b$$
即 Jacobi 公式(13).

2° 若取 A 的下三角成分 $D + L$ 充当校正矩阵 $\tilde{A}$,这时校正方程(15)具有形式
$$(D + L)\Delta x = -Ax^{(0)} + b$$
从而有
$$(D + L)x^{(1)} = (D + L)(x^{(0)} + \Delta x)$$
$$= (D + L - A)x^{(0)} + b$$
$$= -Ux^{(0)} + b$$

据此建立的迭代公式
$$x^{(1)} = -(D+L)^{-1}Ux^{(0)} + (D+L)^{-1}b$$
即 Gauss-Seidel 公式(14).

通过以上分析可以看到,求解线性方程组的 Jacobi 迭代与 Gauss-Seidel 迭代,它们分别用对角阵 D 与下三角阵 $D + L$ 充当校正矩阵 $\tilde{A}$.

前已指出,为保证迭代收敛,要求所设计的校正矩阵 $\tilde{A}$ 与原先的矩阵 A 很相似. 问题在于,什么样的系数矩阵才具有这种相似性呢?

5.3 节的回答是,对角占优阵正是这种矩阵. 不难想象,对于对角占优阵 A,它的对角成分 D 或三角成分 $D+L$ 可以近似地表达 A,因而这时 Jacobi 迭代与 Gauss-Seidel 迭代是收敛的.

小　　结

矩阵是一种强有力的数学工具. 运用矩阵可对数据体进行整体分析和批量处理.

从矩阵分析的角度来看,系数矩阵为对角阵或三角阵的方程组是简单的,而**用迭代法求解线性方程组,其实质是将所给方程组的求解化归为对角方程组或三角方程组求解过程的重复**(5.5 节).

将复杂化归为简单的重复,这种做法究竟是否有效,取决于所给系数矩阵的对角成分或三角成分是否同它自身"很相像". 一个很自然的结论是,**如果所给系数矩阵是对角占优的,那么它的对角成分或三角成分同它很相像,因而这时迭代法是收敛的**(5.3 节).

值得强调的是,比较迭代法的矩阵分裂技术与第 6 章直接法的矩阵分解技术,它们两者的对立统一性表明算法设计学的深层次的数学美.

例题选讲 5

1. 逆序的 Gauss-Seidel 迭代

提要　　迭代法的设计机理是,将所给方程组 $Ax = b$ 的系数矩阵 A 分裂为 $A = M + N$ 的形式,要求其中一个**分裂阵** M 比较容易求逆. 这样,据所给方程组 $(M+N)x = b$ 即 $Mx = -Nx + b$ 可建立起迭代公式

$$Mx^{(k+1)} = -Nx^{(k)} + b$$

设计迭代法的关键在于选取合适的分裂矩阵 M. 设进行矩阵分裂 $A = D + L + U$,其中 D 为对角阵,L 和 U 则分别为严格下三角阵与严格上三角阵. 那么,如果取对角阵 D 作为分裂阵 M,则所设计出的迭代法就是 Jacobi 迭代;而若取下三角阵 $D+L$ 作为分裂阵 M,则所设计出的迭代法就是 Gauss-Seidel 迭代.

人们自然会问,针对矩阵分裂 $A = L+D+U$,如果选取上三角阵 $D+U$ 作为分裂阵 M,即采取分裂方式 $A = (D+U)+L$,那么会设计出什么样的迭代法呢?

题 1　考察 3 阶方程组

$$\begin{cases} a_{11}x_1 + a_{12}x_2 + a_{13}x_3 = b_1 \\ a_{21}x_1 + a_{22}x_2 + a_{23}x_3 = b_2 \\ a_{31}x_1 + a_{32}x_2 + a_{33}x_3 = b_3 \end{cases}$$

试针对计算顺序 $x_3 \to x_2 \to x_1$ 建立逆序的 Gauss-Seidel 迭代公式.

解 首先改写所给方程组,令其左端仅保留上三角成分(试与 5.2 节的做法相比较)

$$\begin{cases} a_{11}x_1 + a_{12}x_2 + a_{13}x_3 = b_1 \\ a_{22}x_2 + a_{23}x_3 = b_2 - a_{21}x_1 \\ a_{33}x_3 = b_3 - a_{31}x_1 - a_{32}x_2 \end{cases}$$

据此可建立预报校正系统

$$\begin{cases} a_{11}x_1^{(k+1)} + a_{12}x_2^{(k+1)} + a_{13}x_3^{(k+1)} = b_1 \\ a_{22}x_2^{(k+1)} + a_{23}x_3^{(k+1)} = b_2 - a_{21}x_1^{(k)} \\ a_{33}x_3^{(k+1)} = b_3 - a_{31}x_1^{(k)} - a_{32}x_2^{(k)} \end{cases}$$

从而建立起逆序计算 $x_3 \to x_2 \to x_1$ 的 Gauss-Seidel 迭代公式

$$\begin{cases} x_3^{(k+1)} = (b_3 - a_{31}x_1^{(k)} - a_{32}x_2^{(k)})/a_{33} \\ x_2^{(k+1)} = (b_2 - a_{21}x_1^{(k)} - a_{23}x_3^{(k+1)})/a_{22} \\ x_1^{(k+1)} = (b_1 - a_{12}x_2^{(k+1)} - a_{13}x_3^{(k+1)})/a_{11} \end{cases}$$

题 2 考察矩阵分裂 $\boldsymbol{A} = (\boldsymbol{D}+\boldsymbol{U}) + \boldsymbol{L}$,试给出求解方程组 $\boldsymbol{Ax} = \boldsymbol{b}$ 的迭代公式,并与 Gauss-Seidel 迭代比较计算顺序.

解 据分裂方式 $\boldsymbol{A} = (\boldsymbol{D}+\boldsymbol{U}) + \boldsymbol{L}$ 建立起的迭代公式是

$$(\boldsymbol{D}+\boldsymbol{U})\boldsymbol{x}^{(k+1)} = -\boldsymbol{L}\boldsymbol{x}^{(k)} + \boldsymbol{b}$$

即

$$\boldsymbol{x}^{(k+1)} = -\boldsymbol{D}^{-1}(\boldsymbol{L}\boldsymbol{x}^{(k)} + \boldsymbol{U}\boldsymbol{x}^{(k+1)}) + \boldsymbol{D}^{-1}\boldsymbol{b}$$

其分量形式为

$$x_i^{(k+1)} = \frac{1}{a_{ii}}\left(b_i - \sum_{j=1}^{i-1}a_{ij}x_j^{(k)} - \sum_{j=i+1}^{n}a_{ij}x_j^{(k+1)}\right), \quad i = n, n-1, \cdots, 1$$

这样设计出的迭代公式,它的每一步逆向计算 $x_n^{(k+1)} \to x_{n-1}^{(k+1)} \to \cdots \to x_1^{(k+1)}$,其计算顺序恰好与 Gauss-Seidel 迭代相反,在这个意义下可以将它视作 Gauss-Seidel 迭代的反方法.

相反相成. 将正反两种 Gauss-Seidel 迭代相匹配,即可生成下述 Gauss-Seidel 预报校正系统.

题 3 令矩阵 $\boldsymbol{A} = (a_{ij})_{n\times n}$ 分裂为 $\boldsymbol{A} = \boldsymbol{L}+\boldsymbol{D}+\boldsymbol{U}$ 的形式,其中 $\boldsymbol{D}$ 为对角阵,$\boldsymbol{L}$ 与 $\boldsymbol{U}$ 分别为严格下三角阵与严格上三角阵,试列出正向反向 Gauss-Seidel 迭代的预报校正系统.

解 其预报校正系统形如

$$\text{预报} \qquad (D+L)\tilde{x}^{(k+1)} = -Ux^{(k)} + b$$
$$\text{校正} \qquad (D+U)x^{(k+1)} = -L\tilde{x}^{(k+1)} + b$$

相应的分量形式是

$$\tilde{x}_i^{(k+1)} = \frac{1}{a_{ii}}\left(b_i - \sum_{j=1}^{i-1} a_{ij}\tilde{x}_j^{(k+1)} - \sum_{j=i+1}^{n} a_{ij} x_j^{(k)}\right), \quad i = 1, 2, \cdots, n$$

$$x_i^{(k+1)} = \frac{1}{a_{ii}}\left(b_i - \sum_{j=1}^{i-1} a_{ij}\tilde{x}_j^{(k)} - \sum_{j=i+1}^{n} a_{ij} x_j^{(k+1)}\right), \quad i = n, n-1, \cdots, 1$$

2. 收敛性的判别

提要 前文推荐了判别迭代过程收敛的一个充分条件,即检查所给方程组的系数矩阵是否为对角占优阵. 这项条件容易检验,而且从实际问题中归结出来的大型线性方程组往往具有这种特性.

题 1 设方程组 $Ax = b$ 的系数矩阵 A 具有形式:

$$(1)\ A = \begin{bmatrix} 1 & a & a \\ a & 1 & a \\ a & a & 1 \end{bmatrix} \qquad (2)\ A = \begin{bmatrix} a & 1 & 1 \\ 1/a & a & 0 \\ 1/a & 0 & a \end{bmatrix}.$$

试问:参数 a 取何值时方能保证矩阵 A 为对角占优?

解 前者要求 $|a| < \frac{1}{2}$,后者要求 $|a| > 2$.

题 2 设 $a_{11}a_{22} \neq 0$,证明求解方程组

$$\begin{cases} a_{11}x_1 + a_{12}x_2 = b_1 \\ a_{21}x_1 + a_{22}x_2 = b_2 \end{cases}$$

的 Jacobi 迭代与 Gauss-Seidel 迭代同时收敛或同时发散.

解 先考察 Jacobi 迭代

$$\begin{cases} x_1^{(k+1)} = -\dfrac{a_{12}}{a_{11}}x_2^{(k)} + \dfrac{b_1}{a_{11}} \\ x_2^{(k+1)} = -\dfrac{a_{21}}{a_{22}}x_1^{(k)} + \dfrac{b_2}{a_{22}} \end{cases}$$

这里迭代误差 $e_i^{(k)} = |x_i^{(k)} - x_i^*|$, $i = 1, 2$,满足

$$e_1^{(k+1)} = \left|\frac{a_{12}}{a_{11}}\right| e_2^{(k)}, \quad e_2^{(k+1)} = \left|\frac{a_{21}}{a_{22}}\right| e_1^{(k)}$$

由此可见,这里保证迭代收敛的充要条件是

$$\left|\frac{a_{12}a_{21}}{a_{11}a_{22}}\right| < 1$$

类似地可以证明,这项条件同样是保证 Gauss-Seidel 迭代收敛的充要条件.

习 题 5

1. 用 Jacobi 迭代与 Gauss-Seidel 迭代求解方程组

$$\begin{cases} 3x_1 + x_2 = 2 \\ x_1 + 2x_2 = 1 \end{cases}$$

要求保留 3 位有效数字.

2. 试列出求解下列方程组的 Jacobi 迭代公式和 Gauss-Seidel 迭代公式：

$$\begin{cases} 10x_1 + x_3 - 5x_4 = -7 \\ x_1 + 8x_2 - 3x_3 = 11 \\ 3x_1 + 2x_2 - 8x_3 + x_4 = 23 \\ x_1 - 2x_2 + 2x_3 + 7x_4 = 17 \end{cases}$$

并考察迭代过程的收敛性.

3. 分别用 Jacobi 迭代与 Gauss-Seidel 迭代求解以下方程组：

(1) $\begin{cases} x_1 + 2x_2 = -1 \\ 3x_1 + x_2 = 2 \end{cases}$ (2) $\begin{cases} x_1 + 5x_2 - 3x_3 = 2 \\ 5x_1 - 2x_2 + x_3 = 4 \\ 2x_1 + x_2 - 5x_3 = -11 \end{cases}$

4. 若 A 可写成分块形式

$$A = \begin{bmatrix} A_{11} & A_{12} \\ A_{21} & A_{22} \end{bmatrix}$$

其中 A_{11}, A_{22} 均为可逆方阵，且易于求逆，试以

$$\begin{bmatrix} A_{11} & \\ & A_{22} \end{bmatrix}$$

为校正矩阵设计出一种求解方程组 $Ax = b$ 的迭代公式.

5. 分别用 Jacobi 迭代与 Gauss-Seidel 迭代求解下列方程组：

(1) $\begin{cases} x_1 + x_3 = 5 \\ -x_1 + x_2 = -7 \\ x_1 + 2x_2 - 3x_3 = -17 \end{cases}$ (2) $\begin{cases} x_1 + 0.5x_2 + 0.5x_3 = 0 \\ 0.5x_1 + x_2 + 0.5x_3 = 0.5 \\ 0.5x_1 + 0.5x_2 + x_3 = -2.5 \end{cases}$

6. 取 $\omega = 1.25$, 用松弛法求解下列方程组：

$$\begin{cases} 4x_1 + 3x_2 = 16 \\ 3x_1 + 4x_2 - x_3 = 20 \\ -x_2 + 4x_3 = -12 \end{cases}$$

要求精度为 $\frac{1}{2} \times 10^{-4}$.

第6章　线性方程组的直接法

第5章介绍了求解线性方程组的迭代法.迭代法的设计思想是,将所给线性方程组的求解过程化归为三角方程组或对角方程组求解过程的重复.

所谓求解线性方程组的直接法,就是通过有限步的运算手续,将所给方程组直接加工成某个三角方程组乃至对角方程组来求解.众所周知的消去法就是这样一类方法,它运用消元手续实现这种加工.

消去法是一类古老的算法.两千年前的中国古代算经《九章算术》中就记载有解线性方程组的消元技术(6.6节),其设计机理同近代 Gauss 消去法(6.5节)一脉相承.

求解线性方程组的直接法主要分消去法与矩阵分解方法两大类.为了揭示这两类方法的内在联系,6.1节和6.2节首先考察三对角方程组的特殊情形.

求解三对角方程组的常用方法是追赶法.追赶法是本章的核心内容.本章介绍的对称方程组(6.4节)乃至一般线性方程组(6.3节与6.5节)的解法,本质上都是追赶法的延伸与拓展.

6.1　追　赶　法

6.1.1　二对角方程组的回代过程

含有大量零元素的矩阵称为**稀疏阵**.对角阵是稀疏阵的特例,其非零元素集中分布在主对角线上,其结构如图 6-1 所示.

如果矩阵的非零元素集中分布在主对角线以及下次对角线或上次对角线上,这样的矩阵称作**下二对角阵**或**上二对角阵**,其结构分别如图 6-2、图 6-3 所示①,相应的方程组称作**下二对角方程组**或**上二对角方程组**.

图 6-1　　　　　　　　图 6-2　　　　　　　　图 6-3

---

① 稀疏矩阵中的空白部分表示全为零元素,后同.

二对角方程组的求解是容易的. 譬如,对于下二对角方程组

$$\begin{cases} b_1 x_1 = f_1 \\ a_2 x_1 + b_2 x_2 = f_2 \\ \vdots \\ a_n x_{n-1} + b_n x_n = f_n \end{cases}$$

即

$$\begin{cases} b_1 x_1 = f_1 \\ a_i x_{i-1} + b_i x_i = f_i, \quad i = 2, 3, \cdots, n \end{cases}$$

据此自上而下逐步回代即可**顺序**得出它的解

$$x_1 \rightarrow x_2 \rightarrow \cdots \rightarrow x_n$$

这里回代公式为

$$\begin{cases} x_1 = f_1 / b_1 \\ x_i = (f_i - a_i x_{i-1})/b_i, \quad i = 2, 3, \cdots, n \end{cases}$$

类似地,对于上二对角方程组

$$\begin{cases} b_1 x_1 + c_1 x_2 = f_1 \\ \vdots \\ b_{n-1} x_{n-1} + c_{n-1} x_n = f_{n-1} \\ b_n x_n = f_n \end{cases}$$

即

$$\begin{cases} b_i x_i + c_i x_{i+1} = f_i, \quad i = 1, 2, \cdots, n-1 \\ b_n x_n = f_n \end{cases}$$

据此自下而上逐步回代即可**逆序**得出它的解

$$x_n \rightarrow x_{n-1} \rightarrow \cdots \rightarrow x_1$$

这里回代公式为

$$\begin{cases} x_n = f_n / b_n \\ x_i = (f_i - c_i x_{i+1})/b_i, \quad i = n-1, n-2, \cdots, 1 \end{cases}$$

由此可见,对于系数矩阵为二对角阵的简单情形,方程组的求解是容易的. 不过需要特别注意解的次序. 下二对角方程组的解是顺序得出的,其求解过程称作**追的过程**;反之,上二对角方程组的解则是逆序生成的,其求解过程称作**赶的过程**. 一顺一逆,一追一赶.

无论是追的过程还是赶的过程,每做一步,都是将所给下二对角方程组或上二对角方程组化归为变元个数减 1 的类型相同的二对角方程组,因此,**这种回代算法是规模缩减技术的具体应用**.

6.1.2 追赶法的设计思想

如果系数矩阵的非零元素集中分布在主对角线及其上、下两条次对角线上

(图 6-4),这类稀疏矩阵称作**三对角阵**.而称系数矩阵为三对角阵的线性方程组是**三对角**的.

图 6-4

前已指出,作为三对角方程组的特例,二对角方程组的情形是容易处理的.人们自然会问,三对角方程组能否化归为二对角方程组来求解呢?

所谓追赶法正是基于这一思想设计出来的.

先考察 3 阶三对角方程组

$$\begin{cases} b_1 x_1 + c_1 x_2 = f_1 \\ a_2 x_1 + b_2 x_2 + c_2 x_3 = f_2 \\ a_3 x_2 + b_3 x_3 = f_3 \end{cases} \tag{1}$$

运用人们所熟知的消元手续进行加工. 第 1 步,将式(1)$_1$[①] 中 x_1 的系数化为 1,使之加工成

$$x_1 + u_1 x_2 = y_1 \tag{2}$$

的形式,式中

$$u_1 = c_1/b_1, \quad y_1 = f_1/b_1$$

然后利用式(2) 从式(1)$_2$ 中消去 x_1,得

$$a_2(y_1 - u_1 x_2) + b_2 x_2 + c_2 x_3 = f_2$$

再将其中 x_2 的系数化为 1,使之加工成

$$x_2 + u_2 x_3 = y_2 \tag{3}$$

的形式,易知

$$u_2 = c_2/(b_2 - a_2 u_1)$$
$$y_2 = (f_2 - a_2 y_1)/(b_2 - a_2 u_1)$$

最后将式(3) 代入式(1)$_3$,从中消去 x_2,即可定出

$$x_3 = y_3$$

这里

$$y_3 = (f_3 - a_3 y_2)/(b_3 - a_3 u_2)$$

这样,通过众所周知的消元手续,所给方程组(1) 被加工成如下形式的单位上二对角方程组

$$\begin{cases} x_1 + u_1 x_2 = y_1 \\ x_2 + u_2 x_3 = y_2 \\ x_3 = y_3 \end{cases}$$

后者通过回代手续立即解出

---

① 本章以(•)$_i$ 表示方程组(•) 的第 i 个方程.

$$\begin{cases} x_3 = y_3 \\ x_2 = y_2 - u_2 x_3 \\ x_1 = y_1 - u_1 x_2 \end{cases}$$

6.1.3 追赶法的计算公式

一般来说,对于系数阵为三对角阵

$$A = \begin{bmatrix} b_1 & c_1 & & & & \\ a_2 & b_2 & c_2 & & & \\ & a_3 & b_3 & c_3 & & \\ & & \ddots & \ddots & \ddots & \\ & & & a_{n-1} & b_{n-1} & c_{n-1} \\ & & & & a_n & b_n \end{bmatrix}$$

的方程组

$$\begin{cases} b_1 x_1 + c_1 x_2 = f_1 \\ a_i x_{i-1} + b_i x_i + c_i x_{i+1} = f_i, & i = 2, 3, \cdots, n-1 \\ a_n x_{n-1} + b_n x_n = f_n \end{cases} \tag{4}$$

其加工过程分消元与回代两个环节.

1° 消元过程

将所给三对角方程组(4)加工成易于求解的单位上二对角方程组

$$\begin{cases} x_i + u_i x_{i+1} = y_i, & i = 1, 2, \cdots, n-1 \\ x_n = y_n \end{cases} \tag{5}$$

为此所要施行的运算手续是

$$\begin{cases} u_1 = c_1/b_1, \quad y_1 = f_1/b_1 \\ u_i = c_i/(b_i - a_i u_{i-1}), & i = 2, 3, \cdots, n-1 \\ y_i = (f_i - a_i y_{i-1})/(b_i - a_i u_{i-1}), & i = 2, 3, \cdots, n \end{cases} \tag{6}$$

2° 回代过程

进一步求解加工得出的二对角方程组(5),其计算公式是

$$\begin{cases} x_n = y_n \\ x_i = y_i - u_i x_{i+1}, & i = n-1, n-2, \cdots, 1 \end{cases} \tag{7}$$

显然,上述两个计算环节,**无论是消元过程还是回代过程,它们都是规模缩减技术的具体运用**.这里可将变元的个数视为线性方程组的规模,这样,每通过消元手续消去一个变元,计算问题的规模便相应地减1,而直到每个方程仅含一个变元时即可得出所求的解.

需要指出的是,上述消元过程与回代过程这两个环节有着实质性的差异:前

者是顺序计算 $y_1 \to y_2 \to \cdots \to y_n$,而后者则是逆序求解 $x_n \to x_{n-1} \to \cdots \to x_1$,如 6.1.1 小节所述,通常,前者称作**追**的过程,而后者称作**赶**的过程. 求解三对角方程组的上述方法则称作**追赶法**.

总之,追赶法的设计机理是将所给三对角方程组(4)化归为简单的二对角方程组(5)来求解,从而达到化繁为简的目的.

6.1.4 追赶法的计算流程

再审视追赶法的计算公式(6)和式(7),不难看出,这类方法可划分为预处理、追的过程与赶的过程三个环节(算法 6.1).

算法 6.1 （追赶法）

1° 预处理

生成方程组(5)的系数 u_i 及其除数 d_i. 事实上,按式(6)可交替生成 d_i 与 u_i:

$$d_1 \to u_1 \to d_2 \to \cdots \to u_{n-1} \to d_n$$

其计算公式为

$$\begin{cases} d_1 = b_1 \\ u_i = c_i/d_i, \\ d_{i+1} = b_{i+1} - a_{i+1}u_i, \end{cases} i = 1, 2, \cdots, n-1$$

2° 追的过程

顺序生成方程组(5)的右端 y_i:

$$y_1 \to y_2 \to \cdots \to y_n$$

据式(6)计算公式为

$$\begin{cases} y_1 = f_1/d_1 \\ y_i = (f_i - a_i y_{i-1})/d_i, \end{cases} i = 2, 3, \cdots, n$$

3° 赶的过程

逆序得出方程组(5)的解 x_i:

$$x_n \to x_{n-1} \to \cdots \to x_1$$

其计算公式按式(7)为

$$\begin{cases} x_n = y_n \\ x_i = y_i - u_i x_{i+1}, \end{cases} i = n-1, n-2, \cdots, 1$$

6.1.5 追赶法的可行性

为使追赶法的计算过程不致中断,必须要求式(6)中的分母 $d_i = b_i - a_i u_{i-1}$ 全不为 0. 为此考察系数阵为对角占优阵的情形(5.3.3 小节).

定义 三对角阵

$$A = \begin{bmatrix} b_1 & c_1 & & & & \\ a_2 & b_2 & c_2 & & & \\ & a_3 & b_3 & c_3 & & \\ & & \ddots & \ddots & \ddots & \\ & & & a_{n-1} & b_{n-1} & c_{n-1} \\ & & & & a_n & b_n \end{bmatrix}$$

称作**对角占优阵**,如果其主对角元素的绝对值大于同行次对角元素的绝对值之和,即成立

$$\begin{cases} |b_1| > |c_1| \\ |b_i| > |a_i| + |c_i|, & i = 2,3,\cdots,n-1 \\ |b_n| > |a_n| \end{cases} \tag{8}$$

定理 1 如果所给三对角方程组(4)的系数矩阵是对角占优的,则除数 d_i ($i = 1,2,\cdots,n$) 的值全不为 0,从而前述追赶过程不会中断.

证 按对角占优条件(8)

$$|d_1| = |b_1| > |c_1|$$

知 $d_1 \neq 0$. 又

$$|u_1| = \frac{|c_1|}{|d_1|} = \frac{|c_1|}{|b_1|} < 1$$

故再利用式(8)有

$$|d_2| = |b_2 - a_2 u_1| \geq |b_2| - |a_2| > |c_2|$$

因而 $d_2 \neq 0$. 依此类推,知其余 d_i 全不为 0,定理得证.

最后统计追赶法的计算量.

追赶法针对三对角方程组的具体特点,在设计算法时将大量的零元素撇开,从而大大地节省了计算量. 易知追赶法大约需要 $3n$ 次加减运算与 $5n$ 次乘除运算.

在计算机上,追赶法是求解三对角方程组的一种有效方法,它具有计算量小、方法简单及算法稳定等优点,因而有广泛的实际应用. 不过,如果三对角方程组的系数矩阵并非对角占优阵,则追赶法可能失效,这时可采用 6.5 节推荐的选主元消去法.

6.2 追赶法的矩阵分解手续

6.2.1 三对角阵的二对角分解

前已看到,追赶法的设计思想是,通过消元手续将所给三对角方程组(4)加

工成二对角方程组(5),后者求解是容易的.人们自然会问,能否运用某种技术,由方程组(4)的系数矩阵 A 直接加工出方程组(5)的系数矩阵

$$U = \begin{bmatrix} 1 & u_1 & & & \\ & 1 & u_2 & & \\ & & \ddots & \ddots & \\ & & & 1 & u_{n-1} \\ & & & & 1 \end{bmatrix}$$

呢?为了回答这个问题,将所给矩阵 A 分解为上述形式的单位上二对角阵 U 与某个下二对角阵

$$L = \begin{bmatrix} d_1 & & & & \\ l_2 & d_2 & & & \\ & l_3 & d_3 & & \\ & & \ddots & \ddots & \\ & & & l_n & d_n \end{bmatrix}$$

的乘积 $A = LU$,即令

$$\begin{bmatrix} b_1 & c_1 & & & \\ a_2 & b_2 & c_2 & & \\ & \ddots & \ddots & \ddots & \\ & & a_{n-1} & b_{n-1} & c_{n-1} \\ & & & a_n & b_n \end{bmatrix} = \begin{bmatrix} d_1 & & & & \\ l_2 & d_2 & & & \\ & l_3 & d_3 & & \\ & & \ddots & \ddots & \\ & & & l_n & d_n \end{bmatrix} \begin{bmatrix} 1 & u_1 & & & \\ & 1 & u_2 & & \\ & & \ddots & \ddots & \\ & & & 1 & u_{n-1} \\ & & & & 1 \end{bmatrix}$$

(9)

依据上述矩阵展开式,如何利用已给数据 a_i, b_i, c_i 定出分解阵的元素 d_i, l_i, u_i 呢?

先考察 $n = 4$ 的具体情形,这时矩阵分解(9)表现为

$$\begin{bmatrix} b_1 & c_1 & & \\ a_2 & b_2 & c_2 & \\ & a_3 & b_3 & c_3 \\ & & a_4 & b_4 \end{bmatrix} = \begin{bmatrix} d_1 & & & \\ l_2 & d_2 & & \\ & l_3 & d_3 & \\ & & l_4 & d_4 \end{bmatrix} \begin{bmatrix} 1 & u_1 & & \\ & 1 & u_2 & \\ & & 1 & u_3 \\ & & & 1 \end{bmatrix}$$

将这一矩阵关系式按矩阵乘法规则展开,得

$$b_1 = d_1, \quad c_1 = d_1 u_1$$
$$a_2 = l_2, \quad b_2 = l_2 u_1 + d_2, \quad c_2 = d_2 u_2$$
$$a_3 = l_3, \quad b_3 = l_3 u_2 + d_3, \quad c_3 = d_3 u_3$$
$$a_4 = l_4, \quad b_4 = l_4 u_3 + d_4$$

表面上看,这样归结出的关系式是个关于变元 d_i, l_i, u_i 的非线性方程组,它

的求解似乎存在实质性的困难. 其实, 只要**合理地设定计算顺序**, 解出上述方程组并不困难.

首先注意一个明显的事实: 这里矩阵 L 的次对角元素与所给矩阵 A 相同, 即成立
$$l_2 = a_2, \quad l_3 = a_3, \quad l_4 = a_4$$

进一步深入观察不难发现, 分解阵 L, U 的其余元素可以**逐行**依次求出, 事实上有
$$\begin{aligned}d_1 &= b_1, & u_1 &= c_1/d_1 \\ d_2 &= b_2 - a_2 u_1, & u_2 &= c_2/d_2 \\ d_3 &= b_3 - a_3 u_2, & u_3 &= c_3/d_3 \\ d_4 &= b_4 - a_4 u_3 & & \end{aligned}$$

上述分解手续可推广到 n 阶三对角阵的一般情形.

将矩阵关系式(9)按矩阵乘法规则展开, 易知分解阵 L 与原矩阵 A 的下次对角线相同, 即有 $l_i = a_i$, $i = 2, 3, \cdots, n$, 从而 L 具有形式

$$L = \begin{bmatrix} d_1 & & & & \\ a_2 & d_2 & & & \\ & a_3 & d_3 & & \\ & & \ddots & \ddots & \\ & & & a_n & d_n \end{bmatrix}$$

此外依矩阵乘法规则可列出方程组
$$\begin{cases} b_1 = d_1 \\ c_i = u_i d_i, \\ b_{i+1} = u_i a_{i+1} + d_{i+1}, \end{cases} \quad i = 1, 2, \cdots, n-1$$

据此可**逐行**定出矩阵 L 与 U 的各个元素, 其计算公式为
$$\begin{cases} d_1 = b_1 \\ u_i = c_i/d_i, \\ d_{i+1} = b_{i+1} - u_i a_{i+1}, \end{cases} \quad i = 1, 2, \cdots, n-1 \tag{10}$$

6.2.2 基于矩阵分解的追赶法

基于三对角阵 A 的二对角分解 $A = LU$, 所给方程组 $Ax = f$ 即
$$L(Ux) = f$$
可化归为 $Ly = f$ 与 $Ux = y$ 两个方程组来求解, 前者 $Ly = f$ 是下二对角方程组, 其具体形式是
$$\begin{cases} d_1 y_1 = f_1 \\ a_i y_{i-1} + d_i y_i = f_i, \quad i = 2, 3, \cdots, n \end{cases}$$

回代解得
$$\begin{cases} y_1 = f_1/d_1 \\ y_i = (f_i - a_i y_{i-1})/d_i, \quad i = 2,3,\cdots,n \end{cases} \tag{11}$$

而后者 $Ux = y$ 即前述方程组(5)，其求解公式已由式(7)给出.

这样，在预先进行矩阵分解的前提下，所给三对角方程组(4)可化归为两个二对角方程组来求解. 这一求解过程可划分为如下三个环节.

1° 预处理

分解矩阵 $A = LU$，即依式(10)逐行交替计算分解阵 L 与 U 的元素
$$d_1 \to u_1 \to d_2 \to u_2 \to \cdots \to d_{n-1} \to u_{n-1} \to d_n$$

2° 追的过程

解二对角方程组 $Ly = f$，即依式(11)顺序计算
$$y_1 \to y_2 \to \cdots \to y_n$$

3° 赶的过程

解单位上二对角方程组 $Ux = y$，即依式(7)逆序求解
$$x_n \to x_{n-1} \to \cdots \to x_1$$

容易看出，上述矩阵分解方法与前述追赶法是一致的. 它表明，追赶法的一追一赶两个过程，其实质是将所给三对角方程组化归为下二对角方程组与上二对角方程组来求解.

综上所述，矩阵分解 $A = LU$ 是一种代数化方法，分解矩阵 L, U 中的元素作为待定参数，它们满足某个代数方程组. 值得注意的是，**尽管这个方程组是非线性的，但适当设定计算顺序即可归纳出显式化的分解公式**.

这类矩阵分解方法亦可用来求解一般形式的**线性**方程组.

6.3 矩阵分解方法

6.3.1 矩阵的 LU 分解

上一节处理三对角方程组的矩阵分解方法，其设计思想对于一般形式的线性方程组 $Ax = b$ 同样是有效的.

事实上，设将系数矩阵 A 分解成下三角阵 L 与上三角阵 U 的乘积(图 6-5)
$$A = LU$$
则所给方程组 $Ax = b$ 即

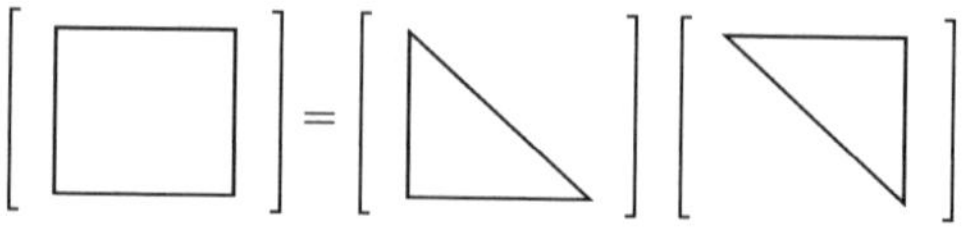

图 6-5

$$L(Ux) = b$$

可化归为两个三角方程组

$$Ly = b, \quad Ux = y$$

来求解. 正如 5.1 节所指出的, 三角方程组有简单的回代公式, 求解是方便的.

值得注意的是, 类同于三对角方程组的情形, 这里, 下三角方程组 $Ly = b$ 的回代过程是个**顺序计算** $y_1 \to y_2 \to \cdots \to y_n$ 的**追的过程**, 而上三角方程组 $Ux = y$ 的回代过程则是**逆序求解** $x_n \to x_{n-1} \to \cdots \to x_1$ 的**赶的过程**. 因此, 上述矩阵分解方法可理解为广义的追赶法.

考察矩阵分解方法的可行性. 对于一阶方阵的简单情形, 由矩阵分解公式

$$[a] = [l][u]$$

不能唯一地确定分解阵的元素 l 和 u, 因此需要再附加某种条件. 为了保证分解方式 $A = LU$ 的唯一性, 实际的附加条件是, 令其中一个分解阵 L 或 U 的对角线元素全为 1.

6.3.2 矩阵的 LU_1 分解

考察矩阵分解 $A = LU_1$, 这里 L 为下三角阵, U_1 为单位上三角阵, 如对于 3 阶矩阵 A, 有

$$\begin{bmatrix} a_{11} & a_{12} & a_{13} \\ a_{21} & a_{22} & a_{23} \\ a_{31} & a_{32} & a_{33} \end{bmatrix} = \begin{bmatrix} l_{11} & & \\ l_{21} & l_{22} & \\ l_{31} & l_{32} & l_{33} \end{bmatrix} \begin{bmatrix} 1 & u_{12} & u_{13} \\ & 1 & u_{23} \\ & & 1 \end{bmatrix}$$

按矩阵乘法规则展开, 有

$$\begin{cases} a_{11} = l_{11}, & a_{12} = l_{11} u_{12}, & a_{13} = l_{11} u_{13} \\ a_{21} = l_{21}, & a_{22} = l_{21} u_{12} + l_{22}, & a_{23} = l_{21} u_{13} + l_{22} u_{23} \\ a_{31} = l_{31}, & a_{32} = l_{31} u_{12} + l_{32}, & a_{33} = l_{31} u_{13} + l_{32} u_{23} + l_{33} \end{cases} \quad (12)$$

这样归结出的分解公式是个关于变元 l_{ij}, u_{ij} 的非线性方程组.

为要求解线性方程组, 运用矩阵分解方法所归结出的竟然是个非线性方程组, 这样处理合适吗?

其实这种疑虑是多余的. 事实上, 如果对分解式(12)设定计算顺序, 譬如**逐行生成分解阵 L, U_1 各个元素**(式(12)中用波纹线标示)

$$l_{11} \to u_{12} \to u_{13}$$
$$\to l_{21} \to l_{22} \to u_{23}$$
$$\to l_{31} \to l_{32} \to l_{33}$$

那么, 它的每一步计算都是显式的, 即

$$l_{11} = a_{11}, \quad u_{12} = a_{12}/l_{11}, \quad u_{13} = a_{13}/l_{11}$$
$$l_{21} = a_{21}, \quad l_{22} = a_{22} - l_{21}u_{12}, \quad u_{23} = (a_{23} - l_{21}u_{13})/l_{22}$$
$$l_{31} = a_{31}, \quad l_{32} = a_{32} - l_{31}u_{12}, \quad l_{33} = a_{33} - l_{31}u_{13} - l_{32}u_{23}$$

这一事实具有普遍意义,对于一般形式的矩阵分解 $A = LU_1$,这里 L 为下三角阵而 U_1 为单位上三角阵,则所给方程组 $Ax = b$,即 $L(U_1 x) = b$ 可化归为下三角方程组 $Ly = b$ 和单位上三角方程组 $U_1 x = y$ 来求解. 分解方式 $A = LU_1$ 称作矩阵 A 的 **Crout** 分解.

基于矩阵 A 的 Crout 分解, 方程组 $Ax = b$ 即
$$\sum_{j=1}^{n} a_{ij} x_j = b_i, \quad i = 1, 2, \cdots, n$$
的求解分为三个环节.

矩阵分解法如算法 6.2 所述.

算法 6.2 [①] (矩阵分解方法)

1° 预处理

实现矩阵分解 $A = LU_1$: 对 $i = 1, 2, \cdots, n$ 计算
$$l_{ij} = a_{ij} - \sum_{k=1}^{j-1} l_{ik} u_{kj}, \quad j = 1, 2, \cdots, i$$
$$u_{ij} = \left(a_{ij} - \sum_{k=1}^{j-1} l_{ik} u_{kj} \right) \Big/ l_{ii}, \quad j = i+1, i+2, \cdots, n$$

2° 追的过程

解下三角方程组 $Ly = b$ 即
$$\sum_{j=1}^{i} l_{ij} y_j = b_i, \quad i = 1, 2, \cdots, n$$
回代公式为
$$y_i = \left(b_i - \sum_{j=1}^{i-1} l_{ij} y_j \right) \Big/ l_{ii}, \quad i = 1, 2, \cdots, n$$

3° 赶的过程

解单位上三角方程组 $U_1 x = y$ 即
$$x_i + \sum_{j=i+1}^{n} u_{ij} x_j = y_i, \quad i = 1, 2, \cdots, n$$
回代公式为
$$x_i = y_i - \sum_{j=i+1}^{n} u_{ij} x_j, \quad i = n, n-1, \cdots, 1$$

---

① 本章约定,和式 $\sum_{j=m}^{l}(\cdot)$ 当 $l < m$ 时其值为 0,譬如 $\sum_{j=1}^{0}(\cdot)$ 和 $\sum_{j=n+1}^{n}(\cdot)$ 都是虚设的项,可删除.

由此看出,求解一般方程组的矩阵分解方法,其设计机理与设计方法同三对角方程组的追赶法(6.2.2小节)如出一辙.

类同 $A = LU_1$ 还可以再考虑 $A = L_1 U$ 的分解方式,这里 U 为上三角阵,L_1 为单位下三角阵,如对于 3 阶矩阵 A 有

$$\begin{bmatrix} a_{11} & a_{12} & a_{13} \\ a_{21} & a_{22} & a_{23} \\ a_{31} & a_{32} & a_{33} \end{bmatrix} = \begin{bmatrix} 1 & & \\ l_{21} & 1 & \\ l_{31} & l_{32} & 1 \end{bmatrix} \begin{bmatrix} u_{11} & u_{12} & u_{13} \\ & u_{22} & u_{23} \\ & & u_{33} \end{bmatrix}$$

仿照 $L_1 U$ 分解的处理方法,基于 $L_1 U$ 分解同样可以设计出求解方程组 $Ax = b$ 的广义的追赶法,其演绎过程请读者自行补足.

6.4 Cholesky 方法

6.4.1 对称阵的 LL^T 分解

称矩阵 A 是**对称的**,如果其转置阵 $A^T = A$. 系数阵为对称阵的线性方程组称作**对称方程组**.

由于三角方程组的求解是简单的,自然希望将对称方程组 $Ax = b$ 加工成三角方程组来求解,为此需要将系数矩阵 A 分解成下三角阵 L 与上三角阵 U 的乘积 $A = LU$(图 6-4). 这时由 $A^T = A$ 有 $U^T L^T = LU$,因此应取 $U = L^T$,即令

$$A = LL^T$$

这种设计方法是否合适呢?对于 $n = 1$ 的平凡情形,上述分解公式退化为

$$a = l \cdot l$$

的形式,据此知 $l = \sqrt{a}$. 由此可见矩阵分解 $A = LL^T$ 中含有开方运算. 对称阵 A 的 LL^T 分解因此被称作**平方根法**.

平方根法由于含有开方运算而实用价值不大,其矩阵分解过程留作习题供读者自行练习.

6.4.2 对称阵的 Cholesky 分解

为避免开方运算,可采取如下分解方案:

$$A = L_1 D L_1^T$$

这里 D 为对角阵,L_1 为单位下三角阵,矩阵分解 $A = L_1 D L_1^T$ 如图 6-6 所示,图中齿形线表示对角元素全为 1. 对称阵的这种分解方式称作 **Cholesky 分解**.

这种设计方法是否有效呢?对于 $n = 1$ 的平凡情形,分解公式 $A = L_1 D L_1^T$ 退化为

$$a = 1 \cdot d \cdot 1$$

的形式,据此立即定出 $d = a$,这里确实不含开方运算.

图 6-6

为具体显示这种分解过程,再考察 3 阶矩阵

$$\begin{bmatrix} a_{11} & a_{21} & a_{31} \\ a_{21} & a_{22} & a_{32} \\ a_{31} & a_{32} & a_{33} \end{bmatrix} = \begin{bmatrix} 1 & & \\ l_{21} & 1 & \\ l_{31} & l_{32} & 1 \end{bmatrix} \begin{bmatrix} d_1 & & \\ & d_2 & \\ & & d_3 \end{bmatrix} \begin{bmatrix} 1 & l_{21} & l_{31} \\ & 1 & l_{32} \\ & & 1 \end{bmatrix}$$

按矩阵乘法规则展开,注意到所给矩阵的对称性可列出方程组

$$a_{11} = d_1$$
$$a_{21} = d_1 l_{21}, \quad a_{22} = d_1 l_{21}^2 + d_2$$
$$a_{31} = d_1 l_{31}, \quad a_{32} = d_1 l_{21} l_{31} + d_2 l_{32}, \quad a_{33} = d_1 l_{31}^2 + d_2 l_{32}^2 + d_3$$

据此可逐行求出分解阵 L_1 与 D 的各个元素:

$$d_1 = a_{11}$$
$$l_{21} = a_{21}/d_1, \quad d_2 = a_{22} - d_1 l_{21}^2$$
$$l_{31} = a_{31}/d_1, \quad l_{32} = (a_{32} - d_1 l_{21} l_{31})/d_2, \quad d_3 = a_{33} - d_1 l_{31}^2 - d_2 l_{32}^2$$

进一步推广到 n 阶方阵的一般情形.这时对称阵的 Cholesky 分解 $A = L_1 D L_1^T$ 具有形式

$$\begin{bmatrix} a_{11} & & & & & \\ a_{21} & a_{22} & & \text{对} & & \\ a_{31} & a_{32} & a_{33} & & \text{称} & \\ \vdots & \vdots & \ddots & \ddots & & \\ a_{n1} & a_{n2} & \cdots & a_{n,n-1} & a_{nn} \end{bmatrix}$$

$$= \begin{bmatrix} 1 & & & & \\ l_{21} & 1 & & & \\ l_{31} & l_{32} & 1 & & \\ \vdots & \vdots & \ddots & \ddots & \\ l_{n1} & l_{n2} & \cdots & l_{n,n-1} & 1 \end{bmatrix} \begin{bmatrix} d_1 & & & & \\ & d_2 & & & \\ & & d_3 & & \\ & & & \ddots & \\ & & & & d_n \end{bmatrix} \begin{bmatrix} 1 & l_{21} & l_{31} & \cdots & l_{n1} \\ & 1 & l_{32} & \cdots & l_{n2} \\ & & \ddots & \ddots & \vdots \\ & & & 1 & l_{n,n-1} \\ & & & & 1 \end{bmatrix}$$

将上式按矩阵乘法规则展开,左端的元素 a_{ij} ($j \leqslant i$) 等于 L_1 的第 i 行与 DL_1^T 的第 j 列的乘积

$$a_{ij} = (l_{i1}, l_{i2}, \cdots, l_{i,j-1}, l_{ij}, l_{i,j+1}, \cdots, l_{i,i-1}, 1, 0, \cdots, 0)$$
$$\times (d_1 l_{j1}, d_2 l_{j2}, \cdots, d_{j-1} l_{j,j-1}, d_j, 0, \cdots, 0)^T$$

$$= \sum_{k=1}^{j-1} d_k l_{ik} l_{jk} + l_{ij} d_j$$

$$a_{ii} = \sum_{k=1}^{i-1} d_k l_{ik}^2 + d_i$$

据此可**逐行**定出分解阵 L_1 与 D 的元素

$$\begin{cases} l_{ij} = \left(a_{ij} - \sum_{k=1}^{j-1} d_k l_{ik} l_{jk}\right)\bigg/ d_j, & j = 1, 2, \cdots, i-1 \\ d_i = a_{ii} - \sum_{k=1}^{i-1} d_k l_{ik}^2, & i = 1, 2, \cdots, n \end{cases} \tag{13}$$

由此可见,同对称阵的 LL^T 分解不同,**Cholesky 分解**确实不再含有开方运算.

可以证明,如果所给对称阵 A 是所谓正定阵[①],那么分解公式(13)的除数 d_i 全不为 0,这时 Cholesky 分解的计算过程不会中断.

基于对称正定阵 A 的 Cholesky 分解 $A = L_1 D L_1^T$,所给方程组 $Ax = b$ 即

$$L_1 (D L_1^T x) = b$$

化归为如下两个三角方程组

$$L_1 y = b, \quad L_1^T x = D^{-1} y$$

其求解公式分别为

$$y_i = b_i - \sum_{j=1}^{i-1} l_{ij} y_j, \quad i = 1, 2, \cdots, n \tag{14}$$

和

$$x_i = y_i / d_i - \sum_{j=i+1}^{n} l_{ji} x_j, \quad i = n, n-1, \cdots, 1 \tag{15}$$

基于 Cholesky 分解 $A = L_1 D L_1^T$ 求解对称方程组 $Ax = b$ 的这种方法通常称作 **Cholesky 方法**(算法 6.3).

算法 6.3 (对称方程组的 Cholesky 方法)

1° **预处理**

施行矩阵分解 $A = L_1 D L_1^T$,即依式(13)对 $i = 1, 2, \cdots, n$ 依次计算 l_{i1}, $l_{i2}, \cdots, l_{i,i-1}$ 与 d_i.

2° **追的过程**

求解单位下三角方程组 $L_1 y = b$,即依式(14)顺序计算 $y_1, y_2, \cdots, y_n$.

3° **赶的过程**

求解单位上三角方程组 $L_1^T d = D^{-1} y$,即依式(15)逆序求解 x_n, x_{n-1}, $\cdots, x_1$.

[①] 正定阵的定义可参看高等代数或矩阵论的有关书籍.

不难知道,运用 Cholesky 方法求解 n 阶对称正定方程组,其总运算量约为 $\frac{1}{6}n^3$ 次乘除操作.

6.5 Gauss 消去法

正如 6.1 节和 6.2 节处理三对角方程组那样,线性方程组的求解既可以运用矩阵分解法,也可直接借助于人们所熟悉的消元法. 这两种方法其实是等价的. 6.3 节已讨论过一般方程组的矩阵分解方法,下面再针对一般方程组考察消元法.

6.5.1 Gauss 消去法的设计思想

人们都很熟悉求解线性方程组的消去法. 消去法是一种古老的方法,但用在现代计算机上依然十分有效.

消去法的设计思想是,通过将一个方程乘以或除以某个常数,以及将两个方程相加减这两种手续,逐步消去方程中的变元,而将所给方程组加工成便于求解的三角方程组乃至对角方程组的形式.

首先考察 3 阶方程组

$$\begin{cases} a_{11}x_1 + a_{12}x_2 + a_{13}x_3 = b_1 \\ a_{21}x_1 + a_{22}x_2 + a_{23}x_3 = b_2 \\ a_{31}x_1 + a_{32}x_2 + a_{33}x_3 = b_3 \end{cases} \quad (16)$$

现在逐行施行消元手续. 第 1 步,先将 (16)$_1$ 中 x_1 的系数化为 1,使之变成

$$x_1 + a_{12}^{(1)} x_2 + a_{13}^{(1)} x_3 = b_1^{(1)}$$

然后利用它从 (16) 的其余方程中消去 x_1,归结为关于变元 x_2, x_3 的 2 阶方程组

$$\begin{cases} a_{22}^{(1)} x_2 + a_{23}^{(1)} x_3 = b_2^{(1)} \\ a_{32}^{(1)} x_2 + a_{33}^{(1)} x_3 = b_3^{(1)} \end{cases} \quad (17)$$

第 2 步,再将式 (17)$_1$ 中 x_2 的系数化为 1,使之变成

$$x_2 + a_{23}^{(2)} x_3 = b_2^{(2)}$$

然后利用它从式 (17)$_2$ 中消去 x_2,结果求出

$$x_3 = a_3^{(3)}$$

这样,所给方程组 (16) 被加工成如下形式:

$$\begin{cases} x_1 + a_{12}^{(1)} x_2 + a_{13}^{(1)} x_3 = b_1^{(1)} \\ \quad\quad\quad x_2 + a_{23}^{(2)} x_3 = b_2^{(2)} \\ \quad\quad\quad\quad\quad\quad x_3 = b_3^{(3)} \end{cases}$$

这是一个单位上三角方程组,如前所述,通过回代过程容易求出它的解.

求解线性方程组的上述方法,其基本思想是将所给线性方程组通过消元手续加工成单位上三角方程组.这种方法称作 **Gauss 消去法**.

6.5.2 Gauss 消去法的计算步骤

进而考察一般形式的线性方程组

$$\sum_{j=1}^{n} a_{ij} x_j = b_i, \quad i = 1, 2, \cdots, n \tag{18}$$

其 Gauss 消去法分消元过程与回代过程两个环节.

1° 消元过程

第 1 步,将方程 $(18)_1$ 中变元 x_1 的系数化为 1,使之变成

$$x_1 + \sum_{j=2}^{n} a_{1j}^{(1)} x_j = b_1^{(1)}$$

式中
$$\begin{cases} a_{1j}^{(1)} = a_{1j}/a_{11}, & j = 2,3,\cdots,n \\ b_1^{(1)} = b_1/a_{11} \end{cases}$$

然后利用它从方程组 (18) 的其余方程中消去 x_1,将它们加工成关于变元 $x_2, x_3, \cdots, x_n$ 的 $n-1$ 阶方程组(较原方程组降了一阶)

$$\sum_{j=2}^{n} a_{ij}^{(1)} x_j = b_i^{(1)}, \quad i = 2,3,\cdots,n \tag{19}$$

为此所要施行的运算手续是

$$\begin{cases} a_{ij}^{(1)} = a_{ij} - a_{i1} a_{1j}^{(1)}, \\ b_i^{(1)} = b_i - a_{i1} b_1^{(1)}, \end{cases} \quad i,j = 2,3,\cdots,n$$

如此继续下去,这样经过 $k-1$ 步消元以后,依次得出 $k-1$ 个方程

$$x_i + \sum_{j=i+1}^{n} a_{ij}^{(i)} x_j = b_i^{(i)}, \quad i = 1,2,\cdots,k-1$$

和关于变元 x_j $(j = k, k+1, \cdots, n)$ 的 $n-k+1$ 阶方程组

$$\sum_{j=k}^{n} a_{ij}^{(k-1)} x_j = b_i^{(k-1)}, \quad i = k, k+1, \cdots, n \tag{20}$$

第 k 步进一步将方程组 (20) 加工成

$$\begin{cases} x_k + \sum_{j=k+1}^{n} a_{kj}^{(k)} x_j = b_k^{(k)} \\ \sum_{j=k+1}^{n} a_{ij}^{(k)} x_j = b_i^{(k)}, \quad i = k+1, k+2, \cdots, n \end{cases}$$

的形式,式中

$$\begin{cases} a_{kj}^{(k)} = a_{kj}^{(k-1)}/a_{kk}^{(k-1)}, & j = k+1, k+2, \cdots, n \\ b_k^{(k)} = b_k^{(k-1)}/a_{kk}^{(k-1)} \end{cases} \tag{21}$$

而
$$\begin{cases} a_{ij}^{(k)} = a_{ij}^{(k-1)} - a_{ik}^{(k-1)} a_{kj}^{(k)}, \\ b_i^{(k)} = b_i^{(k-1)} - a_{ik}^{(k-1)} b_k^{(k)}, \end{cases} \quad i,j = k+1, k+2, \cdots, n \tag{22}$$

上述消元手续做 n 步以后，所给方程组(18)被加工成如下形式：

$$x_i + \sum_{j=i+1}^{n} a_{ij}^{(i)} x_j = b_i^{(i)}, \quad i = 1, 2, \cdots, n \tag{23}$$

2° 回代过程

方程组(23)即

$$\begin{cases} x_1 + a_{12}^{(1)} x_2 + a_{13}^{(1)} x_3 + \cdots + a_{1n}^{(1)} x_n = b_1^{(1)} \\ \qquad\quad x_2 + a_{23}^{(2)} x_3 + \cdots + a_{2n}^{(2)} x_n = b_2^{(2)} \\ \qquad\qquad\qquad\qquad\qquad\qquad \vdots \\ \qquad\qquad\qquad\quad x_{n-1} + a_{n-1,n}^{(n-1)} x_n = b_{n-1}^{(n-1)} \\ \qquad\qquad\qquad\qquad\qquad\qquad x_n = b_n^{(n)} \end{cases}$$

的求解很方便，自下而上逐步回代即得所求的解

$$\begin{cases} x_n = b_n^{(n)} \\ x_i = b_i^{(i)} - \sum_{j=i+1}^{n} a_{ij}^{(i)} x_j, \quad i = n-1, n-2, \cdots, 1 \end{cases} \tag{24}$$

线性方程组的 Gauss 消去法的计算过程如算法 6.4 所述.

算法 6.4 （线性方程组的 Gauss 消去法）

步 1 对 $k = 1, 2, \cdots, n$ 反复执行算式(21)、式(22)，定出方程组(23)的系数 $a_{ij}^{(i)}, b_i^{(i)}$.

步 2 依据式(24)求出解 x_i.

现在统计 Gauss 消去法的计算量. 由于计算机上乘除操作通常比加减操作耗时多，因此，如果加减运算的次数同乘除运算的次数相差不大，可以只统计乘除运算的次数算作计算量. 对于 Gauss 消去法，其消元过程的计算量为

$$\sum_{k=1}^{n-1} [(n-k)^2 + 2(n-k)] = \frac{1}{3} n^3 + \frac{1}{2} n^2 - \frac{5}{6} n$$

而回代过程的计算量为

$$\sum_{k=1}^{n} (n-k+1) = \frac{1}{2} n^2 + \frac{1}{2} n$$

由此可见，当 n 充分大时，Gauss 消去法的总计算量约为 $\frac{1}{3} n^3$ 次乘除运算.

值得指出的是，线性方程组的两种解法——矩阵分解法与 Gauss 消去法其实是殊途同归. 不难看出，这里归结出的式(23)其实就是算法 6.2 中的上三角方程组 $U_1 x = y$.

6.5.3 选主元素

再考察 Gauss 消去法的消元过程,可以看到,其第 k 步要用 $a_{kk}^{(k-1)}$ 做除法,这就要求保证它们全不为 0. 什么样的矩阵能保证满足这项要求呢?

5.3.3 小节已介绍过对角占优阵的概念. 称 n 阶方阵 $\boldsymbol{A} = [a_{ij}]_{n \times n}$ 是**对角占优**的,如果其主对角元素的绝对值大于同行其他元素绝对值之和,即

$$|a_{ii}| > \sum_{\substack{j=1 \\ j \neq i}}^{n} |a_{ij}|, \quad i = 1, 2, \cdots, n$$

定理 2 如果方程组(18)是对角占优的,则按式(21)、式(22)求出的 $a_{kk}^{(k-1)}$ $(k=1,2,\cdots,n)$ 全不为 0.

证 先考察消元过程的第 1 步. 因方程组(18)为对角占优,有

$$|a_{11}| > \sum_{j=2}^{n} |a_{1j}| \tag{25}$$

故 $a_{11}^{(0)} = a_{11} \neq 0$. 又据式(21)、式(22)知

$$a_{ij}^{(1)} = a_{ij} - \frac{a_{i1} a_{1j}}{a_{11}}, \quad i, j = 2, 3, \cdots, n \tag{26}$$

于是

$$\sum_{\substack{j=2 \\ j \neq i}}^{n} |a_{ij}^{(1)}| \leqslant \sum_{\substack{j=2 \\ j \neq i}}^{n} |a_{ij}| + \frac{|a_{i1}|}{|a_{11}|} \sum_{j=2}^{n} |a_{1j}|$$

$$= \sum_{\substack{j=2 \\ j \neq i}}^{n} |a_{ij}| - |a_{i1}| + \frac{|a_{i1}|}{|a_{11}|} \left(\sum_{j=2}^{n} |a_{1j}| - |a_{1i}| \right)$$

再利用所给方程组的对角占优性,由上式可进一步得

$$\sum_{\substack{j=2 \\ j \neq i}}^{n} |a_{ij}^{(1)}| < |a_{ii}| - |a_{i1}| + \frac{|a_{i1}|}{|a_{11}|} (|a_{11}| - |a_{1i}|)$$

$$= |a_{ii}| - \frac{|a_{i1}| |a_{1i}|}{|a_{11}|}$$

又据式(26),有

$$|a_{ii}^{(1)}| = \left| a_{ii} - \frac{a_{i1} a_{1i}}{a_{11}} \right| \geqslant |a_{ii}| - \frac{|a_{i1}| |a_{1i}|}{|a_{11}|}$$

故有

$$\sum_{\substack{j=2 \\ j \neq i}}^{n} |a_{ij}^{(1)}| < |a_{ii}^{(1)}|, \quad i = 2, 3, \cdots, n$$

这说明消元过程第 1 步所归结出的方程组(19)同样是对角占优的. 从而又有 $a_{22}^{(1)} \neq 0$. 依此类推即可断定一切 $a_{kk}^{(k-1)}$ 全不为 0. 证毕.

一般线性方程组使用 Gauss 消去法求解时,即使 $a_{kk}^{(k-1)}$ 不为 0,但如果其绝对值很小,舍入误差的影响也会严重地损失精度. 实际计算时必须预防这类情况发生.

例1 考察方程组

$$\begin{cases} 10^{-5}x_1 + x_2 = 1 \\ x_1 + x_2 = 2 \end{cases} \tag{27}$$

设用 Gauss 消去法求解. 先用 10^{-5} 除方程 $(27)_1$,然后利用它从方程 $(27)_2$ 中消去 x_1,得

$$\begin{cases} x_1 + 10^5 x_2 = 10^5 \\ (1 - 10^5)x_2 = 2 - 10^5 \end{cases} \tag{28}$$

设取 4 位浮点十进制进行计算,以"$\approx$"表示**对阶舍入**的计算过程,则有

$$1 - 10^5 \approx -10^5, \quad 2 - 10^5 \approx -10^5$$

因而这时方程组(28)的实际形式是

$$\begin{cases} x_1 + 10^5 x_2 = 10^5 \\ x_2 = 1 \end{cases}$$

由此回代解出 $x_1 = 0, x_2 = 1$.

这个结果严重失真,究其根源,是由于所用的除数太小,使得方程$(28)_1$在消元过程中"吃掉"了方程$(27)_2$. 避免这类错误的一种有效方法是,在消元前先**调整方程的次序**. 设将方程组(27)改写为

$$\begin{cases} x_1 + x_2 = 2 \\ 10^{-5}x_1 + x_2 = 1 \end{cases}$$

再进行消元,得

$$\begin{cases} x_1 + x_2 = 2 \\ (1 - 10^{-5})x_2 = 1 - 2 \times 10^{-5} \end{cases}$$

这里 $1 - 10^{-5} \approx 1, 1 - 2 \times 10^{-5} \approx 1$,因而上述方程组的实际形式是

$$\begin{cases} x_1 + x_2 = 2 \\ x_2 = 1 \end{cases}$$

由此回代解出 $x_1 = x_2 = 1$. 这个结果是正确的.

可以在 Gauss 消去法的消元过程中运用上述技巧. 为此再考察第 k 步所要加工的方程组(20). 检查其中变元 x_k 的各个系数 $a_{kk}^{(k-1)}, a_{k+1,k}^{(k-1)}, \cdots, a_{nk}^{(k-1)}$,从中挑选出绝对值最大的一个,称作第 k 步的**主元素**[①]. 设主元素在第 l ($k \leqslant l \leqslant n$) 个方程,即 $|a_{lk}^{(k-1)}| = \max\limits_{k \leqslant i \leqslant n} |a_{ik}^{(k-1)}|$,若 $l \neq k$,则先将第 l 个方程与第 k 个方程互易位置,使得新的 $a_{kk}^{(k-1)}$ 成为主元素,然后再着手消元,这一手续称作**选主元素**.

定理 3 设所给方程组(18)对称并且是对角占优的,则 $a_{kk}^{(k-1)}$ ($k = 1, 2, \cdots,$

[①] 这样得到的主元素通常称作**列主元素**. 在编制实用程序时,常在方程组(20)的所有系数 $a_{ij}^{(k-1)}$ ($i, j = k, k+1, \cdots, n$) 中选取一个绝对值最大者,将其称作第 k 步的**全主元素**.

n) 全是主元素.

证 因为方程组(18)对称且为对角占优,据式(24)有

$$|a_{11}| > \sum_{i=2}^{n} |a_{i1}| \geqslant \max_{2\leqslant i\leqslant n} |a_{i1}|$$

故 a_{11} 是主元素,再由式(26)有

$$a_{ij}^{(1)} = a_{ij} - \frac{a_{i1}a_{1j}}{a_{11}} = a_{ji} - \frac{a_{1i}a_{j1}}{a_{11}} = a_{ji}^{(1)}, \quad i,j = 2,3,\cdots,n$$

因而所归结出的方程组(19)也是对称的.不难证明它也是对角占优的,故 $a_{22}^{(1)}$ 也是主元素.依此类推知,一切 $a_{kk}^{(k-1)}$ 全是主元素.

6.6 中国古代数学的"方程术"

《九章算术》是我国数学史上一部重要的数学经典,据考证它成书于秦汉时期,距今已有两千多年了.该书共分九章,其中第八章名为"方程"章,下面列出的"禾实问题"是方程章中一道数学题:

今有上禾三秉,中禾二秉,下禾一秉,实三十九斗.上禾二秉,中禾三秉,下禾一秉,实三十四斗.上禾一秉,中禾二秉,下禾三秉,实二十六斗.问:上、中、下三禾一秉各几何?

答曰:上禾一秉九斗四分斗之一.中禾一秉四斗四分斗之一.下禾一秉二斗四分斗之三.

翻译成白话文,"禾实问题"是说:

现有上等稻 3 捆,中等稻 2 捆,下等稻 1 捆,共得谷 39 斗;上等稻 2 捆,中等稻 3 捆,下等稻 1 捆,共得谷 34 斗;上等稻 1 捆,中等稻 2 捆,下等稻 3 捆,共得谷 26 斗.问:上等、中等、下等三种稻每捆各得谷多少?

答:上等稻每捆得谷 $9\frac{1}{4}$ 斗,中等稻每捆 $4\frac{1}{4}$ 斗,下等稻每捆 $2\frac{3}{4}$ 斗.

翻译成现代数学的语言,禾实问题告诉人们,线性(联立)方程组

$$\begin{cases} 3x + 2y + z = 39 \\ 2x + 3y + z = 34 \\ x + 2y + 3z = 26 \end{cases} \tag{29}$$

的解是 $x = 9\frac{1}{4}, y = 4\frac{1}{4}, z = 2\frac{3}{4}$.

早在两千多年前,智慧的中国先民是怎样得出这个结果的呢?

中国古代数学的一个重要特色是注重实际计算.算经《九章算术》充分体现了这一特色.《九章算术》常常采取这样的写法:先提出问题,然后给出答案,最后

归纳总结出所谓"术".《九章算术》中的"术"实际上是程序化的解法,也就是"算法". 在某种意义上,中国古代数学中的"算术"就是算法设计技术.

在古代中国,计算过程是通过布置和摆弄算筹来完成的. 按照《九章算术》所给出的"方程术",上述禾实问题的筹算过程大意如下:

$$\begin{matrix} \text{上禾} & \text{中禾} & \text{下禾} & \text{实} \end{matrix}$$

$$\begin{bmatrix} 3 & 2 & 1 & 39 \\ 2 & 3 & 1 & 34 \\ 1 & 2 & 3 & 26 \end{bmatrix} \begin{matrix} ① \\ ② \\ ③ \end{matrix}$$

$$\xrightarrow{②\times 3 - ①\times 2} \begin{bmatrix} 3 & 2 & 1 & 39 \\ 0 & 5 & 1 & 24 \\ 1 & 2 & 3 & 26 \end{bmatrix} \begin{matrix} ① \\ ② \\ ③ \end{matrix}$$

$$\xrightarrow{③\times 3 - ①} \begin{bmatrix} 3 & 2 & 1 & 39 \\ 0 & 5 & 1 & 24 \\ 1 & 4 & 8 & 39 \end{bmatrix} \begin{matrix} ① \\ ② \\ ③ \end{matrix}$$

$$\xrightarrow{③\times 5 - ②\times 4} \begin{bmatrix} 3 & 2 & 1 & 39 \\ 0 & 5 & 1 & 24 \\ 0 & 0 & 36 & 99 \end{bmatrix}$$

这样,通过上述加工手续,所给方程组(29)被加工成如下形式的上三角方程组

$$\begin{cases} 3x + 2y + z = 39 \\ 5y + z = 24 \\ 36z = 99 \end{cases}$$

如前所述,这种特殊形式的方程组通过回代过程容易求出它的解.

值得强调指出的是,《九章算术》这部中国古代算经,其中最为引人注目的数学成就之一是,**它在世界数学史上最早提出了求解线性方程组的概念,并且系统地总结出线性方程组的程序化解法——"方程术"**.

令人不可思议的是,中国古代先哲早在两千多年前所提出的"方程术",其设计方法竟类同于近代求解线性方程组的 Gauss 消去法.

小 结

作为本章核心内容的求解三对角方程组的追赶法,将三对角方程组的求解过程,加工成下二对角方程组与上二对角方程组两个简单求解过程的重叠,其中,下二对角方程组的求解是个顺序前进的追的过程,而上二对角方程组的求解则是个逆序后退的赶的过程. 一下一上,一顺一逆,一追一赶,一进一退,相反相成.

追赶法的设计思想对一般形式的线性方程组 $Ax = b$ 同样是有效的. 记 L,U 为下三角阵与上三角阵，L_1 与 U_1 分别表示单位下三角阵与单位上三角阵，那么矩阵 A 的三角分解 $A = LU$ 有 $A = LU_1$ 与 $A = L_1U$ 两种方式. 矩阵三角分解的两种方式 $A = LU_1$ 与 $A = L_1U$ 又可统一地表达为 $A = L_1DU_1$ 的形式，这里 D 为对角阵.

比较**矩阵分解技术** $A = L_1DU_1$ 与第 5 章的**矩阵分裂技术** $A = L_0 + D + U_0$ 是有趣的：前者用矩阵乘法，后者用矩阵加法，前者 L_1,U_1 的主对角元素全为 1，后者 L_0,U_0 的主对角元素全为 0. 可见这两种处理手续互为反手续.

在这种意义上可以认为，求解线性方程组的直接法和迭代法互为反方法.

最后对后 3 章(第 4～6 章)作个概括.

法国数学家 Descawtes 是位伟大的思想家，他所提出的一种解题方案被后世誉为"万能法则"，这个解题方案包含如下三个层次：

1° 将实际问题化归为数学问题；

2° 将数学问题化归为代数问题；

3° 将代数问题化归为解方程.

基于这一解题方案，本书前 3 章(第 1～3 章)已将微积分方法化归为代数问题乃至于解方程. 后 3 章(第 4～6 章)则致力于讨论方程的解法.

第 4 章考察函数方程.

函数方程 $f(x) = 0$ 的解 x^* 也可理解为函数 $f(x)$ 的零点，在这个意义上，函数方程的求解从属于数值微积分的范畴，可见前 3 章与后 3 章是衔接的.

函数方程通常是非线性的. 与线性方程比较，非线性方程的求解有着实质性的困难. 求解非线性方程的基本方法是迭代法，其基本策略是逐步线性化. 基于微积分知识，用线性主部替代函数 $f(x)$ 再运用校正技术，容易推导出函数方程的核心算法 Newton 法.

线性方程组是人们所熟知的计算模型. 求解线性方程组的困难在于，它的诸多变元被系数矩阵"捆绑"在一起，因而是隐式的. 不过，作为特例，三角方程组的变元却是有序排列，容易列出递推型的求解公式. 求解线性方程组的基本策略是化归为三角方程组.

线性方程组的解法分直接法与迭代法两大类. 第 5 章的迭代法运用矩阵分裂技术，通过某种三角方程组的解逐步逼近所求的解.

迭代法是否有效取决于它的收敛性，然而收敛性的判别往往是困难的. 单个线性方程极为简单而平凡，似乎没有研究价值. 其实，这个简单模型深刻地揭示了迭代收敛的判定条件.

第 6 章讨论线性方程组的直接法，直接法通过矩阵分解技术，经过有限步计算直接将所给线性方程组化归为三角方程组. 三角方程组分上、下三角方程组两种类型,其求解过程分别称作追的过程与赶的过程.相反相成,一追一赶或者一赶一追,追和赶两者合成即可直接生成所求的解.

概括地说,方程求解的基本手段是递推化,即将函数方程或线性方程组化归为一系列递推算式.

例题选讲 6

1. 三对角方程组的"赶追法"

提要 追赶法的设计思想是将所给三对角方程组加工成**单位上二对角方程组**来求解.人们自然会问,三对角方程组能否通过消元手续或矩阵分解手续加工成**单位下二对角方程组**呢?就是说,对应于追赶法,能否设计出从**逆序**(赶的过程)到顺序(追的过程)的"赶追法"呢?

回答是肯定的.现在就三阶三对角方程组

$$\begin{cases} b_1 x_1 + c_1 x_2 = f_1 \\ a_2 x_1 + b_2 x_2 + c_2 x_3 = f_2 \\ a_3 x_2 + b_3 x_3 = f_3 \end{cases}$$

揭示赶追法的概貌,赶追法是要将它加工成如下形式的单位二对角方程组

$$\begin{cases} x_1 = y_1 \\ l_2 x_1 + x_2 = y_2 \\ l_3 x_2 + x_3 = y_3 \end{cases}$$

后者是容易求解的.

加工手续类同于 6.1 节的追赶法.这里计算流程分下列三个环节:

1° 预处理

交替生成 $d_3 \to l_3 \to d_2 \to l_2 \to d_1$:

$$\begin{aligned} d_3 &= b_3, & l_3 &= a_3/d_3 \\ d_2 &= b_2 - c_2 l_3, & l_2 &= a_2/d_2 \\ d_1 &= b_1 - c_1 l_2 \end{aligned}$$

2° 赶的过程

逆序计算 $y_3 \to y_2 \to y_1$:

$$\begin{aligned} y_3 &= f_3/d_3 \\ y_2 &= (f_2 - c_2 y_3)/d_2 \\ y_1 &= (f_1 - c_1 y_2)/d_1 \end{aligned}$$

3° 追的过程

顺序求解 $x_1 \to x_2 \to x_3$:

$$x_1 = y_1$$
$$x_2 = y_2 - l_2 x_1$$
$$x_3 = y_3 - l_3 x_2$$

上述处理过程不难推广到 n 阶三对角方程组的一般情形.

再从矩阵分解的角度进行考察. 设所给三对角阵 A 可进行二对角分解 $A = UL_1$，这里 U 为上二对角阵，L_1 为单位下二对角阵，则所给方程组 $Ax = f$ 即 $U(L_1 x) = f$ 可化归为两个二对角方程组 $Uy = f, L_1 x = y$ 来求解，它们的求解过程分别是逆序的赶的过程与顺序的追的过程，因此这种方法可称作**赶追法**.

求解三对角方程时，如果追赶法的计算过程中断则可尝试改用赶追法.

题 1 给定三对角阵

$$A = \begin{bmatrix} b_1 & c_1 & & & \\ a_2 & b_2 & c_2 & & \\ & \ddots & \ddots & \ddots & \\ & & a_{n-1} & b_{n-1} & c_{n-1} \\ & & & a_n & b_n \end{bmatrix}$$

试将 A 分解为上二对角阵 U 与单位下二对角阵 L_1 的乘积 $A = UL_1$.

解 按矩阵乘法规则展开 $A = UL_1$，有

$$\begin{bmatrix} b_1 & c_1 & & & \\ a_2 & b_2 & c_2 & & \\ & \ddots & \ddots & \ddots & \\ & & a_{n-1} & b_{n-1} & c_{n-1} \\ & & & a_n & b_n \end{bmatrix} = \begin{bmatrix} d_1 & u_1 & & & \\ & d_2 & u_2 & & \\ & & \ddots & \ddots & \\ & & & d_{n-1} & u_{n-1} \\ & & & & d_n \end{bmatrix} \begin{bmatrix} 1 & & & & \\ l_2 & 1 & & & \\ & \ddots & \ddots & & \\ & & l_{n-1} & 1 & \\ & & & l_n & 1 \end{bmatrix}$$

易知 $u_i = c_i, i = 1, 2, \cdots, n-1$，而 d_i 与 l_i 可交替求出：

$$\begin{cases} d_n = b_n \\ l_i = a_i / d_i, \\ d_{i-1} = b_{i-1} - c_{i-1} l_i, \end{cases} \quad i = n, n-1, \cdots, 2$$

题 2 设 U 为上二对角阵，L_1 为单位下二对角阵，试列出求解 $Uy = f$ 与 $L_1 x = y$ 的回代公式.

解 方程组 $Uy = f$ 展开为

$$\begin{bmatrix} d_1 & u_1 & & & \\ & d_2 & u_2 & & \\ & & \ddots & \ddots & \\ & & & d_{n-1} & u_{n-1} \\ & & & & d_n \end{bmatrix} \begin{bmatrix} y_1 \\ y_2 \\ \vdots \\ y_{n-1} \\ y_n \end{bmatrix} = \begin{bmatrix} f_1 \\ f_2 \\ \vdots \\ f_{n-1} \\ f_n \end{bmatrix}$$

即
$$\begin{cases} d_i y_i + u_i y_{i+1} = f_i, & i = 1,2,\cdots,n-1 \\ d_n y_n = f_n \end{cases}$$

其回代计算是个赶的过程,即
$$\begin{cases} y_n = f_n/d_n \\ y_i = (f_i - u_i y_{i+1})/d_i, & i = n-1, n-2, \cdots, 1 \end{cases}$$

此外,方程组 $L_1 x = y$ 展开为

$$\begin{bmatrix} 1 & & & & \\ l_2 & 1 & & & \\ & \ddots & \ddots & & \\ & & l_{n-1} & 1 & \\ & & & l_n & 1 \end{bmatrix} \begin{bmatrix} x_1 \\ x_2 \\ \vdots \\ x_{n-1} \\ x_n \end{bmatrix} = \begin{bmatrix} y_1 \\ y_2 \\ \vdots \\ y_{n-1} \\ y_n \end{bmatrix}$$

即
$$\begin{cases} x_1 = y_1 \\ l_i x_{i-1} + x_i = y_i, & i = 2, 3, \cdots, n \end{cases}$$

其回代计算是个追的过程,即
$$\begin{cases} x_1 = y_1 \\ x_i = y_i - l_i x_{i-1}, & i = 2, 3, \cdots, n \end{cases}$$

题 3 证明,当题1的三对角阵 A 为对角占优阵[①]时上述赶追法是可行的,即一切 d_i $(i = 1, 2, \cdots, n)$ 全不为 0.

证 按对角占优条件
$$|d_n| > |a_n|$$

故 $d_n \neq 0$,又
$$|l_n| = \frac{|a_n|}{|d_n|} < 1$$

故
$$|d_{n-1}| = |b_{n-1} - c_{n-1} l_n|$$
$$\geqslant |b_{n-1}| - |c_{n-1}| |l_n| \geqslant |b_{n-1}| - |c_{n-1}|$$

再利用对角占优条件知
$$|d_{n-1}| > |a_{n-1}|$$

因而又有 $d_{n-1} \neq 0$. 其余类推.

题 4 将题1的三对角阵 A 分解为 $A = L_1 D U_1$ 的形式,这里 L_1, U_1 分别为单位下二对角阵与单位上二对角阵,D 为对角阵.

解 具体表达 $A = L_1 D U_1$ 有

[①] 对角占优阵的定义见 6.1 节.

$$A = \begin{bmatrix} 1 & & & & \\ l_2 & 1 & & & \\ & \ddots & \ddots & & \\ & & l_{n-1} & 1 & \\ & & & l_n & 1 \end{bmatrix} \begin{bmatrix} d_1 & & & & \\ & d_2 & & & \\ & & \ddots & & \\ & & & d_{n-1} & \\ & & & & d_n \end{bmatrix} \begin{bmatrix} 1 & u_1 & & & \\ & 1 & u_2 & & \\ & & \ddots & \ddots & \\ & & & 1 & u_{n-1} \\ & & & & 1 \end{bmatrix}$$

按矩阵乘法规则展开,注意到 $L_1 D$ 的次对角线与所给矩阵 A 相同:

$$L_1 D = \begin{bmatrix} d_1 & & & & \\ d_1 l_2 & d_2 & & & \\ & d_2 l_3 & d_3 & & \\ & & \ddots & \ddots & \\ & & & d_{n-1} l_n & d_n \end{bmatrix} \begin{bmatrix} d_1 & & & & \\ a_2 & d_2 & & & \\ & a_3 & d_3 & & \\ & & \ddots & \ddots & \\ & & & a_n & d_n \end{bmatrix}$$

不难导出下列计算公式

$$\begin{cases} d_1 = b_1 \\ u_i = c_i/d_i, \\ l_{i+1} = a_{i+1}/d_i, & i = 1, 2, \cdots, n-1 \\ d_{i+1} = b_{i+1} - u_i a_{i+1}, \end{cases}$$

据此可自上而下逐行求出分解阵的元素

$$d_1 \to u_1 \to l_2 \to d_2 \to u_2 \to \cdots \to l_n \to d_n$$

题 5 将题 1 的三对角阵 A 分解为 $A = U_1 D L_1$ 的形式,这里 U_1, L_1 分别为单位上二对角阵与单位下二对角阵,D 为对角阵.

解 按矩阵乘法规则展开 $A = U_1 D L_1$,其右端为

$$\begin{bmatrix} 1 & u_1 & & & \\ & 1 & u_2 & & \\ & & \ddots & \ddots & \\ & & & 1 & u_{n-1} \\ & & & & 1 \end{bmatrix} \begin{bmatrix} d_1 & & & & \\ & d_2 & & & \\ & & \ddots & & \\ & & & d_{n-1} & \\ & & & & d_n \end{bmatrix} \begin{bmatrix} 1 & & & & \\ l_2 & 1 & & & \\ & \ddots & \ddots & & \\ & & l_{n-1} & 1 & \\ & & & l_n & 1 \end{bmatrix}$$

不难导出计算公式

$$\begin{cases} d_n = b_n \\ l_i = a_i/d_i, \\ u_{i-1} = c_{i-1}/d_i, & i = n, n-1, \cdots, 2 \\ d_{i-1} = b_{i-1} - l_i c_{i-1}, \end{cases}$$

据此可自下而上逐行求出分解阵的元素

$$d_n \to l_n \to u_{n-1} \to d_{n-1} \to l_{n-1} \to \cdots \to u_1 \to d_1$$

题 6 将矩阵

$$A = \begin{bmatrix} b_1 & 0 & c_1 & 0 & 0 \\ 0 & b_2 & 0 & c_2 & 0 \\ a_3 & 0 & b_3 & 0 & c_3 \\ 0 & a_4 & 0 & b_4 & 0 \\ 0 & 0 & a_5 & 0 & b_5 \end{bmatrix}$$

进行 $A = LU_1$ 分解,这里 L 为下三角阵,U_1 为单位上三角阵,试问:分解阵 L,U_1 具有什么样的结构?并具体列出分解公式.

解 令矩阵分解 $A = LU_1$ 具有形式

$$\begin{bmatrix} b_1 & 0 & c_1 & 0 & 0 \\ 0 & b_2 & 0 & c_2 & 0 \\ a_3 & 0 & b_3 & 0 & c_3 \\ 0 & a_4 & 0 & b_4 & 0 \\ 0 & 0 & a_5 & 0 & b_5 \end{bmatrix} = \begin{bmatrix} d_1 & 0 & 0 & 0 & 0 \\ 0 & d_2 & 0 & 0 & 0 \\ l_3 & 0 & d_3 & 0 & 0 \\ 0 & l_4 & 0 & d_4 & 0 \\ 0 & 0 & l_5 & 0 & d_5 \end{bmatrix} \begin{bmatrix} 1 & 0 & u_1 & 0 & 0 \\ 0 & 1 & 0 & u_2 & 0 \\ 0 & 0 & 1 & 0 & u_3 \\ 0 & 0 & 0 & 1 & 0 \\ 0 & 0 & 0 & 0 & 1 \end{bmatrix}$$

按矩阵乘法规则展开有

$$b_1 = d_1, \quad c_1 = d_1 u_1$$
$$b_2 = d_2, \quad c_2 = d_2 u_2$$
$$a_3 = l_3, \quad b_3 = l_3 u_1 + d_3, \quad c_3 = d_3 u_3$$
$$a_4 = l_4, \quad b_4 = l_4 u_2 + d_4$$
$$a_5 = l_5, \quad b_5 = l_5 u_3 + d_5$$

据此立即得出 l_i,d_i,u_i 的计算公式.

2. 对称阵的 LL^T 分解

提要 如果所给矩阵 $A = (a_{ij})_{n \times n}$ 是对称阵,则矩阵分解亦具有对称结构.很自然,人们首先考察 $A = LL^T$ 的分解方式,这里 L 为下三角阵.

按矩阵乘法规则展开 $A = LL^T$,即

$$\begin{bmatrix} a_{11} & & & 对 & & \\ a_{21} & a_{22} & & & & \\ a_{31} & a_{32} & a_{33} & & 称 & \\ \vdots & \vdots & \ddots & \ddots & & \\ a_{n1} & a_{n2} & \cdots & a_{n,n-1} & a_{nn} \end{bmatrix} = \begin{bmatrix} l_{11} & & & & \\ l_{21} & l_{22} & & & \\ l_{31} & l_{32} & l_{33} & & \\ \vdots & \vdots & \vdots & \ddots & \\ l_{n1} & l_{n2} & l_{n3} & \cdots & l_{nn} \end{bmatrix} \begin{bmatrix} l_{11} & l_{21} & l_{31} & \cdots & l_{n1} \\ & l_{22} & l_{32} & \cdots & l_{n2} \\ & & l_{33} & \cdots & l_{n3} \\ & & & \ddots & \vdots \\ & & & & l_{nn} \end{bmatrix}$$

矩阵分解的计算公式为

$$l_{ij} = \left(a_{ij} - \sum_{k=1}^{j-1} l_{ik} l_{jk} \right) \bigg/ l_{jj}, \quad j = 1, 2, \cdots, i-1$$

$$l_{ii} = \sqrt{a_{ii} - \sum_{k=1}^{i-1} l_{ik}^2}, \qquad i = 1, 2, \cdots, n$$

上述方法由于计算公式中含有开方运算而称作**平方根法**.

平方根法由于需要求开方,实用价值不大.但这种方法揭示了这样的事实:一般形式的对称方程组可以化归为两个互为转置的三角方程组来求解.

事实上,基于矩阵分解 $A = LL^T$,方程组 $Ax = b$ 即 $L(L^Tx) = b$ 可化归为两个三角方程组 $Ly = b, L^Tx = y$. 其中下三角方程组 $Ly = b$ 即

$$\begin{cases} l_{11}y_1 = b_1 \\ \sum_{j=1}^{i} l_{ij}y_j = b_i, & i = 2, 3, \cdots, n \end{cases}$$

的回代公式为

$$\begin{cases} y_1 = b_1/l_{11} \\ y_i = \left(b_i - \sum_{j=1}^{i-1} l_{ij}y_j\right)\Big/l_{ii}, & i = 2, 3, \cdots, n \end{cases}$$

这是个顺序计算 $y_1 \to y_2 \to \cdots \to y_n$ 的追的过程.

此外,上三角方程组 $L^Tx = y$ 即

$$\begin{cases} \sum_{j=i}^{n} l_{ji}x_j = y_i, & i = 1, 2, \cdots, n-1 \\ l_{nn}x_n = y_n \end{cases}$$

的回代公式为

$$\begin{cases} x_n = y_n/l_{nn} \\ x_i = \left(y_i - \sum_{j=i+1}^{n} l_{ji}x_j\right)\Big/l_{ii}, & i = n-1, n-2, \cdots, 1 \end{cases}$$

这是个逆序计算 $x_n \to x_{n-1} \to \cdots \to x_1$ 的赶的过程.

题 1 将矩阵

$$A = \begin{bmatrix} 1 & 1 & & & \\ 1 & 2 & 1 & & \\ & 1 & 3 & 1 & \\ & & 1 & 4 & 1 \\ & & & 1 & 5 \end{bmatrix}$$

进行 $A = LU$ 分解,这里 L 为下二对角阵,U 为上二对角阵.

解 令矩阵分解 $A = LU$ 具有形式

$$\begin{bmatrix} 1 & 1 & & & \\ 1 & 2 & 1 & & \\ & 1 & 3 & 1 & \\ & & 1 & 4 & 1 \\ & & & 1 & 5 \end{bmatrix} = \begin{bmatrix} d_1 & & & & \\ l_2 & d_2 & & & \\ & l_3 & d_3 & & \\ & & l_4 & d_4 & \\ & & & l_5 & d_5 \end{bmatrix} \begin{bmatrix} d_1 & l_2 & & & \\ & d_2 & l_3 & & \\ & & d_3 & l_4 & \\ & & & d_4 & l_5 \\ & & & & d_5 \end{bmatrix}$$

按矩阵乘法规则展开,考虑到对称性,可列出方程
$$1 = d_1^2, \quad 1 = l_2 d_1, \quad 2 = l_2^2 + d_2^2, \quad 1 = l_3 d_2$$
$$3 = l_3^2 + d_3^2, \quad 1 = l_4 d_3, \quad 4 = l_4^2 + d_4^2, \quad 1 = l_5 d_4, \quad 5 = l_5^2 + d_5^2$$
据此求得
$$d_1 = 1, \quad l_2 = 1, \quad d_2 = 1, \quad l_3 = 1, \quad d_3 = \sqrt{2}$$
$$l_4 = \frac{1}{\sqrt{2}}, \quad d_4 = \sqrt{\frac{7}{2}}, \quad l_5 = \sqrt{\frac{2}{7}}, \quad d_5 = \sqrt{\frac{33}{7}}$$

题 2 设矩阵
$$\boldsymbol{A} = \begin{bmatrix} 2 & 1 & 0 \\ 1 & 2 & a \\ 0 & a & 2 \end{bmatrix}$$

(1) 试问:数 a 在什么范围内取值,方能保证 $\boldsymbol{A}$ 为正定阵?

(2) 如果 $\boldsymbol{A}$ 为对称正定阵,则它可以进行 Cholesky 分解 $\boldsymbol{A} = \boldsymbol{L}_1 \boldsymbol{D} \boldsymbol{L}_1^{\mathrm{T}}$. 试问:这里分解阵具有什么样的结构?

(3) 取 $a = 1$ 具体列出 Cholesky 分解的计算公式.

解 (1) 考察 $\boldsymbol{A}$ 的顺序主子式:
$$D_1 = 2$$
$$D_2 = \begin{vmatrix} 2 & 1 \\ 1 & 2 \end{vmatrix} = 3$$
$$D_3 = \begin{vmatrix} 2 & 1 & 0 \\ 1 & 2 & a \\ 0 & a & 2 \end{vmatrix} = 6 - 2a^2$$

为保证 $\boldsymbol{A}$ 为正定阵,要求其顺序主子式全是正的,为此要求 $D_3 = 6 - 2a^2 > 0$,即要求
$$-\sqrt{3} < a < \sqrt{3}$$

(2) 注意到 $\boldsymbol{A}$ 是个三对角阵,知分解阵 $\boldsymbol{L}_1$ 应为单位下二对角阵.

(3) 当 $a = 1$ 时令
$$\begin{bmatrix} 2 & 1 & 0 \\ 1 & 2 & 1 \\ 0 & 1 & 2 \end{bmatrix} = \begin{bmatrix} 1 & 0 & 0 \\ l_2 & 1 & 0 \\ 0 & l_3 & 1 \end{bmatrix} \begin{bmatrix} d_1 & 0 & 0 \\ 0 & d_2 & 0 \\ 0 & 0 & d_3 \end{bmatrix} \begin{bmatrix} 1 & l_2 & 0 \\ 0 & 1 & l_3 \\ 0 & 0 & 1 \end{bmatrix}$$
$$= \begin{bmatrix} 1 & 0 & 0 \\ l_2 & 1 & 0 \\ 0 & l_3 & 1 \end{bmatrix} \begin{bmatrix} d_1 & d_1 l_2 & 0 \\ 0 & d_2 & d_2 l_3 \\ 0 & 0 & d_3 \end{bmatrix}$$

按矩阵乘法规则展开,易得

$$d_1 = 2, \quad l_2 = \frac{1}{2}, \quad d_2 = \frac{3}{2}, \quad l_3 = \frac{2}{3}, \quad d_3 = \frac{4}{3}$$

习 题 6

1. 用追赶法求解下列方程组：

$$\begin{bmatrix} 2 & -1 & & \\ -1 & 3 & -2 & \\ & -1 & 2 & -1 \\ & & -3 & 5 \end{bmatrix} \begin{bmatrix} x_1 \\ x_2 \\ x_3 \\ x_4 \end{bmatrix} = \begin{bmatrix} 6 \\ 1 \\ 0 \\ 1 \end{bmatrix}$$

2. 设矩阵

$$A = \begin{bmatrix} a_1 & 1 & & & \\ 1 & a_2 & 1 & & \\ & \ddots & \ddots & \ddots & \\ & & 1 & a_{n-1} & 1 \\ & & & 1 & a_n \end{bmatrix}$$

试导出形如 $A = L_1 D L_1^T$ 的分解公式，这里 L_1 为单位下二对角阵，D 为对角阵.

3. 试将下列三对角阵 A 分解为 $L_1 D L_1^T$ 的形式：

$$A = \begin{bmatrix} 1 & 1 & & & \\ 1 & 2 & 1 & & \\ & 1 & 3 & 1 & \\ & & 1 & 4 & 1 \\ & & & 1 & 5 \end{bmatrix}$$

其中 L_1 为单位下二对角阵，D 为对角阵.

4. 证明：若 6.1 节的方程组(4)按下述意义为对角占优：

$$\begin{cases} |b_1| > |c_1| \\ |b_i| \geqslant |a_i| + |c_i|, \quad a_i c_i \neq 0, \quad i = 2, 3, \cdots, n-1 \\ |b_n| > |a_n| \end{cases}$$

则定理 1 的论断依然正确.

5. 将下列矩阵 A 分解为 LL^T：

$$A = \begin{bmatrix} 3 & 2 & 3 \\ 2 & 2 & 0 \\ 3 & 0 & 12 \end{bmatrix}$$

这里 L 为对角线元素为正的下三角阵.

6. 用 Cholesky 方法求解方程组

$$\begin{cases} 4x_1 - 2x_2 + 4x_3 = 8.7 \\ -2x_1 + 17x_2 + 10x_3 = 13.7 \\ 4x_1 + 10x_2 + 9x_3 = -0.7 \end{cases}$$

7. 用矩阵分解方法求解方程组

$$\begin{bmatrix} 5 & 7 & 9 & 10 \\ 6 & 8 & 10 & 9 \\ 7 & 10 & 8 & 7 \\ 5 & 7 & 6 & 5 \end{bmatrix} \begin{bmatrix} x_1 \\ x_2 \\ x_3 \\ x_4 \end{bmatrix} = \begin{bmatrix} 1 \\ 1 \\ 1 \\ 1 \end{bmatrix}$$

8. 用 Gauss 消去法求解下列方程组：

(1) $\begin{cases} x_1 - 2x_2 = 3 \\ 2x_1 + x_2 = 4 \end{cases}$
(2) $\begin{cases} 3x_1 - x_2 + 2x_3 = -3 \\ x_1 + x_2 + x_3 = -4 \\ 2x_1 + x_2 - x_3 = -3 \end{cases}$

部分习题求解提示与参考答案

习 题 1

2. $V(x_0, x_1, \cdots, x_{n-1}, x)$ 有 n 个零点 $x_0, x_1, \cdots, x_{n-1}$,且其首项系数为 $V(x_0, x_1, \cdots, x_{n-1})$;据此反复递推

4. 令 $p(x) = ax^2 + b$,用待定系数法

5. (1) $p(x) = x^3 - x^2 + 1$ (2) $p(x) = x^2 - 1$

6. $p(x) = x^2 + 1$

7,8. 均用余项校正法

9. $p(x) = 5x^4 - 4x^3 + 2x^2 - 2x - 1$

习 题 2

2. 2 阶

3. (1) $A_0 = A_2 = \dfrac{h}{3}, A_1 = \dfrac{4}{3}h$,3 阶 (2) $A_0 = \dfrac{3}{4}, x_0 = \dfrac{2}{3}$,1 阶

4. 3 阶

5. $A_0 = A_2 = \dfrac{1}{6}, A_1 = \dfrac{2}{3}$

6. 作变换 $x = t - 2$

7. $\omega = \dfrac{1}{3}$

8. (1) 1 阶 (2) 1 阶 (3) 2 阶

习 题 3

2. (1) $y_n = \dfrac{1}{2} a x_n x_{n+1} + b x_n$

3. 对 $y_{n+1} - y_n = \dfrac{h}{2}[ax_n + b + (ax_{n+1} + b)]$ 两端累加求和

4. $y_{n+1} = -4y_n + 5y_{n-1} + 2h(2y'_n + y'_{n-1})$

5. 应用极限 $\lim\limits_{x \to 0}(1+x)^{\frac{1}{x}} = e$

7. (1) $a = \dfrac{3}{2}, b = -\dfrac{1}{2}$

(2) $y_{n+1} = \dfrac{1}{2}(y_n + y_{n-1}) + \dfrac{h}{4}(7y'_n - y'_{n-1})$,二阶方法

8. 三阶格式,$y_{n+1} = 2y_n - y_{n-1} + \dfrac{h}{2}(y'_{n+1} - y'_{n-1})$

习 题 4

4. $\varphi(x) = \dfrac{1}{2}x(3 - ax^2)$

6. $\varphi(x) = \dfrac{1}{1+x}$

7. (1) 发散 　(2) 收敛 　(3) 发散 　(4) 收敛

习 题 5

1. 0.600，0.200

2. 对角占优

5. (1) Jacobi 迭代收敛，1.995 666，−5.002 442，3.001 062；Gauss-Seidel 迭代发散

(2) Jacobi 迭代发散；Gauss-Seidel 迭代收敛，1，2，−4

6. 1.500 00，3.333 33，−2.166 67

习 题 6

1. 5，4，3，2

3. L 的次对角元素 1,1,1/2,2/7；D 的主对角线元素 1,1,2,7/2,33/7

5. L 各列元素 $\sqrt{3}$，$2/\sqrt{3}$，$\sqrt{3}$；$\sqrt{2/3}$，$-\sqrt{6}$；$\sqrt{3}$

6. −5.156 250，−3.182 500，5.750 000

7. $L = \begin{bmatrix} 5.0 & 0 & 0 & 0 \\ 6.0 & -0.4 & 0 & 0 \\ 7.0 & 0.2 & -5.0 & 0 \\ 5.0 & 0 & -3.0 & 0.1 \end{bmatrix}$, $U_1 = \begin{bmatrix} 1.0 & 1.4 & 1.8 & 2.0 \\ 0 & 1.0 & 2.0 & 7.5 \\ 0 & 0 & 1.0 & 1.7 \\ 0 & 0 & 0 & 1.0 \end{bmatrix}$

解为 20，−12，−5，3

8. (1) 2.2，−0.4 　(2) −1，−2，−1

附录 A　快速 Walsh 变换

承　题

本书共分 3 个板块. 3 个板块环环相扣, 浑然一统.

第一板块 (第 1~3 章) 的着眼点是数学模型代数化. 由于微积分概念本质上具有连续性与无限性, 为将微积分方法应用于科学计算, 必须将无限转化为有限, 将连续转化为离散, 这就需要将微积分问题代数化, 化归为确定某些代数参数的代数方程组.

第二板块 (第 4~6 章) 的立足点是代数方程递推化. 无论是函数方程还是线性方程组, 它们的解都"隐藏"在计算模型之中, 算法设计的任务是, 将所要求解的方程转化为一系列递推算式.

第三板块 (附录 A、B) 的创新点是递推计算并行化. 对于超大规模科学计算, 如何提升计算速度成为计算成败的关键. 二分技术将计算问题反复分裂为同一类型而规模减半的两个子问题, 设计思想具有内在并行性, 从而为高效计算创造了条件.

总而言之, 本书的宗旨是探求高效算法的设计技术. 设计高效算法的途径, 本书所提供的建议包含如下三项内容:

1° 数学模型代数化;

2° 代数方程递推化;

3° 递推算式并行化.

作为高效算法设计的关键技术, 所谓二分演化模式具有深邃的文化内涵, 其设计思想新奇而玄妙. 这方面内容可能不为人们所熟悉, 笔者深信它们处于算法设计学的前沿, 因之选取快速算法设计与同步并行算法设计的若干典型案例, 结集成附录 A 与附录 B 奉献给立志从事高性能计算的广大读者.

A.1 美的 Walsh 函数

随着大规模集成电路技术的广泛应用,信号普遍采取数字脉冲波形的形式. 三角函数(即所谓简谐波)不便于描述这类信号. 为满足实际需要,人们考虑选用阶跃函数类的基函数. Walsh 函数就是阶跃函数类中一个完备的正交函数系.

Walsh 函数的一个显著特点是取值简单. 它们仅取 +1 和 −1 两个值,因而可以方便地利用开关元件产生和处理数字信号. 以 Walsh 函数为基底的线性变换称作 Walsh 变换.

与 Fourier 变换比较,Walsh 变换有其特点与优势. 快速 Walsh 变换仅涉及加减运算而不含乘除操作,因而比快速 Fourier 变换更为迅捷.

Walsh 分析有着深刻的内涵. 上世纪的 70 年代初,著名应用数学家 H. F. Harmuth 曾惊人地预言:**Walsh 分析的研究将导致一场数学革命,就像 17、18 世纪 Newton 的微积分那样**.

这是一场什么样的"数学革命"呢?

A.1.1 微积分的逼近法

经典数学的基础是微积分. 从微积分的观点看,在一切函数中,以多项式最为简单. 能否用简单的多项式来逼近一般函数呢?众所周知的 Taylor 分析(1715 年)肯定了这一事实. Taylor 级数

$$f(x) \sim \sum_{k=0}^{\infty} \frac{f^{(k)}(x_0)}{k!}(x-x_0)^k$$

表明,一般的光滑函数 $f(x)$ 可用多项式来近似地刻画. Taylor 分析是 18 世纪初的一项重大的数学成就.

然而 Taylor 分析存在严重的缺陷:它的条件很苛刻,要求 $f(x)$ 足够光滑并提供出它的各阶导数值 $f^{(k)}(x_0)$;此外,Taylor 分析的整体逼近效果差,它仅能保证在展开点 x_0 的某个邻域内有效.

时移物换. 百年之后 Fourier 指出,"任何函数,无论怎样复杂,均可表示为三角级数的形式"

$$f(x) \sim \frac{a_0}{2} + \sum_{k=1}^{\infty}(a_k \cos 2\pi kx + b_k \sin 2\pi kx), \quad 0 \leqslant x < 1$$

这就是今日被称作"Fourier 分析"的数学方法. 著名数学家 M. Kline 评价这一数学成就是"19 世纪数学的第一大步,并且是真正极为重要的一步".

Fourier 关于任意函数都可以表达为三角级数这一思想被誉为"数学史上最大胆、最辉煌的概念".

Fourier 的成就使人们从 Taylor 分析的理想函数类中解放出来. Fourier 分析不仅放宽了光滑性的限制,还保证了整体的逼近效果.

从数学美的角度来看,Fourier 分析也比 Taylor 分析更美,其基函数系 —— 三角函数系是个完备的正交函数系. 尤其值得注意的是,这个函数系可以视作是由一个简单函数 $\cos x$ 经过简单的伸缩平移变换加工生成的. Fourier 分析表明,任何复杂函数都可以借助于简单函数 $\cos x$ 来刻画,即

$$\cos x \xrightarrow{\text{伸缩}+\text{平移}} \text{三角函数系} \xrightarrow{\text{组合}} \text{任意函数 } f(x)$$

这是一个惊人的事实. 在这里,被逼近函数 $f(x)$ 的"繁"与逼近工具 $\cos x$ 的"简"两者反差很大,因此 Fourier 逼近很美. Fourier 分析在数学史上被誉"一首数学的诗",Fourier 则有"数学诗人"的美称.

A.1.2　Walsh 函数的复杂性

1923 年,美国数学家 J. L. Walsh 又提出了一个完备的正交函数系,后人将其称作 **Walsh 函数系**. 第 k 族 Walsh 函数含有 2^k 个函数,其中第 i 个函数 W_{ki} 有如下解析表达式:

$$W_{ki}(x) = \prod_{r=0}^{k-1} \text{sgn}[\cos i_r 2^r \pi x], \quad 0 \leqslant x < 1,$$
$$k = 0, 1, 2, \cdots, \quad i = 0, 1, \cdots, 2^k - 1$$

式中,sgn 是**符号函数**,当 $x \geqslant 0$ 时 $\text{sgn}[x]$ 取值 $+1$,而 $x < 0$ 时取值 -1. 又 i_r 取值 0 或 1 是序数 i 的二进制码

$$i = \sum_{r=0}^{k-1} i_r 2^r$$

图 A-1 列出前面 16 个 Walsh 函数的波形. 其中,第 1 个(标号 0)组成第 0 族,前两个(标号 0 与 1)组成第 1 族,前 4 个(标号 0,1,2,3)组成第 2 族,依此类推,前 16 个组成第 4 族 Walsh 函数.

Walsh 函数取值简单,它们仅取 ± 1 两个值,但其波形却很复杂,似乎比三角函数要复杂得多,以致依据定义很难作出它们的图形.

由于表达式中含有符号运算 sgn,Walsh 函数的波形频繁起伏,甚至"几乎处处"不连续(图 A-1),经典的微积分方法在这里难以施展身手,Walsh 函数系的形态怪异与表达式复杂使人们对它望而却步,在提出后的许多年里,它一直默默无闻,不被人们所重视.

直到 20 世纪 60 年代末,人们才惊异地发现,Walsh 函数可应用于信号处理的众多领域,诸如通信、声呐、雷达、图像处理、语音识别、遥感遥测遥控、仪表、医学、天文、地质等等.

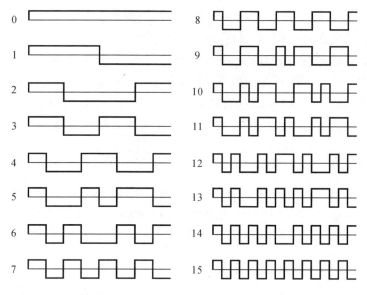

图 A-1

"真"是"美"的反光. 有着广泛应用的 Walsh 函数美在哪里呢?

A.1.3 Walsh 分析的数学美

后文将揭示出一个惊人的事实:表面看起来极其复杂的 Walsh 函数系,竟然是由一个简单得不能再简单的方波 $R(x) = 1$ 演化生成的. 实际上, 从方波 $R(x)$ 出发, 经过伸缩、平移的二分手续, 即可演化生成 Walsh 函数系. Walsh 函数系是个完备的正交函数系, 它可以用来逼近一般的复杂函数. 这样, Walsh 逼近有下述路线图:

$$R(x) = 1 \xrightarrow[\text{(二分手续)}]{\text{伸缩 + 平移}} \text{Walsh 函数系} \xrightarrow{\text{组合}} \text{复杂函数 } f(x)$$

与 Fourier 分析相比, Walsh 分析更为简洁, 它表明, 在某种意义上, 任何复杂函数 $f(x)$ 都是简单的方波 $R(x) = 1$ 二分演化的结果.

综上所述, 数学史上近三个世纪提出的三种逼近方法, 即 18 世纪初 (1715 年) 的 Taylor 分析、19 世纪初 (1822 年) 的 Fourier 分析和 20 世纪初 (1923 年) 的 Walsh 分析, 它们是数学美的光辉典范, 是"百年绝唱三首数学诗".

这些逼近工具一个比一个更美. Fourier 分析具有深度的数学美, 而 Walsh 分析则具有**极度的数学美**.

问题在于, 为了撩开 Walsh 函数玄妙而神秘的面纱, 必须换一种思维方法进行考察.

A.2 二分演化机制

科学计算的核心问题是提高计算速度. 高效算法设计关键在于设计快速算法. 0.5 节显示了上古"结绳记数"的二分法, 指出, 二分法中蕴涵有二进制. 对于有广泛应用前景的快速算法设计, 结绳记数的二分法还能提供怎样的启示呢?

A.2.1 "结绳记数"的启迪

再回顾结绳记数的二分演化过程(图 A-2). 考察结点等距排列的一个绳结. 设将该绳结对分为两个子段, 然后保留一个子段, 并在子段左侧添置一个**虚拟结点**刻画结点数的奇偶性: 结点数为偶数时记虚拟结点为"●", 而当结点数为奇数时记作"○". 这就完成了一步**二分手续**. 对二分后的子段可重复施行这种二分手续, 从而生成一个新的子段, 并在老的虚拟结点前再添加一个新的虚拟结点. 如此反复地做下去, 直到仅剩一个结点为止. 依据最后剩下的一个结点在最左侧添加一个虚拟结点"○", 这就形成了一个虚拟结点的有向序列(图 A-2 的终态).

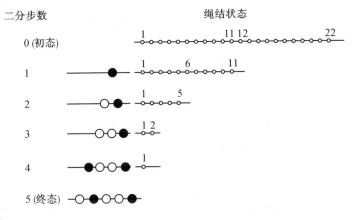

图 A-2

这样, 如果将两种虚拟结点●与○分别赋值为 0 与 1, 则最终生成的虚拟结点序列○●○○●(图 A-2 最末一行)即为结点总数 22 的二进制表示 10110.

图 A-2 表明, 绳结演化的二分过程是个绳结状态不断改变的过程. 促使绳结状态改变的**二分手续含有分裂手续与合成手续两个环节**. 分裂手续将所给绳结对分为两个子段, 并区分绳结数的奇偶性; 合成手续则保留其中一个子段, 并在其左侧增添一个新的虚拟结点. 对所生成的子段反复施行这种二分手续, 直到仅剩一个结点为止. 绳结演化的这种二分机制如图 A-3 所示.

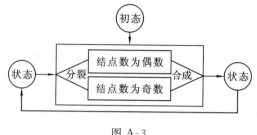

图 A-3

A.2.2 二分演化模式

20 世纪的数学领域风雷激荡. 以分形混沌为代表的现代数学向传统数学发起了猛烈的冲击. 与传统数学不同, **现代数学是关于过程的数学而不是状态的数学, 是关于演化的数学而不是存在的数学**. 现代数学不再满足于孤立地、静止地考察事物的某种状态, 而是力图全面地、系统地考察状态演变的全过程. 现代数学的一个基本模式是图 A-4 所示的**离散动力系统**.

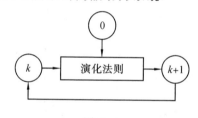

图 A-4

动力系统需要"动力". 离散动力系统的演化法则该怎样设计呢?

按照唯物辩证法的观点, 任何事物都有矛盾的两方面, 而矛盾双方则具有"分"(相互排斥与分离)与"合"(彼此吸引与合成)两种倾向. 这就是说, 矛盾双方既是对立的又是统一的, "分"(一分为二)与"合"(合二为一)是事物演化的两种基本法则.

中国最古老的哲学经典《周易·系辞》精辟地指出: "**一阖一辟谓之变, 往来不穷谓之通.**" 一辟一阖就是一分一合的意思. 这句话概括出事物演化的一种基本模式 —— **二分演化模式**, 其演化机制如图 A-5 所示. 图中圆圈"○"表示事物的状态.

状态演化的二分机制, 其每个进程含有"分"(辟)与"合"(阖)两个环节, 即先运用所谓**分裂法则**(图中用"<"表示)从旧状态中分离出两种对立成分, 然而再运用所谓**合成法则**(图中用">"表示)将这两种对立成分合成为新的状态. 这种始于"分"而终于"合"的每个进程, 使事物从一个状态演变成一个新的状态.

二分演化过程是个循环往复、"往来不穷"的过程. 图 A-5 的每个状态既是某

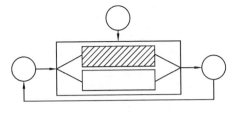

图 A-5

个进程的始态,又是上一进程的终态."始则终,终则始","始"和"终"也是对立的统一.

图 A-3 表明,绳结记数的演化机制从属于图 A-5 所示的二分演化模式.二分演化模式具有普适性,可运用于高效算法设计(包括同步并行算法设计,见附录 B) 的众多领域.特别是,运用这种思辨方式,可以轻而易举地破解 Walsh 函数的神秘性.

为此,先要将 Walsh 函数换一种表现形式.

A.3 Walsh 函数代数化

本节将限定在区间 $[0,1)$ 上考察 Walsh 函数.由于自变量 x 在实际应用中通常代表时间,因此称区间 $[0,1)$ 为**时基**.

A.3.1 时基上的二分集

由图 A-1 可以看出,Walsh 函数是时基上的阶跃函数,每个 Walsh 函数在给定**分划**的每个子段上取定值 $+1$ 或 -1.怎样刻画 Walsh 函数所依赖的分划呢?

为便于刻画 Walsh 函数的跃变特征,首先引进二分集的概念.设将时基 $E_1 = [0,1)$ 对半二分,其左右两个子段合并为集 E_2,即

$$E_2 = \left[0, \frac{1}{2}\right) \cup \left[\frac{1}{2}, 1\right)$$

再将 E_2 的每个子段对半二分,又得含有 4 个子段的区间集 E_4,即

$$E_4 = \left[0, \frac{1}{4}\right) \cup \left[\frac{1}{4}, \frac{1}{2}\right) \cup \left[\frac{1}{2}, \frac{3}{4}\right) \cup \left[\frac{3}{4}, 1\right)$$

如此二分下去,二分 n 次所得的区间集含有 $N = 2^n$ 个子段,即

$$E_N = \bigcup_{i=0}^{N-1} \left[\frac{i}{N}, \frac{i+1}{N}\right), \quad n = 0, 1, 2, \cdots$$

这样得出的区间集 $E_N, N = 1, 2, 4, \cdots$ 称作时基上的**二分集**(图 A-6).

在二分集的每个子段上取定值的函数称作二分集上的**阶跃函数**.阶跃函数在某一子段上的函数值称作**阶跃值**.

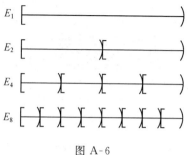

图 A-6

现在的问题是,如何在二分集的各个子段上布值 +1 与 -1 以设计出一个完备的正交函数系?实际上,这种函数系就是 Walsh 函数系.

为规范起见,约定 Walsh 函数第一个阶跃值(即最左侧的子段上的函数值)为 +1,如图 A-1 所示.

在形形色色的 Walsh 函数中,最简单的自然是**方波**

$$R(x) = 1, \quad 0 \leqslant x < 1$$

然而这个函数过于平凡而显得"空虚",其中似乎不含任何信息."波"的含义是波动、起伏.按这种理解,时基上的方波似乎不能算作真正的"波".具有波动性的最简单的波形是下列 Harr 波:

$$H(x) = \begin{cases} +1, & 0 \leqslant x < \dfrac{1}{2} \\ -1, & \dfrac{1}{2} \leqslant x < 1 \end{cases}$$

由图 A-1 知,方波与 Haar 波是 Walsh 函数系的源头.

A.3.2 Walsh 函数的矩阵表示

Walsh 函数仅取 +1 与 -1 两个值.为简约起见,后文常将 +1 与 -1 简记为"+"与"-".

由于 Walsh 函数在二分集的每个子段上取值 + 或 -,因而它们可表示为某个向量,而第 n 族 Walsh 函数的全体则可表达为一个 $N = 2^n$ 阶方阵,称作 Walsh **方阵**.

据图 A-1 容易看出,前面几个 Walsh 方阵分别是

$$\boldsymbol{W}_1 = \begin{bmatrix} + \end{bmatrix}$$

$$\boldsymbol{W}_2 = \begin{bmatrix} + & + \\ + & - \end{bmatrix}$$

$$\boldsymbol{W}_4 = \begin{bmatrix} + & + & + & + \\ + & + & - & - \\ + & - & - & + \\ + & - & + & - \end{bmatrix}$$

$$W_8 = \begin{bmatrix} + & + & + & + & + & + & + & + \\ + & + & + & + & - & - & - & - \\ + & + & - & - & - & - & + & + \\ + & + & - & - & + & + & - & - \\ + & - & - & + & + & - & - & + \\ + & - & - & + & - & + & + & - \\ + & - & + & - & - & + & - & + \\ + & - & + & - & + & - & + & - \end{bmatrix}$$

请读者据图 A-1 列出 Walsh 方阵 W_{16}.

Walsh 方阵看上去是个复杂系统,这个复杂系统中究竟潜藏着怎样的规律性呢?

A.4　Walsh 阵的二分演化

现在的问题是,能否设计出某种简单的二分手续,以将方波 $W_1 = [+]$ 逐步演化生成各阶 Walsh 方阵,即

$$W_1 \Rightarrow W_2 \Rightarrow W_4 \Rightarrow W_8 \Rightarrow \cdots$$

这里箭头"⇒"表示所要设计的二分演化手续.

前面反复强调,二分手续应当是简单而有效的. 对于矩阵演化,什么样的演化手续最为简单呢?

A.4.1　矩阵的对称性复制

就矩阵演化来说,最为简单的演化手续是对称性复制. 这种演化手续易于在计算机上实现,而且有丰富的文化内涵.

大自然的基本设计是美的,美意味着简单,美意味着对称. 本节所考察的对称性分镜像对称与平移对称两种,它们在某种意义上互为反对称. 镜像对称又分偶对称与奇对称,平移对称又分正对称与反对称. 此外,矩阵的复制对象分矩阵行与矩阵块两种情况,这样,Walsh 方阵的对称性复制可考虑表 A-1 所列的四种方案.

表 A-1

复制对象 对 称 性	矩阵行	矩阵块
镜像对称	镜像行复制	镜像块复制
平移对称	平移行复制	平移块复制

人们自然关心,矩阵的上述几种对称性复制技术能否充当二分演化技术,以逐步演化生成各种 Walsh 方阵呢?

答案是令人振奋的. 事实上, 表 A-1 所列的四种对称性复制技术全能充当 Walsh 演化的二分手续. 后文将着重考察其中的两种.

A.4.2 Walsh 阵的演化生成

首先考察表 A-1 中镜像行复制的演化方式. 考察某个方阵 A, 用 $A(i)$ 表示其第 i 行, 对 $A(i)$ 施行偶复制与奇复制, 分别生成向量 $[A(i) \vdots \ddot{A}(i)]$ 与 $[A(i) \vdots \dot{A}(i)]$.

例如, 设 $A(i) = [+\ -]$, 则

$$[A(i) \vdots \ddot{A}(i)] = [+\ -\ \vdots\ -\ +]$$

$$[A(i) \vdots \dot{A}(i)] = [+\ -\ \vdots\ +\ -]$$

进一步, 若 $A(i) = [+\ -\ \vdots\ +\ -]$, 则

$$[A(i) \vdots \ddot{A}(i)] = [\ +\ -\ +\ -\ \vdots\ -\ +\ -\ +\ ]$$

$$[A(i) \vdots \dot{A}(i)] = [\ +\ -\ +\ -\ \vdots\ +\ -\ +\ -\ ]$$

如果对方阵 A 的每一行先后施行偶复制与奇复制两种复制手续, 即可生成一个阶数倍增的方阵 B, 这种演化手续称作**镜像行复制**, 即

$$A = \begin{bmatrix} \vdots \\ A(i) \\ \vdots \end{bmatrix} \longrightarrow B = \begin{bmatrix} \vdots \\ A(i) \vdots \ddot{A}(i) \\ A(i) \vdots \dot{A}(i) \\ \vdots \end{bmatrix}$$

人们自然会问, 如果对方波 $[+]$ 反复施行镜像行复制的演化手续, 使其阶数逐步倍增, 将会生成什么样的方阵序列呢?

1 阶方阵 $[+]$ 仅有一行 (一列), 对它施行偶复制与奇复制, 分别生成 $[+\ \vdots\ +]$ 与 $[+\ \vdots\ -]$, 两者合成在一起, 结果生成一个 2 阶方阵

$$[+] \longrightarrow \begin{bmatrix} +\ & + \\ +\ & - \end{bmatrix}$$

对所生成的 2 阶方阵的两行 $[+\ +]$ 与 $[+\ -]$ 分别施行镜像复制的偶复制与奇复制, 进一步生成一个 4 阶方阵

$$\begin{bmatrix} +\ & + \\ +\ & - \end{bmatrix} \longrightarrow \begin{bmatrix} +\ & +\ & +\ & + \\ +\ & +\ & -\ & - \\ +\ & -\ & -\ & + \\ +\ & -\ & +\ & - \end{bmatrix}$$

继续对所生成的 4 阶方阵施行镜像行复制, 获得如下 8 阶方阵, 即

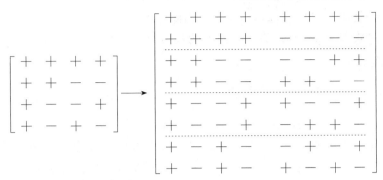

上述方阵与 A.3.2 小节列出的 Walsh 方阵相比较,两者完全一致.可以证明,从方波[+]出发,运用镜像行复制的演化技术可以生成 Walsh 方阵序列.这个 Walsh 方阵等价于 A.1.2 小节的原始定义.

Walsh 方阵有多种排序方式.镜像行复制生成的 Walsh 方阵特别称作 **Walsh 阵**.

A.4.3 Walsh 阵的演化机制

Walsh 阵的演化方式从属于图 A-5 所示的二分演化模式.事实上,这里从初态 $W_1 = [+]$ 出发,将 $W_{N/2}$ 加工成 W_N 的二分手续如下.

1° 分裂手续

对 $W_{N/2}$ 的每一行 $W_{N/2}(i)$ 分别施行偶复制与奇复制,生成两个 N 维向量 $[W_{N/2}(i) \vdots \ddot{W}_{N/2}(i)]$ 与 $[W_{N/2}(i) \vdots \dot{W}_{N/2}(i)]$.

2° 合成手续

将 $W_{N/2}$ 的每一行按上述分裂手续扩展为相邻的两个 N 维向量,从而将 $W_{N/2}$ 扩展成为一个 N 阶方阵

$$W_N = \begin{bmatrix} \vdots & \vdots \\ W_{N/2}(i) & \ddot{W}_{N/2}(i) \\ W_{N/2}(i) & \dot{W}_{N/2}(i) \\ \vdots & \vdots \end{bmatrix}$$

如此反复地做下去.这种二分演化机制如图 A-7 所示.如 A.1.2 小节所看到的,Walsh 函数的表达式很复杂,直接利用表达式生成 Walsh 函数很困难.然而依据

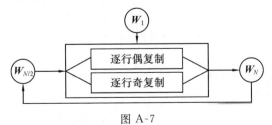

图 A-7

上述镜像行复制的演化方式,一蹴而就地派生出一个又一个 Walsh 方阵,从而得到一族又一族 Walsh 函数. Walsh 函数的数目是逐族倍增的,这是一种快速生成算法.

A.4.4　Hadamard 阵的演化生成

上述镜像行复制的演化方式能否进一步简化呢?

从研究者的角度来说,平移对称比镜像对称更易于接受,而矩阵块比矩阵行更易于把握,现在进一步考察表 A-1 所列的平移块复制的演化方式.

考察某个方阵 A,直接对它施行平移正复制与平移反复制,分别生成 $[A\ \vdots\ A]$ 与 $[A\ \vdots\ -A]$,两者合成在一起,得阶数倍增的方阵

$$B = \begin{bmatrix} A & A \\ A & -A \end{bmatrix}$$

这种演化方式称作**平移块复制**.

仍然从方波 $[+]$ 出发,反复施行平移块复制的演化方式,所生的一系列方阵称作 **Hadamard 阵**. N 阶 Hadamard 阵记作 H_N. 特别地 $H_1 = [+]$.

显然,Hadamard 阵的演化机制同样从属于二分演化模式,如图 A-8 所示.

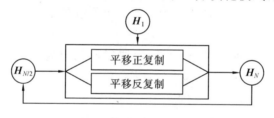

图 A-8

按平移块复制的演化方式,如果将 H_N 对分为 4 块,则其左上、右上与左下三块均为 $H_{N/2}$,而其右下则为 $-H_{N/2}$,即 Hadamard 阵有形式简单的递推表达式

$$H_N = \begin{bmatrix} H_{N/2} & H_{N/2} \\ H_{N/2} & -H_{N/2} \end{bmatrix}, \quad N = 2, 4, 8, \cdots \tag{1}$$

可见 Hadamard 阵的演化过程是简单的,事实上,从方波 $[+]$ 出发,按式(1)反复施行演化手续,有

$$H_1 = [+]$$

$$H_2 = \begin{bmatrix} H_1 & H_1 \\ H_1 & -H_1 \end{bmatrix} = \begin{bmatrix} + & + \\ + & - \end{bmatrix}$$

$$H_4 = \begin{bmatrix} H_2 & H_2 \\ H_2 & -H_2 \end{bmatrix} = \begin{bmatrix} + & + & + & + \\ + & - & + & - \\ + & + & - & - \\ + & - & - & + \end{bmatrix}$$

$$H_8 = \begin{bmatrix} H_4 & H_4 \\ H_4 & -H_4 \end{bmatrix} = \begin{bmatrix} + & + & + & + & + & + & + & + \\ + & - & + & - & + & - & + & - \\ + & + & - & - & + & + & - & - \\ + & - & - & + & + & - & - & + \\ + & + & + & + & - & - & - & - \\ + & - & + & - & - & + & - & + \\ + & + & - & - & - & - & + & + \\ + & - & - & + & - & + & + & - \end{bmatrix}$$

如此继续下去,可以证明,这样演化生成的 Hadamard 阵同样是一种 Walsh 方阵. 这里的 Hadamard 阵同 Walsh 阵相比较,两者只是行(列)的排序方式不同而已.

进一步考察矩阵元素的递推关系. 前已指出,如果将矩阵 H_N 对分为 4 块,则其左上、右上与左下 3 块均为 $H_{N/2}$,而右下块则为 $-H_{N/2}$. 记 $H_N(i,j)$ 为矩阵 H_N 第 i 行第 j 列的元素,则上下两组**平移对** (i,j), $(i, N/2+j)$ 与 $(N/2+i, j)$, $(N/2+i, N/2+j)$ 的矩阵元素有定理 1 所述的关系.

定理 1 对于 $0 \leqslant i, j \leqslant N/2 - 1$,有
$$H_N(i,j) = H_N(i, N/2+j) = H_N(N/2+i, j)$$
$$= -H_N(N/2+i, N/2+j) = H_{N/2}(i,j)$$

现在基于 Hadamard 阵的上述表达式设计 Walsh 变换的快速算法 FWT. FWT 的设计同样从属于图 A-5 的二分演化模式.

A.5 快速变换 FWT

不同排序方式的 Walsh 变换,其快速算法的设计方法彼此类同. 本节将着重考察 Hadamard 序的 Walsh 变换 N-WT

$$X(i) = \sum_{j=0}^{N-1} x(j) H_N(i,j), \quad i = 0, 1, \cdots, N-1 \tag{2}$$

式中,H_N 为 N 阶 Hadamard 阵,$\{x(j)\}_0^{N-1}$ 为输入数据,输出数据 $\{X(i)\}_0^{N-1}$ 待求. 这里仍然假定 $N = 2^n$,n 为正整数.

由于 Hadamavd 阵是对称正交阵,Walsh 变换(2)同它的逆变换

$$x(j) = \frac{1}{N} \sum_{i=0}^{N-1} X(i) H_N(i,j), \quad j = 0, 1, \cdots, N-1$$

仅仅相差一个常数因子,因此两者可以统一加以考察.

本节将基于定理 1 设计 Walsh 变换(2)的快速算法 FWT.

A.5.1 FWT 的设计思想

在具体设计快速算法 FWT 之前,首先考察两种简单情形. 由于 1 阶和 2 阶

Hadamard 阵为

$$H_1 = [\,+\,]$$

$$H_2 = \begin{bmatrix} + & + \\ + & - \end{bmatrix}$$

因而 1-WT 具有极其简单的形式

$$X(0) = x(0)$$

这里输入数据即为所求结果,因而不需要任何计算. 此外,2-WT 为

$$\begin{cases} X(0) = x(0) + x(1) \\ X(1) = x(0) - x(1) \end{cases}$$

这项计算也很平凡,不存在算法设计问题.

可见,1-WT 与 2-WT 都是极为简单的.

快速算法 FWT 的设计思想是,基于规模减半的二分手续,通过 2-WT 的反复计算,将所给 N-WT **逐步加工成** 1-WT,从而得出所求的结果.

快速算法 FWT 是优秀算法的一朵奇葩,它鲜明地展现了"简单的重复生成复杂"这一算法设计的基本理念. 此外,它可以充当一个样板,示范运用二分演化机制设计快速变换的全过程.

A.5.2　FWT 的演化机制

前已反复指出,二分技术是快速算法设计的基本技术. 二分技术的基本点是运用某种二分手续,将所给计算问题化归为规模减半的同类问题.

对于 N 点 Walsh 变换 N-WT(4),即

$$X(i) = \sum_{j=0}^{N-1} x(j) \boldsymbol{H}_N(i,j), \quad i = 0, 1, \cdots, N-1$$

将其右端的和式**对半拆开**,有

$$\begin{aligned} X(i) &= \sum_{j=0}^{N/2-1} x(j) \boldsymbol{H}_N(i,j) + \sum_{j=N/2}^{N-1} x(j) \boldsymbol{H}_N(i,j) \\ &= \sum_{j=0}^{N/2-1} [x(j) \boldsymbol{H}_N(i,j) + x(N/2+j) \boldsymbol{H}_N(i, N/2+j)], \\ & \quad\quad\quad\quad\quad\quad\quad\quad\quad\quad i = 0, 1, \cdots, N-1 \end{aligned}$$

然后再将这组算式**对半分为两组算式**,有

$$\begin{cases} X(i) = \sum_{j=0}^{N/2-1} [x(j) \boldsymbol{H}_N(i,j) + x(N/2+j) \boldsymbol{H}_N(i, N/2+j)], \\ X(N/2+i) = \sum_{j=0}^{N/2-1} [x(j) \boldsymbol{H}_N(N/2+i,j) + x(N/2+j) \boldsymbol{H}_N(N/2+i, N/2+j)], \end{cases}$$

$$i = 0, 1, \cdots, N/2-1$$

利用定理 1 的递推关系将上述算式化简,得

$$\begin{cases} X(i) = \sum_{j=0}^{N/2-1}[x(j)+x(N/2+j)]H_{N/2}(i,j), \\ X(N/2+i) = \sum_{j=0}^{N/2-1}[x(j)-x(N/2+j)]H_{N/2}(N/2+i,j), \\ \qquad\qquad\qquad\qquad\qquad\qquad i=0,1,\cdots,N/2-1 \end{cases}$$

这样,所给 $N\text{-}WT(2)$ 被加工成下列两个 $N/2\text{-}WT$:

$$\begin{cases} X(i) = \sum_{j=0}^{N/2-1} x_1(j)\boldsymbol{H}_{N/2}(i,j), \\ X(N/2+i) = \sum_{j=0}^{N/2-1} x_1(N/2+j)\boldsymbol{H}_{N/2}(N/2+i,j), \end{cases} \quad i=0,1,\cdots,N/2-1$$

为此所要施行的二分手续是

$$\begin{cases} x_1(j) = x(j)+x(N/2+j), \\ x_1(N/2+j) = x(j)-x(N/2+j), \end{cases} \quad j=0,1,\cdots,N/2-1 \qquad (3)$$

上述二分手续将所给 $N\text{-}WT$ 加工成 2 个 $N/2\text{-}WT$. 每个 $N/2\text{-}WT$ 通过二分手续可进一步加工成 2 个 $N/4\text{-}WT$. 如此反复二分,使问题的规模逐次减半,最终可将 $N\text{-}WT$ 加工成 N 个 $1\text{-}WT$,从而得出所求的结果. 这种演化过程

$$N\text{-}WT \Rightarrow 2 \text{ 个 } N/2\text{-}WT \Rightarrow 4 \text{ 个 } N/4\text{-}WT \Rightarrow \cdots \Rightarrow N \text{ 个 } 1\text{-}WT$$

(计算模型) (计算结果)

称作**快速 Walsh 变换**. 这里箭头 "$\Rightarrow$" 表示二分手续(3).

进一步剖析二分手续(3)的内涵. 计算模型 $N\text{-}WT$ 所要加工的数据 $\{x(j)\}$ 是个 N 维向量,将它对半二分,得 $N/2$ 个**平移对** $(x(j), x(N/2+j))$. 可见二分手续(3)的含义是,将平移对的两个数据相加减,因而 FWT 从属于图 A-9 的二分演化模式.

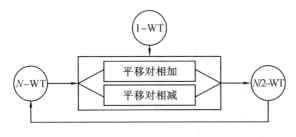

图 A-9

最后统计 FWT 的运算量. 由于 FWT 的每一步使问题的的规模减半,欲将所给 $N\text{-}WT, N=2^n$ 加工成 N 个 $1\text{-}WT$,二分演化需做 $n=\log_2 N$ 步,又形如式(3)的二分手续的每一步要做 N 次加减操作,因而 FWT 的总运算量为 $N\log_2 N$ 次加

减操作. 另一方面, 如果直接计算 N-WT(2) 要做 N^2 次加减操作, 故 FWT 是快速算法, 其加速比

$$\frac{N^2}{N\log_2 N} \to \infty \quad (当 N \to \infty 时)$$

A.5.3 FWT 的计算流程

二分手续(3)采取两两加工的处理方式, 即将一对数据 $(x(j), x(N/2+j))$ 加工成一对新的数据 $(x_1(j), x_1(N/2+j))$, 其计算格式如图 A-10 所示. 这里分别用实线与虚线区分数据的相加与相减两种运算.

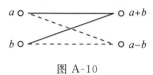

图 A-10

现在运用二分技术针对 8-WT

$$X(i) = \sum_{j=0}^{7} x(j) H_8(i,j), \quad i = 0, 1, \cdots, 7 \tag{4}$$

具体显示前述 FWT 的计算流程.

第 1 步, 施行 $N=8$ 的二分手续(3), 即

$$x_1(0) = x(0) + x(4), \quad x_1(4) = x(0) - x(4)$$
$$x_1(1) = x(1) + x(5), \quad x_1(5) = x(1) - x(5)$$
$$x_1(2) = x(2) + x(6), \quad x_1(6) = x(2) - x(6)$$
$$x_1(3) = x(3) + x(7), \quad x_1(7) = x(3) - x(7)$$

将所给 8-WT 加工成 2 个 4-WT. 借助于图 A-10 的计算格式, 这一演化步骤如图 A-11 所示.

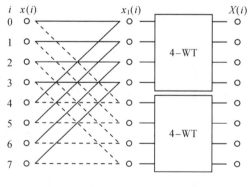

图 A-11

第 2 步, 对 2 个 4-WT 分别施行 $N=4$ 的二分手续(3), 即

$$x_2(0) = x_1(0) + x_1(2), \quad x_2(2) = x_1(0) - x_1(2)$$
$$x_2(1) = x_1(1) + x_1(3), \quad x_2(3) = x_1(1) - x_1(3)$$

与

$$x_2(4) = x_1(4) + x_1(6), \quad x_2(6) = x_1(4) - x_1(6)$$
$$x_2(5) = x_1(5) + x_1(7), \quad x_2(7) = x_1(5) - x_1(7)$$

进一步加工出关于数据$\{x_2(j)\}$的 4 个 2-WT. 这一演化步如图 A-12 所示.

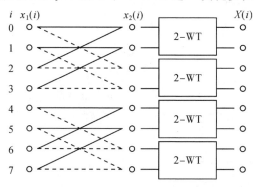

图 A-12

第 3 步,再对每个 2-WT 分别施行二分手续,即

$$x_3(0) = x_2(0) + x_2(1), \quad x_3(1) = x_2(0) - x_2(1)$$
$$x_3(2) = x_2(2) + x_2(3), \quad x_3(3) = x_2(2) - x_2(3)$$
$$x_3(4) = x_2(4) + x_2(5), \quad x_3(5) = x_2(4) - x_2(5)$$
$$x_3(6) = x_2(6) + x_2(7), \quad x_3(7) = x_2(6) - x_2(7)$$

加工得出关于数据$\{x_3(i)\}$的 8 个 1-WT,即得所求结果

$$X(i) = x_3(i), \quad i = 0, 1, \cdots, 7$$

上述算法 FWT,其计算模型与输入数据同步进行加工,在将计算模型从 8-WT 加工成 1-WT 的同时,输入数据被加工成输出结果$\{X(i)\}$. 综合上述各步即得 FWT 的数据加工流程图 A-13.

A.5.4 FWT 的算法实现

回头考察一般形式的 Walsh 变换 N-WT(2). 仍设 $N = 2^n$,n 为正整数. 前已指出,其快速算法设计分 $n = \log_2 N$ 步,每一步将计算问题的规模减半. 记 $N_k = N/2^k$. 快速 Walsh 变换 FWT 的第 k 步将所给 N-WT 化归为 2^k 个 N_k-WT,其输入数据 $x_k(i)$ 被分割成 2^k 段,每段含有 N_k 个数据,具体地说,其 l ($l = 1, 2, \cdots, 2^k$) 段数据为

$$x_k((l-1)N_k + j), \quad j = 0, 1, \cdots, N_k - 1$$

这样,二分过程的第 k 步是先将 $k-1$ 步生成的数据段

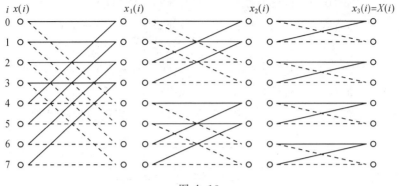

图 A-13

$$x_{k-1}((l-1)N_{k-1}+j), \quad j=0,1,\cdots,N_{k-1}-1$$

再对半切成两部分,其前半部分与后半部分分别是

$$x_{k-1}((l-1)N_{k-1}+j)$$

与

$$x_{k-1}((l-1)N_{k-1}+N_k+j), \quad j=0,1,\cdots,N_k-1$$

然后将这两组数据按式(3)进行加工,结果有

$$\begin{cases} x_k((l-1)N_{k-1}+j)=x_{k-1}((l-1)N_{k-1}+j)+x_{k-1}((l-1)N_{k-1}+N_k+j), \\ x_k((l-1)N_{k-1}+N_k+j)=x_{k-1}((l-1)N_{k-1}+j)-x_{k-1}((l-1)N_{k-1}+N_k+j), \\ \qquad j=0,1,\cdots,N_k-1; \quad l=1,2,\cdots,2^k \end{cases}$$

(5)

这就是第 k 步所要施行的二分手续.反复施行这种二分手续即得所求的结果.于是有下列快速 Walsh 变换 FWT(算法 A.1).

算法 A.1 令 $x_0(i)=x(i)$, $i=0,1,\cdots,N-1$,对 $k=1,2,\cdots$ 直到 $n=\log_2 N$ 执行算式(5),结果有

$$X(i)=x_n(i), \quad i=0,1,\cdots,N-1$$

小　　结

本附录阐述快速 Walsh 变换 FWT 的设计机理与设计方法.可以看到,FWT 本质上是一类二分法,其设计思想是,逐步二分所给计算模型 N-WT,令其规模 N 逐次减半,直到规模为 1 时,所归结出的 1-WT 即为所要的结果:

$$\text{N-WT} \Rightarrow 2 \text{个 } N/2\text{-WT} \Rightarrow 4 \text{个 } N/4\text{-WT} \Rightarrow \cdots \Rightarrow N \text{个 1-WT}$$

（计算模型）　　　　　　　　　　　　　　　　　　　　　　（所求结果）

注意到 N-WT 的变换矩阵是 Hadamard 阵 $\boldsymbol{H}_N$,上述 FWT 的设计过程本质上是 Hadamard 阵的加工过程.

$$H_N \Rightarrow H_{N/2} \Rightarrow H_{N/4} \Rightarrow \cdots \Rightarrow H_1$$

再对比 Hadamard 阵的生成过程(A.4.4 小节)

$$H_1 \Rightarrow H_2 \Rightarrow H_4 \Rightarrow \cdots \Rightarrow H_N$$

可以看到,快速 Walsh 变换的演化过程同 Hadamard 阵的生成过程,它们两者互为反过程. 如果后者视为**进化过程**(矩阵阶数逐步倍增),那么前者则是**退化过程**(矩阵阶数逐次减半). 在"规模"适当定义的前提下,它们两者全都从属于图 A.5 的二分演化模式.

Walsh 分析处处都渗透了对立统一的辩证思维.

正因为 Walsh 函数具有极度的数学美,正由于 Walsh 分析展现了一种新的思维方式,因而在 Walsh 分析的基础上可以开展许多重要的研究.

快速 Walsh 变换是快速变换的一个重要的组成部分. 运用所谓变异技术,基于 Walsh 变换可以派生出其他种种快速变换,诸如 Haar 变换、斜变换、Hartly 变换等等,从而实现快速变换方法的大统一.

Walsh 分析有着广泛的应用前景,然而更为重要的是,它展现了一种新的数学方法 —— **演化数学方法**.

宇宙是演化的. 生物是演化的. 时至今日,辩证法关于发展变化的观点,即事物从低级到高级不断演化的观点,已经被科学界认为是无须论证的常识了.

Walsh 函数的演化分析用数学语言表述了这种"常识".

Walsh 函数的演化分析无疑是新的数学革命即将爆发的先兆. 还是 Harmuth 有远见:**Walsh 分析的研究将导致一场数学革命,就像 17、18 世纪的微积分那样**.

附录 B 同步并行算法

从世界上第一台电子计算机的问世至今仅仅六十多年,在这短短的时间里,计算机的基本元件从电子管、晶体管发展到了大规模集成电路,计算机的运算速度以指数形式迅速增长.然而人们对**高性能计算**的需求是永无止境的,在诸如能源、气象、军事、人工智能和生命科学等许多领域,都迫切要求提供性能更高、速度更快的新型计算机系统.

今天,计算机系统正面临深刻的变革,传统的 von Neumann 格局已经被突破,采用并行化结构的并行机正日益普及,并且在科学与工程计算中正发挥越来越重要的作用.计算机系统结构的并行化蕴涵着提高运算速度和增加信息存储量的巨大潜力.计算机的更新换代展现出无限美好的前景.

新一代的计算机 —— 并行机系统迫切要求提供算法上的支持.并行机与传统计算机的数据加工方式不同,因而传统算法往往不适于在并行机上运用.科学计算的实践表明,如果一个算法的并行性差,就会使并行机的效率大幅度下降,甚至从亿次机降为百万次机.

需要强调的是,并行算法的设计与并行机的研制具有同等重要性.正如一位著名学者尖锐指出的:没有好的并行算法的支撑,超级计算机只是一堆"超级废铁".

计算机发展的并行化趋势,必然会促使算法设计的并行化.随着并行机系统的日益普及,学习和研究适应并行机系统的并行算法,已是科学计算工作者的当务之急.

B.1 什么是并行计算

B.1.1 一则寓言故事

20 世纪 80 年代初国产银河巨型机问世,国内掀起一股并行算法热.究竟什么是并行计算呢?这里先讲一个生动的寓言故事.

相传很久很久以前,有一个年轻的国王名叫川行,是个数学天才.川行爱上了邻国聪颖美丽、并且爱好数学的公主邱比郑南.

川行差人前往邻国求婚.公主答应了这桩婚事,但提出了一项先决条件,她要亲自考核一下川行的数学才能.公主的考题是,针对一个 15 位数求出它的真因子.

接到试题之后,川行立即忙碌起来,一个数接一个数地试算.川行有数学天才,算得很快,然而由于 15 位数的真因子可能是个 8 位数,找出全部真因子要花费上亿次整数除法,总的计算量大得惊人.

川行感到很为难.这是一道"大数分解"的数学难题,如何才能尽快地找出它的答案呢?

川行有个足智多谋的宰相名叫孔幻士.孔幻士提出了一个计谋:将全国老百姓按军、师、团、营、连、排、班、兵 8 个等级编号,每 10 个兵组成 1 班,10 个班为 1 排,10 个排为 1 连 …… 10 个师为 1 军,10 个军全归川行统帅.这样,在编的每个老百姓都有一个 8 位十进制的编号.完成这种编制以后,通知全国老百姓用自己的编号去除公主给出的 15 位数,能除尽的立即上报,给予重奖.这样很快找出了所有的真因子,而川行则依靠全国老百姓的帮助赢得了公主的爱情.

这则寓言浅显易懂,但意味深长.公主"邱比郑南"是"求比证难"的谐音.大数分解问题的可解性不言而喻,但具体求解却很困难.国王"川行"是"串行"的谐音.串行计算的效率很低,往往不能承担大规模的计算工程.宰相"孔幻士"则是"空换时"的谐音,其含义是,并行计算的设计思想是用扩大空间、增加处理机台数为代价来换取计算时间的节省."空换时"是并行计算的基本策略.

这则故事所涉及的**大数分解问题**有重大的学术价值,求解这类问题的计算量随着"大数"的增大而急剧增长.譬如,计算一个 155 位数的真因子,如果用串行算法进行计算,即使用每秒亿次的巨型机去承担,也得要连续工作上万年.当然这是没有实际意义的.1990 年 6 月 20 日美国报道了一则消息:贝尔实验室用 1 000 台处理机并行计算,仅仅花费了几个月的时间,就成功地找出一个 155 位数的 3 个真因子,它们分别是 7 位数、49 位数和 99 位数.这是科学计算的一项重大突破.当年我国《科技日报》评价这项成就为"1990 年世界十大科技成就之一".

B.1.2 同步并行算法的设计策略

采取并行处理方式运行的计算机系统称作**并行机系统**,简称**并行机**.

并行机出现于 20 世纪的 70 年代初,至今仅有近 40 年的历史.1972 年,美国研制成功阵列机 Illiac IV,此后于 1976 年又进一步研制出向量机 Cray-1.并行机的更新换代和商品化开发强有力地推动了并行计算的蓬勃发展.

并行机的体系结构各不相同,但大致可分为两类:一类是**单指令流多数据流** SIMD(single instruction stream, multiple data stream) 型,如阵列机、向量机;另一类是**多指令流多数据流** MIMD(multiple instruction stream, multiple data stream) 型,称作多处理机.

针对 SIMD 与 MIMD 两类并行机系统,并行算法大致分为同步与异步两类.

本附录仅研究**同步并行算法**.

所谓**同步性**,是指不同处理机在同一时刻针对不同数据执行同一种操作.同步并行计算的典型例子是向量计算.

同步并行计算的基本策略是"分而治之".所谓分而治之,就是将所考察的计算问题分裂成若干较小的子问题,并将这些子问题映射到多台处理机上去各自完成,然后再将分散的结果拼装成所求的解.

值得指出的是,在同步并行算法设计时,"分而治之"的设计原则往往被误解为整体上的先分后治,而将"分"与"治"两个环节截然分开.这种算法设计技术是所谓倍增技术.

其实,在并行计算过程中,"分"与"治"是矛盾的两个方面,它们既是对立的,又是统一的.基于这种理解我们推荐了同步并行算法设计的二分技术.

需要强调的是,为避免局限于具体的机器特征而束缚了并行算法的研究,人们提出了**理想计算机**的概念."理想化"的假设包括:任何时刻可以使用任意多台处理机,任何时刻有任意多个主存单元可供使用,处理机同主存间的数据通信时间可以忽略不计.

B.2 叠 加 计 算

叠加计算是一类最简单、最基本的计算模型.本附录所研究的叠加计算包括数列求和

$$S = \sum_{i=0}^{N-1} a_i \tag{1}$$

与多项式求值

$$P = \sum_{i=0}^{N-1} a_i x^i \tag{2}$$

上述两种叠加计算模型之间有着紧密的关系.事实上,和式(1)是式(2)取 $x = 1$ 的具体情形.

在着手具体设计算法之前,首先引进问题的规模的概念.所谓**规模**是用来刻画问题"大小"的某个正整数,譬如,上述叠加计算问题的规模均可规定为它们的项数 N.

不言而喻,并行计算所要求解的问题,其重要特点是规模很大,即为**大规模或超大规模的科学计算**.为简化叙述,今后将假定计算问题的**规模 N 为 2 的幂**

$$N = 2^n$$

式中,$n = \log_2 N$ 是正整数.这种限制通常是非实质性的,譬如,对于上述两种叠加计算,只要适当地补充几个零系数 a_i,总可以将规模 N 扩充为 $N = 2^n$ 的形式.后

文将会看到,这种扩充对于算法运行时间的影响几乎可以忽略不计. 本附录所考察的其他计算问题也可作类似的处理.

B.2.1 倍增技术

有些学者认为,**倍增技术**是设计同步并行算法的一项基本技术. 这项设计技术反复地将计算问题**分裂**成具有同等规模的两个**子问题**. 在问题逐步分裂的过程中,子问题的个数是逐步倍增的,倍增法因此而得名.

倍增法的设计基于这样的考虑,如果将各个子问题适当地映射到多台处理机上,即可实现计算过程的并行化.

现在就简单的数列求和问题(1)考察倍增技术的设计原理和设计方法. 为此,引进和式

$$S(i,j) = \sum_{k=j}^{i} a_k$$

显然,问题(1)的已给数据与所求结果均可用这种和式来表达:

$$a_i = S(i,i), \quad i = 0,1,\cdots,N-1$$
$$S = S(N-1,0)$$

倍增法的设计过程含分裂与合成两个环节. **分裂过程**将所给和式 $S(N-1,0)$ 逐步"一分为二",从而拆成若干个子和式. 这种分裂过程的特点是,子和式的个数是逐步倍增的.

$$\begin{aligned}S(N-1,0) &= S\left(N-1,\frac{N}{2}\right)+S\left(\frac{N}{2}-1,0\right)\\ &= S\left(N-1,\frac{3}{4}N\right)+S\left(\frac{3}{4}N-1,\frac{N}{2}\right)+S\left(\frac{N}{2}-1,\frac{N}{4}\right)+S\left(\frac{N}{4}-1,0\right)\\ &= \cdots\end{aligned}$$

由于在和式二分的上述过程中,每个子和式的项数逐次减半,因而最终可拆成每段仅含两项的最简形式

$$S(N-1,0) = S(N-1,N-2)+S(N-3,N-4)+\cdots+S(1,0)$$

图 B-1 取 $N=8$ **自顶向下**描述了倍增法的分裂过程.

分裂过程								
S(7,0)								
S(3,0)				S(7,4)				
S(1,0)		S(3,2)		S(5,4)		S(7,6)		
S(0,0)	S(1,1)	S(2,2)	S(3,3)	S(4,4)	S(5,5)	S(6,6)	S(7,7)	

图 B-1

将所给和式拆成若干个子和式后,可将这些子和式分配给各台处理机去并

行计算. 问题在于, 基于这些子和式的计算, 如何得出所求的结果呢?

倍增法的**合成过程**是将所拆出的各个子和式的值再逐步"合二为一", 最后归并出所给和式的值. 这种归并过程的特点是数据量逐次减半. 图 B-2 **自底向上**描述了倍增法的合成过程.

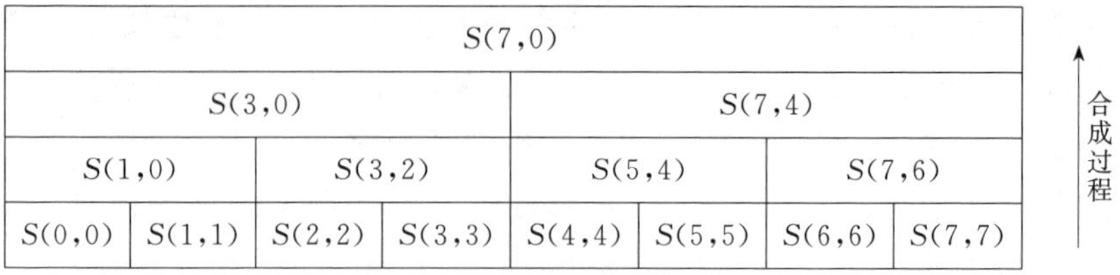

$S(7,0)$							
$S(3,0)$				$S(7,4)$			
$S(1,0)$		$S(3,2)$		$S(5,4)$		$S(7,6)$	
$S(0,0)$	$S(1,1)$	$S(2,2)$	$S(3,3)$	$S(4,4)$	$S(5,5)$	$S(6,6)$	$S(7,7)$

合成过程 ↑

图 B-2

现在列出倍增法的算法步骤(图 B.2).

倍增法的第 1 步利用所给的 N 个数据(它们均可视为一项和式) $a_i = S(i,i)$ 求出 2 项和式的值, 而得出 $N_1 = N/2$ 个中间结果

$$S(2i+1, 2i) = S(2i+1, 2i+1) + S(2i, 2i), \quad i = 0, 1, \cdots, N_1 - 1$$

第 2 步再用两项和式求出 4 项和式的值, 而有 $N_2 = N/4$ 个中间结果

$$S(4i+3, 4i) = S(4i+3, 4i+2) + S(4i+1, 4i), \quad i = 0, 1, \cdots, N_2 - 1$$

保持和式项数逐步倍增, 而数据量则为逐次减半这个特征, 其第 k 步所承担的工作是, 用 2^{k-1} 项和式求出 2^k 项和式的值, 从而得出 $N_k = N/2^k$ 个中间结果

$$S(2^k i + 2^k - 1, 2^k i) = S(2^k i + 2^k - 1, 2^k i + 2^{k-1}) + S(2^k i + 2^{k-1} - 1, 2^k i),$$

$$i = 0, 1, \cdots, N_k - 1 \quad (3)$$

如此做 $n = \log_2 N$ 步即可得出所求的和值

$$S(N-1, 0) = S(N-1, N_1) + S(N_1 - 1, 0)$$

综上所述, 数列求和(1)的倍增法可表述为算法 B.1.

算法 B.1 对 $k = 1, 2, \cdots$ 直到 $n = \log_2 N$ 执行算式(3), 则所求的和值为 $S = S(N-1, 0)$.

倍增法的分裂过程反复将和式一分为二, 在这一过程中, 子和式的个数是逐步倍增的; 与此相反, 其合成过程反复将数据合二为一, 在合成过程中, 数据量则为逐次减半. 正是由于倍增法的分裂过程与合成过程相对峙, 这种技术不便于实际运用.

B.2.2 二分手续

为使并行算法设计的原理与方法简单而和谐, 这里推荐一种设计技术——二分技术.

二分技术的设计原理是, 反复地将所给计算问题**加工成规模减半的同类问**

题，直到规模足够小(通常当规模为 1)时直接得出问题的解.

需要强调的是，与倍增技术不同，二分技术不是着眼于问题的分裂，而是立足于问题的加工. 今后所说的**二分手续**，是指将问题规模减半的加工手续.

譬如，对于 N 项和式

$$S = \sum_{i=0}^{N-1} a_i$$

若将其前后对应项两两合并，即可加工成一个规模减半的 $N_1 = N/2$ 项和式

$$S = (a_0 + a_{n-1}) + (a_1 + a_{N-2}) + \cdots + (a_{N/2-1} + a_{N/2})$$

这种二分手续联系着大数学家 Gauss 幼年时代的一个小故事.

有一天，算术课老师要小学生们计算前 100 个自然数的和 $S = 1 + 2 + \cdots + 99 + 100$. 当班上其他同学忙于逐项累加而头昏脑涨的时候，小 Gauss 却机智地发现，所给和式前后对应项的和均等于 101，因而所求和值为 $S = 101 \times 50 = 5\,050$. 这种简捷的快速算法可以视作二分手续的巧妙应用.

B.2.3 数列求和的二分法

再考察所给和式(1)，容易看出，如果将其奇偶项两两合并，即可使其规模变成 $N_1 = N/2$，即

$$S = \sum_{i=0}^{N_1-1} (a_{2i} + a_{2i+1}) = \sum_{i=0}^{N_1-1} a_i^{(1)}$$

为此所要施行的运算手续是

$$a_i^{(1)} = a_{2i} + a_{2i+1}, \quad i = 0, 1, \cdots, N_1 - 1$$

注意到这样加工出的求和问题

$$S = \sum_{i=0}^{N_1-1} a_i^{(1)}$$

与所给问题(1)属于同一类型，所不同的只是规模缩减了一半，因此上述加工手续是一种二分手续.

反复施行这种二分手续，二分 k 次后和式的项数压缩成 $N_k = N/2^k$，即

$$S = \sum_{i=0}^{N_k-1} a_i^{(k)}$$

式中

$$a_i^{(k)} = a_{2i}^{(k-1)} + a_{2i+1}^{(k-1)}, \quad i = 0, 1, \cdots, N_k - 1 \tag{4}$$

这样二分 $n = \log_2 N$ 次后，所给和式最终退化为一项，从而直接得出所求的和值 S. 于是有数列求和的二分算法 B.2.

算法 B.2 对 $k = 1, 2, \cdots$ 直到 $n = \log_2 N$ 执行算式(4)，结果有

$$S = a_0^{(n)}$$

这一算法显然可以向量化，事实上，算式(4)可以表为向量形式

$$\begin{bmatrix} a_0^{(k)} \\ a_1^{(k)} \\ \vdots \\ a_{N_k-1}^{(k)} \end{bmatrix} = \begin{bmatrix} a_0^{(k-1)} \\ a_2^{(k-1)} \\ \vdots \\ a_{N_{k-1}-2}^{(k-1)} \end{bmatrix} + \begin{bmatrix} a_1^{(k-1)} \\ a_3^{(k-1)} \\ \vdots \\ a_{N_{k-1}-1}^{(k-1)} \end{bmatrix}$$

反复运用二分手续加工所考察的求和问题，逐步压缩和式的规模，最终加工成规模为 1 的最简形式，即可直接得出所求的解。由此可见，数列求和二分法的设计过程简洁而明快，如图 B-3 所示。

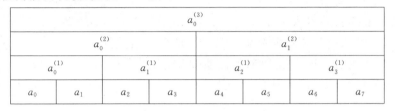

图 B-3

应当指出的是，上面提供的两个算法——算法 B.1 和算法 B.2，尽管思路不同，繁简互异，但却是殊途同归。事实上，式(4) 与式(3) 得出的是同样的结果

$$a_i^{(k)} = S(2^k i + 2^k - 1, 2^k i)$$

B.2.4 多项式求值的二分法

进一步讨论多项式求值问题。仿照数列求和的做法，将所给多项式(2) 的奇偶项两两合并，得

$$P = \sum_{i=0}^{N_1-1} (a_{2i} + a_{2i+1} x) x^{2i}$$

这样，若令

$$\begin{cases} a_i^{(1)} = a_{2i} + a_{2i+1} x, & i = 0, 1, \cdots, N_1 - 1 \\ x_1 = x^2 \end{cases}$$

则有

$$P = \sum_{i=0}^{N_1-1} a_i^{(1)} x_1^i$$

这样加工得出的是一个以 x_1 为变元的多项式，它与所给多项式(2) 类型相同，只是规模压缩了一半，因此上述手续是一项二分手续。

重复这种手续，二分 k 次后所给多项式被加工成

$$P = \sum_{i=0}^{N_k-1} a_i^{(k)} x_k^i$$

这里

$$\begin{cases} a_i^{(k)} = a_{2i}^{(k-1)} + a_{2i+1}^{(k-1)} x_{k-1}, & i = 0, 1, \cdots, N_k - 1 \\ x_k = x_{k-1}^2 \end{cases} \qquad (5)$$

这样二分 $n = \log_2 N$ 次,最终得出的系数 $a_0^{(n)}$ 即为所求多项式的值 P. 于是,多项式求值问题(2)有多项式求值的二分算法 B.3.

算法 B.3 对 $k = 1, 2, \cdots$ 直到 $n = \log_2 N$ 执行算式(5),结果有
$$P = a_0^{(n)}$$

上述算法同样可以向量化,事实上,算式(5)可表为向量化形式

$$\begin{bmatrix} a_0^{(k)} \\ a_1^{(k)} \\ \vdots \\ a_{N_k-1}^{(k)} \\ x_k \end{bmatrix} = \begin{bmatrix} a_0^{(k-1)} \\ a_2^{(k-1)} \\ \vdots \\ a_{N_{k-1}-2}^{(k-1)} \\ 0 \end{bmatrix} + \begin{bmatrix} a_1^{(k-1)} \\ a_3^{(k-1)} \\ \vdots \\ a_{N_{k-1}-1}^{(k-1)} \\ x_{k-1} \end{bmatrix} \cdot x_{k-1}$$

B.2.5 二分算法的效能分析

评价一种并行算法,人们首先关心的是它的算法复杂性,即算法的运行时间(时间复杂性)与所要提供的处理机台数(空间复杂性).并行算法设计的基本思想是用增加处理机台数的办法来换取算法运行时间的节省.处理机台数充分多时的最少运行时间称作算法的**时间界**,而算法的运行时间达到时间界时所需提供的(最少的)处理机台数则称作**处理机台数界**.

为简化分析,今后将假定每台处理机的算术运算(无论是加减还是乘除)的操作时间相同,均取单位时间.这样,在估算算法的运行时间时,只要就各并行步统计运算次数.

对于所考察的某个并行算法,记 T^* 为算法的时间界,P^* 为处理机台数界,另记 T_1 为串行算法的运行时间,将

$$S = \frac{T_1}{T^*}$$

称作该并行算法的**加速比**,而将

$$E = \frac{T_1}{P^* T^*}$$

称作其**效率**.

加速比与效率是评估一种并行算法的"得"与"失"的两项重要指标.加速比 S 表示该并行算法在运行时间方面的节省;注意到 $P^* T^*$ 表示并行算法的总计算量,而 T_1 则表示串行算法的计算量,因而效率 E 刻画了该并行算法在计算量方面的损耗.

现在分析前述几种二分算法的时间界与处理机台数界.

首先考察数列求和的二分算法 —— 算法 B.2.令式(4)的各个系数 $a_i^{(k)}$ 并行

计算,则其每一步含一次运算(加法),故其时间界
$$T^* = n = \log_2 N$$
然而,为使每个 $a_i^{(k)}$ 能并行计算,第 k 步按式(4)需提供 $N_k = N/2^k$ 台处理机,因此算法 B.2 的处理机台数界
$$P^* = \max_{1 \leqslant k \leqslant n} \frac{N}{2^k} = \frac{N}{2}$$
注意到数列求和问题(1)的串行算法的运行时间 $T_1 = N - 1$,算法 2 的加速比
$$S \approx \frac{N}{\log_2 N}$$
而其效率
$$E \approx \frac{2}{\log_2 N}$$
不难看出,上述并行求和的二分法是最优的,即其时间界为最小.

再分析多项式求值的二分算法 —— 算法 B.3. 首先注意一个事实:算式(5)中的 x_k 可与 $a_i^{(k)}$ 并行计算,为此只要将式 $x_k = x_{k-1}^2$ 改写成
$$x_k = 0 + x_{k-1} \cdot x_{k-1}$$
的形式. 这样,算法 B.3 的每一步需做 2 次运算(一次乘法与一次加法),因而其时间界
$$T^* = 2\log_2 N$$
此外,为使 $a_i^{(k)}$ 与 x_k 按式(5)并行计算,第 k 步需处理机 $N/2^k$ 台,因此算法 B.3 的处理机台数界
$$P^* = \max_{1 \leqslant k \leqslant n} \frac{N}{2^k} = \frac{N}{2}$$
注意到多项式求值的串行算法(秦九韶-Horner算法)需做 $T_1 = 2(N-1)$ 次运算,易知算法 B.3 的加速比及效率均与算法 B.2 相同,仍为
$$S \approx \frac{N}{\log_2 N}, \quad E \approx \frac{2}{\log_2 N}$$

B.2.6 二分算法的基本特征

本小节从最简单的计算模型 —— 叠加计算入手,考察了并行计算的二分算法的基本特征.

在设计原理上,并行的二分算法与串行的递推算法,两者的设计过程都是计算模型不断演化的过程,其区别在于,串行递推算法的规模逐次减 1,而并行二分算法的规模则为逐次减半,例如累加求和算法的加工过程为(0.2 节)
$$N \text{ 项和式} \rightarrow N-1 \text{ 项和式} \rightarrow N-2 \text{ 项和式} \rightarrow \cdots \rightarrow 1 \text{ 项和式}$$
而二分求和算法的加工过程是(B.2.3 小节)
$$N \text{ 项和式} \Rightarrow N/2 \text{ 项和式} \Rightarrow N/4 \text{ 项和式} \Rightarrow \cdots \Rightarrow 1 \text{ 项和式}$$

可见串行算法与并行算法的设计思想是一脉相承的,后者可以视作是前者的延伸与发展.

从算法的结构来看,并行的二分算法与串行递推算法均具有递归结构,即将复杂计算归结为简单计算的重复.譬如数列求和计算,是将多项求和归结为简单的二项求和的重复,而多项式求值是将高次式求值归结为简单的一次式求值的重复,等等.对串行算法这里所谓"重复"意味着循环;而并行算法的特点在于,其"重复"综合采取串行与并行两种处理方式.

从算法效能的角度来看,串行算法与并行算法各有所长,前者拥有高效率,而后者则具有高速度.不过,并行算法的高速度是以处理机台数的增加为代价的.

B.3 一阶线性递推

设计串行算法的一项基本技术是递推化.递推计算采取逐步推进的方式,其每一步计算要用到前面几步的信息.正是由于这种时序性,递推计算的并行化似乎存在实质性的困难.

设计递推计算问题的并行算法,有些学者采用所谓倍增技术,这种设计技术从展开式入手展示了递推问题内在的并行性.

与倍增技术不同,本节所推荐的二分技术将直接开发递推算式本身的并行性,因而设计思想更简明,使用方法更简便.这种算法设计技术可广泛应用于众多类型的递推问题.

本附录着重研究一阶线性递推问题,即寻求数列 $x_i, i=0,1,\cdots,N-1$,使之满足

$$\begin{cases} x_0 = b_0 \\ x_i = a_i x_{i-1} + b_i, \quad i=1,2,\cdots,N-1 \end{cases} \tag{6}$$

式中,系数 a_i, b_i 为已给.

值得指出的是,只要引进矩阵和向量的记号,总可以将高阶线性递推归结为上述一阶线性递推的情形.

B.3.1 相关链的二分手续

为了便于刻画二分法的设计思想,首先引进相关链的概念.由于递推关系式反映了变元之间的相关性和时序性,一组有序的相关变元可抽象地表述为如下形式的**相关链**:

$$\cdots \to x_{i-j} \to x_i \to \cdots$$

其中相邻两元素 x_i 与 x_{i-j} 下标之差 j 称作**间距**.如果相关链各节的间距为定值,

则将其称作**步长**.

对应于递推问题(6)的相关链有 N 节,即
$$x_0 \to x_1 \to \cdots \to x_{n-1}$$
这里步长等于 1.

设将上述相关链按其下标的奇偶拆成两条,则每条子链含 $N_1 = N/2$ 节,即
$$\begin{cases} x_0 \to x_2 \to \cdots \to x_{N-2} \\ x_1 \to x_3 \to \cdots \to x_{n-1} \end{cases} \tag{7}$$
这样加工得出的递推问题有两个结果 x_0, x_1,且其步长等于 2. 这是一种二分手续.

在保持**结果数逐步倍增**及**步长逐步倍增**两项基本特征的前提下反复施行这一手续,则二分 k 次后得出 2^k 个结果 x_i, $i = 0, 1, \cdots, 2^k - 1$,且步长增至 2^k,相应地,所给相关链被加工成 2^k 条子链,每条子链含 $N_k = N/2^k$ 节,即
$$\begin{cases} x_0 \to x_{2^k} \to \cdots \to x_{N-2^k} \\ x_1 \to x_{2^k+1} \to \cdots \to x_{N-2^k+1} \\ \vdots \\ x_{2^k-1} \to x_{2^{k+1}-1} \to \cdots \to x_{n-1} \end{cases} \tag{8}$$
如此二分 $n = \log_2 N$ 次后,所给相关链最终退化为每条仅含一节的最简形式
$$x_0, x_1, \cdots, x_{n-1}$$
从而得出所求的解.

这种以下标的奇偶分离为特征的二分手续称作**奇偶二分**. 这是最基本的一种二分手续.

对于 $N = 8$ 的具体情形,相关链的奇偶二分过程如图 B-4 所示,图中用波纹线标出每一步的新结果.

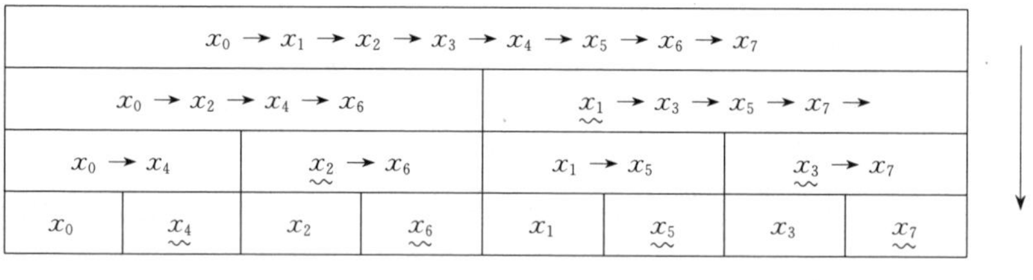

$x_0 \to x_1 \to x_2 \to x_3 \to x_4 \to x_5 \to x_6 \to x_7$			
$x_0 \to x_2 \to x_4 \to x_6$		$\underset{\sim}{x_1} \to x_3 \to x_5 \to x_7 \to$	
$x_0 \to x_4$	$\underset{\sim}{x_2} \to x_6$	$x_1 \to x_5$	$\underset{\sim}{x_3} \to x_7$
x_0	$\underset{\sim}{x_4}$	x_2	$\underset{\sim}{x_6}$	x_1	$\underset{\sim}{x_5}$	x_3	$\underset{\sim}{x_7}$

图 B-4

B.3.2 算式的建立

现在运用消元手续具体建立上述奇偶二分法的算式. 回到递推问题(6),利用它的第 $i-1$ 式从其第 i 式中消去 x_{i-1},得
$$\begin{cases} x_i = b_i^{(1)}, & i = 0, 1 \\ x_i = a_i^{(1)} x_{i-2} + b_i^{(1)}, & i = 2, 3, \cdots, N-1 \end{cases} \tag{9}$$

式中
$$a_i^{(1)} = a_i a_{i-1}, \quad i = 2, 3, \cdots, N-1 \tag{10}$$

$$b_i^{(1)} = \begin{cases} b_i, & i = 0 \\ b_i + a_i b_{i-1}, & i = 1, 2, \cdots, N-1 \end{cases} \tag{11}$$

容易看出,式(9)可按下标的奇偶拆成两个规模减半的子问题,即

$$\begin{cases} x_0 = b_0^{(1)} \\ x_{2i} = a_{2i}^{(1)} x_{2i-2} + b_{2i}^{(1)}, & i = 1, 2, \cdots, N_1 - 1 \end{cases}$$

$$\begin{cases} x_1 = b_1^{(1)} \\ x_{2i+1} = a_{2i+1}^{(1)} x_{2i-1} + b_{2i+1}^{(1)}, & i = 1, 2, \cdots, N_1 - 1 \end{cases}$$

它们分别对应于形如式(7)的奇偶相关链.

前已指出,二分 k 步后加工得出的相关链式(8)含有 2^k 个结果 x_i, $i = 0, 1, \cdots, 2^k - 1$,且其步长增至 2^k,因此其相应的递推问题具有形式

$$\begin{cases} x_i = b_i^{(k)}, & i = 0, 1, \cdots, 2^k - 1 \\ x_i = a_i^{(k)} x_{i-2^k} + b_i^{(k)}, & i = 2^k, 2^k + 1, \cdots, N-1 \end{cases} \tag{12}$$

为了导出系数 $a_i^{(k)}, b_i^{(k)}$ 的计算公式,回到前一步加工得出的递推问题

$$\begin{cases} x_i = b_i^{(k-1)}, & i = 0, 1, \cdots, 2^{k-1} - 1 \\ x_i = a_i^{(k-1)} x_{i-2^{k-1}} + b_i^{(k-1)}, & i = 2^{k-1}, 2^{k-1} + 1, \cdots, N-1 \end{cases} \tag{13}$$

显然,据此可得出 2^{k-1} 个新结果

$$x_i = a_i^{(k-1)} b_{i-2^{k-1}}^{(k-1)} + b_i^{(k-1)}, \quad i = 2^{k-1}, 2^{k-1} + 1, \cdots, 2^k - 1$$

从而与式(12)比较系数,有

$$b_i^{(k)} = \begin{cases} b_i^{(k-1)}, & i = 0, 1, \cdots, 2^{k-1} - 1 \\ b_i^{(k-1)} + a_i^{(k-1)} b_{i-2^{k-1}}^{(k-1)}, & i = 2^{k-1}, 2^{k-1} + 1, \cdots, 2^k - 1 \end{cases} \tag{14}$$

又由式(13)直接代入,得

$$\begin{aligned} x_i &= a_i^{(k-1)} (a_{i-2^{k-1}}^{(k-1)} x_{i-2^k} + b_{i-2^{k-1}}^{(k-1)}) + b_i^{(k-1)} \\ &= (a_i^{(k-1)} a_{i-2^{k-1}}^{(k-1)}) x_{i-2^k} + (a_i^{(k-1)} b_{i-2^{k-1}}^{(k-1)} + b_i^{(k-1)}) \end{aligned}$$

再与式(12)比较系数,知

$$\begin{cases} a_i^{(k)} = a_i^{(k-1)} a_{i-2^{k-1}}^{(k-1)}, \\ b_i^{(k)} = b_i^{(k-1)} + a_i^{(k-1)} b_{i-2^{k-1}}^{(k-1)}, \end{cases} \quad i = 2^k, 2^k + 1, \cdots, N-1$$

将计算 $b_i^{(k)}$ 的上述两组算式归并在一起,即可归纳出求解递推问题的奇偶二分算法 B.4.

> **算法 B.4** 对 $k = 1, 2, \cdots$ 直到 $n = \log_2 N$ 执行算式
> $$a_i^{(k)} = a_i^{(k-1)} a_{i-2^{k-1}}^{(k-1)}, \quad i = 2^k, 2^k+1, \cdots, N-1 \tag{15}$$
> $$b_i^{(k)} = \begin{cases} b_i^{(k-1)}, & i = 0, 1, \cdots, 2^{k-1}-1 \\ b_i^{(k-1)} + a_i^{(k-1)} b_{i-2^{k-1}}^{(k-1)}, & i = 2^{k-1}, 2^{k-1}+1, \cdots, N-1 \end{cases} \tag{16}$$
> 则 $x_i = b_i^{(n)}, i = 0, 1, \cdots, N-1$ 即为所求.

B.3.3 二分算法的效能分析

考察奇偶二分法的算法 B.4. 按式 (15)、式 (16),每一步需做两次运算(乘法、加法各一次),共做 $n = \log_2 N$ 步,故其时间界

$$T^* = 2\log_2 N$$

再考察该算法的第 k 步. 为使每个系数 $a_i^{(k)}, b_i^{(k)}$ 各有一台处理机去独立计算,则按式 (15)、式 (16) 所需处理机台数为

$$P_k = (N - 2^k) + (N - 2^{k-1}) = 2N - 3 \times 2^{k-1}$$

因此,该算法的处理机台数界

$$P^* = \max_{1 \leqslant k \leqslant n} P_k \approx 2N$$

注意到一阶线性递推问题串行计算的运行时间 $T_1 = 2(N-1)$,知奇偶二分法的加速比

$$S = \frac{T_1}{T^*} \approx \frac{N}{\log_2 N}$$

而其效率

$$E = \frac{S}{P^*} \approx \frac{1}{2\log_2 N}$$

这一算法同叠加计算的二分法(B.2.5 小节)具有相同的加速比,只是效率降低了.

B.4 三对角方程组

科学与工程计算往往归结为求解大规模的带状方程组,譬如下列形式的三对角方程组:

$$\begin{cases} b_0 x_0 + c_0 x_1 = f_0 \\ a_i x_{i-1} + b_i x_i + c_i x_{i+1} = f_i, & i = 1, 2, \cdots, N-2 \\ a_{n-1} x_{N-2} + b_{n-1} x_{n-1} = f_{n-1} \end{cases} \tag{17}$$

由于其具有实用背景,这类方程组的求解一直是并行算法研究的热门课题,受到人们的广泛关注.

众所周知,求解三对角方程组一种行之有效的方法是追赶法.早期并行算法研究的热点是直接将追赶法并行化,发掘出隐含在递推算式中的内在并行性.然而这样设计出的算法稳定性差,效果不理想.

以下运用二分技术设计求解三对角方程(17)的并行算法.为便于描述算法,仍然假定 $N = 2^n$,n 为正整数.

B.4.1 相关链的二分手续

对于所给方程组(17),其每个变元 x_i 与"左邻"x_{i-1}"右舍"x_{i+1} 相关连,设将其相关性

$$a_i x_{i-1} + b_i x_i + c_i x_{i+1} = f_i$$

抽象地表达为如下形式的相关链:

$$x_{i-1} \leftrightarrow x_i \leftrightarrow x_{i+1}$$

这样,所给方程组(17)可抽象地表达为

$$x_0 \leftrightarrow x_1 \leftrightarrow \cdots \leftrightarrow x_{n-1}$$

其步长等于 1.

假设通过某种手续,可将上列相关链按下标的奇偶拆成两条,即

$$x_0 \leftrightarrow x_2 \leftrightarrow \cdots \leftrightarrow x_{N-2}$$
$$x_1 \leftrightarrow x_3 \leftrightarrow \cdots \leftrightarrow x_{n-1}$$

则这样加工出的两条子链,其步长均等于 2. 在保持**链数逐步倍增**及**步长逐步倍增**两项基本特征的前提下反复施行这一手续,则二分 k 步后加工出 2^k 条子链,其步长均等于 2^k,即

$$\begin{cases} x_0 & \leftrightarrow x_{2^k} & \leftrightarrow \cdots \leftrightarrow x_{N-2^k} \\ x_0 & \leftrightarrow x_{2^k+1} & \leftrightarrow \cdots \leftrightarrow x_{N-2^k+1} \\ \vdots \\ x_{2^k-1} & \leftrightarrow x_{2^{k+1}-1} & \leftrightarrow \cdots \leftrightarrow x_{n-1} \end{cases} \tag{18}$$

如此二分 $n = \log_2 N$ 次,所给相关链最终被加工成每条仅含一节的最简形式

$$x_0, x_1, \cdots, x_{n-1}$$

从而得出所求的解.

下面再就 $N = 8$ 的情形具体描述上述加工方案. 对于方程组

$$\begin{cases} b_0 x_0 + c_0 x_1 = f_0 \\ a_i x_{i-1} + b_i x_i + c_i x_{i+1} = f_i, \quad i = 1, 2, \cdots, 6 \\ a_7 x_6 + b_7 x_7 = f_7 \end{cases} \tag{19}$$

相关链的加工过程如图 B-5 所示.

步 0	$x_0 \leftrightarrow x_1 \leftrightarrow x_2 \leftrightarrow x_3 \leftrightarrow x_4 \leftrightarrow x_5 \leftrightarrow x_6 \leftrightarrow x_7$							
1	$x_0 \leftrightarrow x_2 \leftrightarrow x_4 \leftrightarrow x_6$				$x_1 \leftrightarrow x_3 \leftrightarrow x_5 \leftrightarrow x_7$			
2	$x_0 \leftrightarrow x_4$		$x_2 \leftrightarrow x_6$		$x_1 \leftrightarrow x_5$		$x_3 \leftrightarrow x_7$	
3	x_0	x_4	x_2	x_6	x_1	x_5	x_3	x_7

图 B-5

具体地说,其第 1 步将所给方程组(19)加工成两个子系统

$$\begin{cases} b_0^{(1)} x_0 + c_0^{(1)} x_2 = f_0^{(1)} \\ a_2^{(1)} x_0 + b_2^{(1)} x_2 + c_2^{(1)} x_4 = f_2^{(1)} \\ a_4^{(1)} x_2 + b_4^{(1)} x_4 + c_4^{(1)} x_6 = f_4^{(1)} \\ a_6^{(1)} x_4 + b_6^{(1)} x_6 = f_6^{(1)} \end{cases}$$

与

$$\begin{cases} b_1^{(1)} x_1 + c_1^{(1)} x_3 = f_1^{(1)} \\ a_3^{(1)} x_0 + b_3^{(1)} x_3 + c_3^{(1)} x_4 = f_3^{(1)} \\ a_5^{(1)} x_2 + b_5^{(1)} x_5 + c_5^{(1)} x_6 = f_5^{(1)} \\ a_7^{(1)} x_4 + b_7^{(1)} x_7 = f_7^{(1)} \end{cases}$$

它们分别对应于相关链 $x_0 \leftrightarrow x_2 \leftrightarrow x_4 \leftrightarrow x_6$ 与 $x_1 \leftrightarrow x_3 \leftrightarrow x_5 \leftrightarrow x_7$(见图 B-5).重复这种二分手续.第 2 步进一步加工出 4 个子系统

$$\begin{cases} b_0^{(2)} x_0 + c_0^{(2)} x_4 = f_0^{(2)} \\ a_4^{(2)} x_0 + b_4^{(2)} x_4 = f_4^{(2)} \end{cases}, \quad \begin{cases} b_2^{(2)} x_2 + c_2^{(2)} x_6 = f_2^{(2)} \\ a_6^{(2)} x_2 + b_6^{(2)} x_6 = f_6^{(2)} \end{cases}$$

$$\begin{cases} b_1^{(2)} x_1 + c_1^{(2)} x_5 = f_1^{(2)} \\ a_5^{(2)} x_1 + b_5^{(2)} x_5 = f_5^{(2)} \end{cases}, \quad \begin{cases} b_3^{(2)} x_3 + c_3^{(2)} x_7 = f_3^{(2)} \\ a_7^{(2)} x_3 + b_7^{(2)} x_7 = f_7^{(2)} \end{cases}$$

它们分别对应于相关链 $x_0 \leftrightarrow x_4, x_2 \leftrightarrow x_6, x_1 \leftrightarrow x_5, x_3 \leftrightarrow x_7$.最后,第 3 步将所给方程组(19)加工成如下形式:

$$b_i^{(3)} x_i = f_i^{(3)}, \quad i = 0, 1, \cdots, 7$$

它对应于 8 条仅含一节的子链

$$x_0, x_1, \cdots, x_7$$

从而立即得出所求的解

$$x_i = f_i^{(3)} / b_i^{(3)}, \quad i = 0, 1, \cdots, 7$$

B.4.2 算式的建立

现在运用消元手续具体建立上述奇偶二分法的算式.

回到一般形式的三对角方程组(19),利用它的第 $i-1$ 个方程和第 $i+1$ 个方程从其第 i 个方程中消去变元 x_{i-1} 和 x_{i+1}(不言而喻,其首、末两个方程需做特殊处理),结果加工得出

$$\begin{cases} b_i^{(1)} x_i + c_i^{(1)} x_{i+2} = f_i^{(1)}, & i = 0,1 \\ a_i^{(1)} x_{i-2} + b_i^{(1)} x_i + c_i^{(1)} x_{i+2} = f_i^{(1)}, & i = 2,3,\cdots,N-3 \\ a_i^{(1)} x_{i-2} + b_i^{(1)} x_i = f_i^{(1)}, & i = N-2, N-1 \end{cases}$$

式中

$$a_i^{(1)} = -a_i a_{i-1}/b_{i-1}, \quad i = 2,3,\cdots,N-1$$

$$b_i^{(1)} = \begin{cases} b_i - c_i a_{i+1}/b_{i+1}, & i = 0,1 \\ b_i - a_i c_{i-1}/b_{i-1} - c_i a_{i+1}/b_{i+1}, & i = 2,3,\cdots,N-3 \\ b_i - a_i c_{i-1}/b_{i-1}, & i = N-2, N-1 \end{cases}$$

$$c_i^{(1)} = -c_i c_{i+1}/b_{i+1}, \quad i = 0,1,\cdots,N-3$$

$$f_i^{(1)} = \begin{cases} f_i - c_i f_{i+1}/b_{i+1}, & i = 0,1 \\ f_i - a_i f_{i-1}/b_{i-1} - c_i f_{i+1}/b_{i+1}, & i = 2,3,\cdots,N-3 \\ f_i - a_i f_{i-1}/b_{i-1}, & i = N-2, N-1 \end{cases}$$

可以看出,上述消元手续的特点在于,它从奇(偶)数编号的方程中消去偶(奇)数编号的变元,从而将下标为奇、偶的变元相互分离开来,就是说,将所给方程组(19)加工成下标分别为奇、偶的两个子系统

$$\begin{cases} b_0^{(1)} x_0 + c_0^{(1)} x_2 = f_0^{(1)} \\ a_{2i}^{(1)} x_{2i-2} + b_{2i}^{(1)} x_{2i} + c_{2i}^{(1)} x_{2i+2} = f_{2i}^{(1)}, & i = 1,2,\cdots,N/2-2 \\ a_{N-2}^{(1)} x_{N-4} + b_{N-2}^{(1)} x_{N-2} = f_{N-2}^{(1)} \end{cases}$$

与

$$\begin{cases} b_1^{(1)} x_1 + c_1^{(1)} x_3 = f_1^{(1)} \\ a_{2i+1}^{(1)} x_{2i-1} + b_{2i+1}^{(1)} x_{2i+1} + c_{2i+1}^{(1)} x_{2i+3} = f_{2i+1}^{(1)}, & i = 1,2,\cdots,N/2-2 \\ a_{n-1}^{(1)} x_{N-3} + b_{n-1}^{(1)} x_{n-1} = f_{n-1}^{(1)} \end{cases}$$

可见上述消元手续是一项奇偶二分手续. 反复施行这种二分手续加工 k 步,其相关链如式(18)所示,相应地,所给方程组(19)被加工成如下形式

$$\begin{cases} b_i^{(k)} x_0 + c_i^{(k)} x_{i+2^k} = f_i^{(k)}, & i = 0,1,\cdots,2^k-1 \\ a_i^{(k)} x_{i-2^k} + b_i^{(k)} x_i + c_i^{(k)} x_{i+2^k} = f_i^{(k)}, & i = 2^k, 2^k+1, \cdots, N-2^k-1 \\ a_i^{(k)} x_{i-2^k} + b_i^{(k)} x_i = f_i^{(k)}, & i = N-2^k, N-2^k+1, \cdots, N-1 \end{cases}$$

仿照 B.3.2 小节关于一阶线性递推的处理方法,不难导出如下算式:

$$a_i^{(k)} = -a_i^{(k-1)} a_{i-2^{k-1}}^{(k-1)}/b_{i-2^{k-1}}^{(k-1)}, \quad i = 2^k, 2^k+1, \cdots, N-1$$

$$b_i^{(k)} = \begin{cases} b_i^{(k-1)} - c_i^{(k-1)} a_{i+2^{k-1}}^{(k-1)}/b_{i+2^{k-1}}^{(k-1)}, & i = 0,1,\cdots,2^k-1 \\ b_i^{(k-1)} - a_i^{(k-1)} c_{i-2^{k-1}}^{(k-1)}/b_{i-2^{k-1}}^{(k-1)} - c_i^{(k-1)} a_{i+2^{k-1}}^{(k-1)}/b_{i+2^{k-1}}^{(k-1)}, \\ \qquad i = 2^k, 2^k+1, \cdots, N-2^k-1 \\ b_i^{(k-1)} - a_i^{(k-1)} c_{i-2^{k-1}}^{(k-1)}/b_{i-2^{k-1}}^{(k-1)}, \\ \qquad i = N-2^k, N-2^k+1, \cdots, N-1 \end{cases}$$

$$c_i^{(k)} = -c_i^{(k-1)} c_{i+2^{k-1}}^{(k-1)} / b_{i+2^{k-1}}^{(k-1)}, \quad i = 0, 1, \cdots, N - 2^k - 1$$

$$f_i^{(k)} = \begin{cases} f_i^{(k-1)} - c_i^{(k-1)} f_{i+2^{k-1}}^{(k-1)} / b_{i+2^{k-1}}^{(k-1)}, \quad i = 0, 1, \cdots, 2^k - 1 \\ f_i^{(k-1)} - a_i^{(k-1)} f_{i-2^{k-1}}^{(k-1)} / b_{i-2^{k-1}}^{(k-1)} - c_i^{(k-1)} f_{i+2^{k-1}}^{(k-1)} / b_{i+2^{k-1}}^{(k-1)}, \\ \qquad i = 2^k, 2^k + 1, \cdots, N - 2^k - 1 \\ f_i^{(k-1)} - a_i^{(k-1)} f_{i-2^{k-1}}^{(k-1)} / b_{i-2^{k-1}}^{(k-1)}, \\ \qquad i = N - 2^k, N - 2^k + 1, \cdots, N - 1 \end{cases}$$

容易看出,按照上述二分消元手续加工 $n = \log_2 N$ 步,所给方程组最终退化为下列形式:

$$b_i^{(n)} x_i = f_i^{(n)}, \quad i = 0, 1, \cdots, N - 1$$

因此有算法 B.5.

算法 B.5 对 $k = 1, 2, \cdots$ 直到 $n = \log_2 N$ 执行上述算式,则
$$x_i = f_i^{(n)} / b_i^{(n)}, \quad i = 0, 1, \cdots, N - 1$$
即为方程组(17)的解.

小　　结

我们生活在一个剧变的时代.并行机的出现,使科学计算领域发生了翻天覆地的变化.一个并行机系统可能拥有成千上万台处理机.面对这样一个全新的计算平台,人们感到迷茫.国外一些专家权威强调,并行算法是一门"全新"的算法,在设计过程中必须彻底摆脱传统算法设计思想的"束缚"."串行"与"并行"难道是水火不容、不可调和的吗?

本附录侧重于同步并行算法的研究.所展示的研究成果表明,串行算法与并行算法是一脉相承的.

在众多形形色色的计算模型中,数列求和无疑是最简单的.本附录以这种简单模型作为并行算法设计的源头,透过它阐述并行算法设计的基本策略与基本特征.

数列求和是一种累加过程,它具有时序性与递推性.事实上,累加求和
$$\begin{cases} S_0 = a_0 \\ S_i = S_{i-1} + a_i, \quad i = 1, 2, \cdots, N - 1 \end{cases}$$
本质上是个递推过程
$$S_0 \to S_1 \to \cdots \to S_{N-1}$$
我们看到,数列求和的二分算法将这种递推过程加工成图 B.3 的递推结构.由此可见,递推不是串行算法的专利,并行算法进一步强化了递推结构.

然而无可非议的是,递推计算是并行算法设计的困难所在.前人提出的倍增技术试图绕开这个难点,而将递推关系式转化为某种累算形式的展开式来处理.这种"节外生枝"的处理方法增加了问题的复杂性.

与此不同,本附录所推荐的二分技术直接开发递推算式内在的并行性.借助于形象直观的相关链,二分法着眼于二分手续的设计.

需要指出的是,在介绍并行算法时,本附录尽量回避算法的简单罗列,力图通过一些典型算法揭示同步并行算法的二分技术的有效性.运用二分技术可以设计出一系列优秀的并行算法.笔者所在的华中科技大学并行计算研究所,在20世纪80年代中期曾针对国产银河巨型机研制成功一个"线性代数二分法软件包".

附录 C MATLAB 文件汇集

作为附录,这里汇集了一些常用算法的 MATLAB 文件及算例,仅供读者参考.本附录中所有文件和算例都经过反复调试,尽管如此,或许仍有不当之处,望指正.

C.1 插 值 方 法

文件 1.1 Lagrange 插值

文件功能 计算 Lagrange 插值多项式在 $x=x_0$ 处的值.

文件名 Lagrange_eval.m

MATLAB 文件

```
function [y0,N]=Lagrange_eval(X,Y,x0)
% X,Y 是已知的插值点坐标点
% x0 是插值点
% y0 是 Lagrange 多项式在 x0 处的值
% N 是 Lagrange 插值函数的权系数
m=length(X);
N=zeros(m,1);
y0=0;
for i=1:m
    N(i)=1;
    for j=1:m
        if j~=i
            N(i)=N(i)*(x0-X(j))/(X(i)-X(j));
        end
    end
    y0=y0+Y(i)*N(i);
end
```

算例 已知 $f(x)=\ln x$ 的数据表(表 C-1),用线性插值、二次插值、三次插值计算 $\ln 0.54$ 的近似值.

表 C-1

x	0.4	0.5	0.6	0.7	0.8
$\ln x$	−0.916291	−0.693147	−0.510826	−0.356675	−0.223144

解答

令　X=[0.5,0.6]；Y=[−0.693147,−0.510826]；x0=0.54；

运行　[y0,N]=Lagrange_eval(X,Y,x0)

结果为　y0= −6.202185999999998e−001　这是用线性插值所求得的结果

若令　X=[0.4,0.5,0.6]；Y=[−0.916291,−0.693147,−0.510826]；
　　　x0=0.54；

运行　[y0,N]=Lagrange_eval(X,Y,x0)

结果为　y0= −6.153198399999997e−001　这是用二次插值所求得的结果

若令　X=[0.4,0.5,0.6,0.7]；
　　　Y=[−0.916291,−0.693147,−0.510826,−0.356675]；
　　　x0=0.54；

运行　[y0,N]=Lagrange_eval(X,Y,x0)

结果为　y0= −6.160284079999997e−001　这是用三次插值所求得的结果

而准确值　$\ln 0.54$= −6.161861394238170e−001

由此可知三次插值的结果最为准确.

文件 1.2　逐步插值

文件功能　计算逐步插值多项式在 $x=x_0$ 处的值.

文件名　Neville_eval.m

MATLAB 文件

```
function y0=Neville_eval(X,Y,x0)
% X,Y 是已知的插值点坐标点
% x0 是插值点
% y0 是多项式在 x0 处的值
m=length(X);
P=zeros(m,1);
P1=zeros(m,1);
P=Y;
for i=1:m
    P1=P;
    k=1;
```

```
            for j=i+1:m
                k=k+1;
                P(j)=P1(j-1)+(P1(j)-P1(j-1))*(x0-X(k-1))/...
                    (X(j)-X(k-1));
            end
            if abs(P(m)-P(m-1))<10^-6;
                y0=P(m);
                return;
            end
        end
        y0=P(m);
```

因 Neville 逐步插值同 Lagrange 插值所得结果基本上是相同的,这里略去算例. Neville 逐步插值应该比 Lagrange 插值更优越. 对 Lagrange 插值来说,临时增加一个节点,需全部重新计算;而 Neville 逐步插值仅需在原计算基础上作某种修正即可,这种处理方式便于实际应用.

文件 1.3 分段三次 Hermite 插值

文件功能 利用分段三次 Hermite 插值计算插值点处的函数近似值.

文件名 Hermite_interp.m

MATLAB 文件

```
function y0=Hermite_interp(X,Y,DY,x0)
% X,Y 是已知插值点向量序列
% DY 是插值点处的导数值
% x0 是插值点横坐标
% y0 是待求的分段三次 Hemie 插值多项式在 x0 处的值
% N 表示向量长度
N=length(X);
for i=1:N
    if x0>=X(i) & x0<=X(i+1)
        k=i; break;
    end
end
a1=x0-X(k+1);
a2=x0-X(k);
a3=X(k)-X(k+1);
```

y0=(a1/a3)^2*(1−2*a2/a3)*Y(k)+(−a2/a3)^2*(1+2*a1/a3)*...
        Y(k+1)+(a1/a3)^2*a2*DY(k)+(−a2/a3)^2*a1*DY(k+1);

算例 已知 $\ln x$ 在 $x_1=0.30, x_2=0.40, x_3=0.50, x_4=0.60$ 处的函数值及导数值，使用分段三次 Hermite 插值公式计算 $\ln x$ 在 $x=0.45$ 处的函数值．

解答

令 X=[0.30,0.40,0.50,0.60]；Y=log(X)；DY=1./X；x0=0.45；

运行 y0=Hermite_interp(X,Y,DY,x0);

结果为 y0 = −7.984689562170502e−001

其准确值为 −7.985076962177716e−001

由此可知，用分段三次 Hermite 插值求解的精度还是比较高的．

文件 1.4　分段三次样条插值

文件功能 计算在插值点的函数值，并用来拟合曲线．

文件名 Spline_interp.m

MATLAB 文件

```
function [y0,C]=Spline_interp(X,Y,s0,sN,x0)
% X, Y 是已知插值点坐标
% s0,sN 是两端的一次导数值
% x0 是插值点
% y0 是三次样条函数在 x0 处的值
% C 是分段三次样条函数的系数
N=length(X);
C=zeros(4,N−1);         h=zeros(1,N−1);
mu=zeros(1,N−1);        lmt=zeros(1,N−1);
d=zeros(1,N);           % d 表示右端函数值
h=X(1,2:N)−X(1,1:N−1);
mu(1,N−1)=1; lmt(1,1)=1;
mu(1,1:N−2)=h(1,1:N−2)./(h(1,1:N−2)+h(1,2:N−1));
lmt(1,2:N−1)=h(1,2:N−1)./(h(1,1:N−2)+h(1,2:N−1));
d(1,1)=6*((Y(1,2)−Y(1,1))/h(1,1)−s0)/h(1,1);
d(1,N)=6*(sN−(Y(1,N)−Y(1,N−1))/h(1,N−1) )/h(1,N−1);
d(1,2:N−1)=6*( (Y(1,3:N)−Y(1,2:N−1))./h(1,2:N−1)−...
       (Y(1,2:N−1)−Y(1,1:N−2))./h(1,1:N−2) )./(h(1,1:N−2)+...
       +h(1,2:N−1));
% 追赶法解三对角方程组以求二次项系数
```

```
bit=zeros(1,N-1);
bit(1,1)=lmt(1,1)/2;
for i=2:N-1
    bit(1,i)=lmt(1,i)/(2-mu(1,i-1)*bit(1,i-1));
end
y=zeros(1,N);
y(1,1)=d(1,1)/2;
for i=2:N
    y(1,i)=(d(1,i)-mu(1,i-1)*y(1,i-1))/(2-mu(1,i-1)*...
    bit(1,i-1));
end
x=zeros(1,N);
x(1,N)=y(1,N);
for i=N-1:-1:1
    x(1,i)=y(1,i)-bit(1,i)*x(1,i+1);
end

v=zeros(1,N-1);
v(1,1:N-1)=(Y(1,2:N)-Y(1,1:N-1))./h(1,1:N-1);
C(4,:)=Y(1,1:N-1);
C(3,:)=v-h.*(2*x(1,1:N-1)+x(1,2:N))/6;
C(2,:)=x(1,1:N-1)/2;
C(1,:)=(x(1,2:N)-x(1,1:N-1))./(6*h);

if nargin<5
    y0=0;
else
    for j=1:N-1
        if x0>=X(1,j) & x0<X(1,j+1)
            omg=x0-X(1,j);
            y0=( (C(4,j)*omg+C(3,j))*omg+C(2,j) )*...
            omg+C(1,j);
        end
    end
end
```

算例 给定数据表(表 C-2),试求三次样条插值函数 $S(x)$,并满足条件 $S'(0.25)=1.0000, S'(0.53)=0.6868$.

表 C-2

x_i	0.25	0.30	0.39	0.45	0.53
y_i	0.5000	0.5477	0.6245	0.6708	0.7280

解答

令 X=[0.25,0.30,0.39,0.45,0.53];
    Y=[0.50000,0.5477,0.6245,0.6708,0.7280];
    s0=1.0000; sN=0.6868;

运行 [y0,C]=spline_interp(X,Y,s0,sN);
plot(0.25:0.01:0.30,polyval(C(:,1),0:0.01:0.05),'r-.');
hold on
plot(0.30:0.01:0.39,polyval(C(:,2),0:0.01:0.09),'b');
plot(0.39:0.01:0.45,polyval(C(:,3),0:0.01:0.06),'k-*');
plot(0.45:0.01:0.53,polyval(C(:,4),0:0.01:0.08));
得到如下的三次样条插值函数 $S(x)$ 的曲线图(图 C-1).

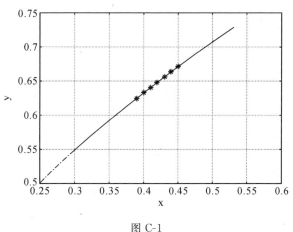

图 C-1

C.2 数值积分

文件 2.1 复化 Simpson 公式

文件功能 利用复化 Simpson 公式求被积函数 $f(x)$ 在给定区间上的积分值.
文件名 FSimpson.m

MATLAB 文件

```
function S=FSimpson(f,a,b,N)
% f 表示被积函数句柄
% a,b 表示被积区间[a,b]的端点
% N 表示区间个数
% S 是用复化 Simpson 公式求得的积分值
h=(b-a)/N;
fa=feval(f,a);
fb=feval(f,b);
S=fb+fa;
x=a;
for i=1:N
    x=x+h/2;
    fx=feval(f,x);
    S=S+4*fx;
    x=x+h/2;
    fx=feval(f,x);
    S=S+2*fx;
end
S=h*S/6;
```

算例 利用复化 Simpson 公式计算积分 $S=\int_0^1 \dfrac{x}{4+x^2}\mathrm{d}x$.

解答

令　$f=@f1; a=0; b=1;$

运行　$S=FSimpson(f,a,b,N);$

若　$N=16;$　　结果为　$S=1.157384446683415e-001$

若　$N=64;$　　结果为　$S=1.126134423329238e-001$

若　$N=256;$　结果为　$S=1.118321923238073e-001$

而积分 $S=\int_0^1 \dfrac{x}{4+x^2}\mathrm{d}x$ 的准确值为 $S=1.115717756571049e-001$.

由此可知，用复化 Simpson 公式求积，区间越小，求得的精度越高，但整体效果并不是太好，有待进一步改进。

注 这里，被积函数是以如下所示的文件形式表达（后同）：

```
function f=f1(x)
f=x/(4+x^2);
```

文件 2.2 变步长梯形法

文件功能　利用变步长梯形法计算被积函数 $f(x)$ 在给定区间上的积分值.
文件名　bbct.m
MATLAB 文件

```
function [T,n]=bbct(f,a,b,eps)
% f 表示被积函数句柄
% a,b 表示被积区间[a,b]的端点
% eps 表示精度
% T 是用变步长梯形法求得的积分值
% n 表示二分区间的次数
h=b-a;
fa=feval(f,a);
fb=feval(f,b);
T1=h*(fa+fb)/2;
T2=T1/2+h*feval(f,a+h/2)/2;
n=1;
% 按变步长梯形法求积分值；
while abs(T2-T1)>=eps
    h=h/2;
    T1=T2;
    S=0;
    x=a+h/2;
    while x<b
        fx=feval(f,x);
        S=S+fx;
        x=x+h;
    end
    T2=T1/2+S*h/2;
    n=n+1;
end
T=T2;
```

算例　利用变步长梯形法计算积分 $T = \int_0^1 \dfrac{x}{4+x^2} dx$.

解答

令　f=@f1；a=0；b=1；

运行　[T,n]=bbct(f,a,b,eps)；

若 eps=0.001；　结果为　T=1.114023545295480e−001　n=3；

若 eps=0.0001；　结果为　T=1.115611956442211e−001　n=5；

若 eps=0.00001；结果为　T=1.115691307637255e−001　n=6；

　　由此可知,变步长梯形法是根据精度指标确定步长的大小,这就避免了步长太小(计算量增加)和步长太大(精度不够)的缺点.

文件 2.3　Romberg 加速算法

文件功能　利用 Romberg 加速算法计算被积函数 $f(x)$ 在给定区间上的积分值.

文件名　Romberg.m

MATLAB 文件

```
function [quad,R]=Romberg(f,a,b,eps)
% f 表示被积函数句柄
% a,b 表积分区间[a,b]的端点
% eps 表示精度
% quad 是用 Romberg 加速算法求得的积分值
% R 为 Romberg 表
% err 表示误差的估计
h=b−a;
R(1,1)=h*(feval(f,a)+feval(f,b))/2;
M=1；  J=0；  err=1；
while err>eps
    J=J+1；
    h=h/2；
    S=0；
    for p=1:M
        x=a+h*(2*p−1);
        S=S+feval(f,x);
    end
    R(J+1,1)=R(J,1)/2+h*S;
    M=2*M；
    for k=1:J
        R(J+1,k+1)=R(J+1,k)+(R(J+1,k)−R(J,k))/(4^k−1);
```

```
        end
            err=abs(R(J+1,J)-R(J+1,J+1));
        end
        quad=R(J+1,J+1);
```

算例 利用 Romberg 加速算法计算积分 $R = \int_0^1 \frac{x}{4+x^2}\mathrm{d}x$.

解答

令 f=@f1; a=0; b=1;

运行 [quad,R]=Romberg(f,a,b,eps);

若 eps=10^-4,所得到的 Romberg 表为表 C-3,此时,所求得的积分值为 quad=0.11156966053018.

表 C-3

0.10000000000000	0	0
0.10882352941176	0.11176470588235	0
0.11089227050146	0.11158185086469	0.11156966053018

若 eps=10^-7,所得到的 Romberg 表为表 C-4,此时,所求得的积分值为 quad=0.11157178450429.

表 C-4

0.10000000000000	0	0	0
0.10882352941176	0.11176470588235	0	0
0.11089227050146	0.11158185086469	0.11156966053018	0
0.11140235452955	0.11157238253891	0.11157175131719	0.11157178450429

同准确值 0.111571775657104 相比,Romberg 加速算法经过较少的计算就能达到很高的精度,加速效果是很显著的.

文件 2.4 三点 Gauss 公式

文件功能 利用三点 Gauss 公式计算被积函数 $f(x)$ 在给定区间上的积分值.

文件名 TGauss.m

MATLAB 文件

```
function G=TGauss(f,a,b)
% f 表示被积函数句柄
% a,b 表示被积区间[a,b]的端点
% G 是用三点 Gauss 公式求得的积分值
```

```
x1=(a+b)/2-sqrt(3/5)*(b-a)/2;
x2=(a+b)/2+sqrt(3/5)*(b-a)/2;
G=(b-a)*(5*feval(f,x1)/9+8*feval(f,(a+b)/2)/9+…
5*feval(f,x2)/9)/2;
```

算例 利用三点 Gauss 公式计算积分 $R = \int_0^1 \dfrac{x}{4+x^2} dx$.

解答

令　$f=@f1$；$a=0$；$b=1$；

运行　$G=TGauss(f,a,b)$；

所得结果为　$G=1.115738330730522e-001$

同文件 2.1 相比，用三点 Gauss 公式求得的积分值比复化 Simpson 公式的精度还高，由此可推出：求积节点的选取对数值求积精度的影响是非常大的.

C.3　常微分方程的差分方法

文件 3.1　改进的 Euler 方法

文件功能　用改进的 Euler 法求解常微分方程.

文件名　MendEuler.m

MATLAB 文件

```
function E=MendEuler(f,a,b,N,ya)
% f 是微分方程右端函数句柄
% a,b 是自变量的取值区间[a,b]的端点
% N 是区间等分的个数
% ya 表初值 y(a)
% E=[x',y'] 是自变量 X 和解 Y 所组成的矩阵
h=(b-a)/N;
y=zeros(1,N+1);
x=zeros(1,N+1);
y(1)=ya;
x=a:h:b;
for i=1:N
    y1=y(i)+h*feval(f,x(i),y(i));
    y2=y(i)+h*feval(f,x(i+1),y1);
    y(i+1)=(y1+y2)/2;
```

end
　　E=[x',y'];

算例 对于微分方程 $\dfrac{\mathrm{d}y}{\mathrm{d}x}=x^2-y$，$y(0)=1$，$0<x<1$，用改进的 Euler 方法求解.

解答

对于右端函数，以文件的形式表达如下（后同）：

　　function z=f2(x,y)
　　z=x.^2-y;

为衡量数值解的精度，我们求出该方程的解析解

$$y=-\mathrm{e}^{-x}+x^2-2x+2$$

在此也以文件的形式表示如下：

　　function y=solvef2(x)
　　y=-exp(-x)+x.^2-2*x+2;

令　f=@f2; a=0; b=1; N=10; ya=1;

运行　E=MendEuler(f,a,b,N,ya);
　　　y=solvef2(a:(b-a)/N:b);
　　　m=[E,y']

则

m=

0	1.00000000000000	1.00000000000000
0.10000000000000	0.90550000000000	0.90516258196404
0.20000000000000	0.82192750000000	0.82126924692202
0.30000000000000	0.75014438750000	0.74918177931828
0.40000000000000	0.69093067068750	0.68967995396436
0.50000000000000	0.64499225697219	0.64346934028737
0.60000000000000	0.61296799255983	0.61118836390597
0.70000000000000	0.59543603326665	0.59341469620859
0.80000000000000	0.59291961010631	0.59067103588278
0.90000000000000	0.60589224714621	0.60343034025940
1.00000000000000	0.63478248366732	0.63212055882856

其中，第 1 列是离散节点值，第 2 列是用改进的 Euler 法求得的解，第 3 列是准确解. 根据计算结果可知，改进的 Euler 法求解有一定的准确性，但精度不高，有待进一步改进.

文件 3.2　四阶 Runge-Kutta 方法

文件功能　用四阶 Runge-Kutta 法求解常微分方程.
文件名　Rungkuta4.m
MATLAB 文件

```
function R=Rungkuta4(f,a,b,N,ya)
% f 是微分方程右端函数句柄
% a,b 是自变量的取值区间[a,b]的端点
% N 是区间等分的个数
% ya 表初值 y(a)
% E=[x',y'] 是自变量 X 和解 Y 所组成的矩阵
h=(b-a)/N;
x=zeros(1,N+1);
y=zeros(1,N+1);
x=a:h:b;
y(1)=ya;
for i=1:N
    k1=feval(f,x(i),y(i));
    k2=feval(f,x(i)+h/2,y(i)+(h/2)*k1);
    k3=feval(f,x(i)+h/2,y(i)+(h/2)*k2);
    k4=feval(f,x(i)+h,y(i)+h*k3);
    y(i+1)=y(i)+(h/6)*(k1+2*k2+2*k3+k4);
end
R=[x',y'];
```

算例　对于微分方程 $\dfrac{dy}{dx}=x^2-y$，$y(0)=1$，$0<x<1$，用四阶 Runge-Kutta 方法求解.

解答

令　f=@f2; a=0; b=1; N=10; ya=1;
运行　R=Rungkuta4(f,a,b,N,ya);
　　　y=solvef2(a:(b-a)/N:b);
　　　m=[R,y']

则
m=
0　　　　　　　　1.00000000000000　　　　1.00000000000000

0.10000000000000	0.90516270833333	0.90516258196404
0.20000000000000	0.82126949543490	0.82126924692202
0.30000000000000	0.74918214540891	0.74918177931828
0.40000000000000	0.68968043282976	0.68967995396436
0.50000000000000	0.64346992697394	0.64346934028737
0.60000000000000	0.61118905338161	0.61118836390597
0.70000000000000	0.59341548342252	0.59341469620859
0.80000000000000	0.59067191581466	0.59067103588278
0.90000000000000	0.60343130795928	0.60343034025940
1.00000000000000	0.63212160944893	0.63212055882856

其中,前三列分别为离散节点值、四阶 Runge-Kutta 法求得的解、准确解. 根据计算结果可知,与改进的 Euler 法相比,四阶 Runge-Kutta 法的精度是非常高的.

文件 3.3 二阶 Adams 预报校正系统

文件功能 用二阶 Adams 预报校正系统求解常微分方程.

文件名 Adams2PC.m

MATLAB 文件

```
function A=Adams2PC(f,a,b,N,ya)
% f 是微分方程右端函数句柄
% a,b 是自变量的取值区间[a,b]的端点
% N 是区间等分的个数
% ya 表初值 y(a)
% A=[x',y'] 是自变量 X 和解 Y 所组成的矩阵
h=(b-a)/N;
x=zeros(1,N+1);
y=zeros(1,N+1);
x=a:h:b;
y(1)=ya;
for i=1:N
    if i==1
        y1=y(i)+h*feval(f,x(i),y(i));
        y2=y(i)+h*feval(f,x(i+1),y1);
        y(i+1)=(y1+y2)/2;
        dy1=feval(f,x(i),y(i));
```

```
                dy2=feval(f,x(i+1),y(i+1));
        else
                y(i+1)=y(i)+h*(3*dy2-dy1)/2;
                P=feval(f,x(i+1),y(i+1));
                y(i+1)=y(i)+h*(P+dy2)/2;
                dy1=dy2;
                dy2=feval(f,x(i+1),y(i+1));
        end
end
A=[x',y'];
```

文件 3.4　改进的四阶 Adams 预报校正系统

文件功能　用改进的四阶 Adams 预报校正系统求解常微分方程.
文件名　CAdams4PC.m
MATLAB 文件

```
function A=CAdams4PC(f,a,b,N,ya)
% f 是微分方程右端函数句柄
% a,b 是自变量的取值区间[a,b]的端点
% N 是区间等分的个数
% ya 表初值 y(a)
% A=[x',y'] 是自变量 X 和解 Y 所组成的矩阵
if N<4
        return;
end
h=(b-a)/N;
x=zeros(1,N+1);
y=zeros(1,N+1);
x=a:h:b;
y(1)=ya;
F=zeros(1,4);
for i=1:N
        if i<4                          % 用四阶 Runge-Kutta 法求初始解
                k1=feval(f,x(i),y(i));
                k2=feval(f,x(i)+h/2,y(i)+(h/2)*k1);
                k3=feval(f,x(i)+h/2,y(i)+(h/2)*k2);
```

```
            k4=feval(f,x(i)+h,y(i)+h*k3);
            y(i+1)=y(i)+(h/6)*(k1+2*k2+2*k3+k4);
        else if i==4
            F=feval(f,x(i-3:i),y(i-3:i));
            py=y(i)+(h/24)*(F*[-9,37,-59,55]');         %预报
            p=feval(f,x(i+1),py);
            F=[F(2) F(3) F(4) p];
            y(i+1)=y(i)+(h/24)*(F*[1,-5,19,9]');        %校正
            p=py;c=y(i+1);
        else
            F=feval(f,x(i-3:i),y(i-3:i));
            py=y(i)+(h/24)*(F*[-9,37,-59,55]');         %预报
            my=py-251*(p-c)/270;                         %改进
            m=feval(f,x(i+1),my);

            F=[F(2) F(3) F(4) m];
            cy=y(i)+(h/24)*(F*[1,-5,19,9]');             %校正
            y(i+1)=cy+19*(py-cy)/270;                    %改进
            p=py;c=cy;
        end
    end
    A=[x',y'];
```

附 四阶 Adams 预报校正系统程序如下：

```
function A=Adams4PC(f,a,b,N,ya)
% f 是微分方程右端函数句柄
% a,b 是自变量的取值区间[a,b]的端点
% N 是区间等分的个数
% ya 表初值 y(a)
% A=[x',y'] 是自变量 X 和解 Y 所组成的矩阵
if N<4
    return;
end
h=(b-a)/N;
x=zeros(1,N+1);
y=zeros(1,N+1);
```

```
        x=a:h:b;
        y(1)=ya;
        F=zeros(1,4);
        for i=1:N
            if i<4                    % 用四阶 Runge-Kutta 法求初始解
                k1=feval(f,x(i),y(i));
                k2=feval(f,x(i)+h/2,y(i)+(h/2)*k1);
                k3=feval(f,x(i)+h/2,y(i)+(h/2)*k2);
                k4=feval(f,x(i)+h,y(i)+h*k3);
                y(i+1)=y(i)+(h/6)*(k1+2*k2+2*k3+k4);
            else
                F=feval(f,x(i-3:i),y(i-3:i));
                py=y(i)+(h/24)*(F*[-9,37,-59,55]');    %预报
                p=feval(f,x(i+1),py);
                F=[F(2) F(3) F(4) p];
                y(i+1)=y(i)+(h/24)*(F*[1,-5,19,9]');    %校正
            end
        end
        A=[x',y'];
```

算例 分别用二阶 Adams 预估校正系统、四阶 Adams 预估校正系统和改进的四阶 Adams 预估校正系统求解如下微分方程初值问题：

$$\frac{dy}{dx}=-y+x+1, \quad y(0)=1 \quad (0<x<1)$$

解答

对于右端函数，以文件的形式表达如下：

```
        function z=f3(x,y)
        z=-y+x+1;
```

为衡量数值解的精度，我们求出该方程的解析解 $y=e^{-x}+x$. 在此也以文件的形式表示如下：

```
        function y=solve f3(x)
        y=exp(-x)+x;
```

令　　f=@f3;　a=0;　b=1;　N=10;　ya=1;

运行　　A2=Adams2PC(f,a,b,N,ya);

　　　　A4=Adams4PC(f,a,b,N,ya);

　　　　CA4=CAdams4PC(f,a,b,N,ya);

y=solve f3(a:(b-a)/N:b);
m=[A2,A4(:,2),CA4(:,2),y'];

则

m=

0	1.00000000000000	1.00000000000000	1.00000000000000	1.00000000000000
0.1	1.00500000000000	1.00483750000000	1.00483750000000	1.00483741803596
0.2	1.01878750000000	1.01873090140625	1.01873090140625	1.01873075307798
0.3	1.04078715625000	1.04081842200118	1.04081842200118	1.04081822068172
0.4	1.07021737554687	1.07031991824395	1.07031991824395	1.07032004603564
0.5	1.10637030041816	1.10653026841028	1.10653057717858	1.10653065971263
0.6	1.14860550419062	1.14881103255409	1.14881157927588	1.14881163609403
0.7	1.19634356930194	1.19658453137583	1.19658526942273	1.19658530379141
0.8	1.24906027538103	1.24932806044785	1.24932894977738	1.24932896411722
0.9	1.30628134098503	1.30656865679314	1.30656966136940	1.30656965974060
1.0	1.36757766625546	1.36787836602376	1.36787945591638	1.36787944117144

以上 5 列从左到右依次为离散节点值、二阶 Adams 预报校正系统所求解、四阶 Adams 预报校正系统所求解、改进的四阶 Adams 预报校正系统所求解和准确解. 通过计算结果的比较分析可知: 改进的四阶 Adams 预报校正系统效果最好, 其次是四阶 Adams 预报校正系统, 二阶 Adams 预报校正系统效果较差. 另外, Adams 预报校正系统相比同阶的单步法如 Runge-Kutta 法计算量大大减小, 同时也能获得不错的精度.

C.4 方 程 求 根

文件 4.1 二分法

文件功能 用二分法求解非线性方程 $f(x)=0$ 在区间 (a,b) 内的根.
文件名 demimethod. m
MATLAB 文件

```
function [x,k]=demimethod(a,b,f,emg)
% a,b 表示求解区间[a,b]的端点
% f 表示所求解方程函数名
% emg 是精度指标
% x 表所求近似解
% k 表示循环次数
fa=feval(f,a);
```

```
        fab=feval(f,(a+b)/2);
        k=0;
        while abs(b-a)>emg
            if fab==0
                x=(a+b)/2;
                return;
            elseif fa*fab<0
                b=(a+b)/2;
            else
                a=(a+b)/2;
            end
            fa=feval(f,a);
            fab=feval(f,(a+b)/2);
            k=k+1;
        end
        x=(a+b)/2;
```

算例 求方程 $f(x)=\sqrt{x^2+1}-\tan(x)=0$ 在区间 $(0,\pi/2)$ 内的实根,使精度达到 10^{-5}.

解答

编写函数文件 func2.m

```
        function f=func2(x)
        f=sqrt(x^2+1)-tan(x);
```

在命令窗口中输入

```
        f=@func2;   [x0,k]=demimethod(0,pi/2,f,10^-5);
```

所得近似根为　　x0=9.414597361712279e-001 ; k=18;

此时　　　　　　f=feval(f,x0)=3.934451757503510e-006 ;

即非线性方程 $f(x)=\sqrt{x^2+1}-\tan(x)=0$ 在 x0=9.414597361712279e-001 点趋于零,故 x_0 是 $(0,\pi/2)$ 内的近似实根.

二分方法优点是算法简单,且总是收敛的,缺点是收敛太慢. 一个不错的办法是可用二分法为后面即将介绍的加速算法选出适当的初值.

文件 4.2　开方法

文件功能　求实数的开方运算.

文件名　Kaifang.m

MATLAB 文件

function y＝Kaifang(a,eps,x0)
% a 是被开方数
% eps 是精度指标
% x0 表初值
% y 是 a 的开方
x(1)＝x0；
x(2)＝(x(1)＋a/x(1))/2；
k＝2；
while abs(x(k)－x(k－1))＞eps
    x(k＋1)＝(x(k)＋a/x(k))/2；
    k＝k＋1；
end
y＝x'；

算例 用开方运算求 $\sqrt{2}$，设取 $x_0 = 1$.

解答

令 a＝2； eps＝10^－6； x0＝1；

运行 y＝Kaifang(a,eps,x0)；

得 y＝

    1.00000000000000
    1.50000000000000
    1.41666666666667
    1.41421568627451
    1.41421356237469
    1.41421356237309

经过 5 次迭代，即可得到 eps＝10^{-6} 的结果 1.41421356237309.

文件 4.3　Newton 下山法

文件功能 用 Newton 下山法求解非线性方程 $f(x) = 0$ 的根.

文件名 Mendnewton.m

MATLAB 文件

function [x,k]＝Mendnewton(f,x0,emg)
% 用牛顿下山法求解非线性方程

```
% f 表示非线性方程左端函数
% x0 是迭代初值,此方法是局部收敛,初值选择要恰当
% emg 是精度指标
% k,u 分别表示迭代次数和下山因子
    [f1,d1]=feval(f,x0);              % d1 表示非线性方程 f=0 在 x0 处的
                                      % 导数值,以下类同
    k=1;
    x(1)=x0;
    x(2)=x(1)-f1/d1;
    while abs(f1)>emg                 % 控制精度
        u=1;
        k=k+1;
        [f1,d1]=feval(f,x(k));
        x(k+1)=x(k)-u*f1/d1;          % 牛顿下山迭代
        [f2,d2]=feval(f,x(k+1));
        while abs(f2)>abs(f1)         % 保证迭代后的函数值比迭代前的
                                      % 函数值小
            u=u/2;
            x(k+1)=x(k)-u*f1/d1;      % 牛顿下山迭代
            [f2,d2]=feval(f,x(k+1));
        end
    end
```

算例 用 Newton 下山法求方程 $f(x)=\sqrt{x^2+1}-\tan x=0$ 的根,使精度达到 10^{-6}.初值分别选取为:(1) $x_0=-1.2$;(2) $x_0=2.0$.

解答

编写函数文件 func3.m

```
function [f,d]=func3(x)
f=sqrt(x.^2+1)-tan(x);
syms y;
d1=sqrt(y^2+1)-tan(y);
d=subs(diff(d1),y,x);    % 对函数 f 求一次导数
```

在命令窗口中输入: f=@func3 ; [x,k]=Mendnewton(f,x0,10^-6);

若选初值为 x0=-1.2,运行结果如下:

迭代次数 k	x 值	f1(k)=feval(f,x(k)) 值
1	$-7.069047932971935e-001$	$2.078789280010764e+000$
2	$1.942400972108479e-001$	$8.219695728408301e-001$
3	$1.163518073303871e+000$	$-7.838374932606165e-001$
4	$1.023918977930554e+000$	$-2.113030290935414e-001$
5	$9.530711345686330e-001$	$-2.606996588743926e-002$
6	$9.416925081385333e-001$	$-5.085688425774393e-004$
7	$9.414616152761416e-001$	$-2.012113482496858e-007$
8	$9.414615238528302e-001$	$-3.153033389935445e-014$

若选初值为 x0=2.0,运行结果如下:

迭代次数 k	x 值	f1(k)=feval(f,x(k)) 值
1	$2.905969917234289e+000$	$3.313298980588495e+000$
2	$3.829942435553551e+000$	$3.135774879468060e+000$
3	$4.382754035040099e+000$	$1.572413838570136e+000$
4	$4.474505813415593e+000$	$4.607393526441488e-001$
5	$4.501556126032599e+000$	$-6.131570643391715e-002$
6	$4.498750820792893e+000$	$-8.285614610334946e-004$
7	$4.498711866735406e+000$	$-1.555631969907267e-007$
8	$4.498711859418998e+000$	$-1.154631945610163e-014$

Newton 下山法本身是 Newton 法的一个特例,因此,在这里选取了 Newton 下山法. 该方法具有收敛快的优点,但是,初值的选取对收敛速度有极大影响. Newton 法本身的局部收敛性决定了必须首先选取恰当的初值. 上面的计算机实验表明了选取不同的初值,收敛到不同的根. 函数 $f(x)=\sqrt{x^2+1}-\tan x$ 在区间 $[-5,5]$ 的图形如图 C-2 所示,从图形中可以更好的看到这一点.

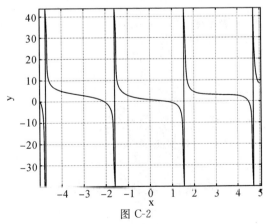

图 C-2

文件 4.4 快速弦截法

文件功能 用快速弦截方法求解非线性方程 $f(x)=0$ 的根.
文件名 Fast_chord.m
MATLAB 文件

```
function [x,k]=Fast_chord(f,x1,x2,emg);
%  用快速弦截法求解非线性方程的根
%  f 表示非线性方程左端函数
%  x1,x2 表示迭代初值
%  emg 是精度指标
%  k 表示循环次数
k=1;
y1=feval(f,x1);
y2=feval(f,x2);
x(k)=x2-(x2-x1)*y2/(y2-y1);          %用快速弦截法进行迭代求解
y(k)=feval(f,x(k));
k=k+1;
x(k)=x(k-1)-(x(k-1)-x2)*y(k-1)/(y(k-1)-y2);
while abs(x(k)-x(k-1))>emg            %控制精度
    y(k)=feval(f,x(k));
    x(k+1)=x(k)-(x(k)-x(k-1))*y(k)/(y(k)-y(k-1));
    k=k+1;
end
```

算例 用快速弦截方法求解方程 $4\cos x = e^x$ 的根,要求精度为 $\varepsilon=10^{-6}$,初值为:$x_1=\pi/4, x_2=\pi/2$.

解答
编写函数文件 func4.m

```
function f=func4(x)
    f=exp(x)-4*cos(x);
```

在命令窗口中输入:

```
f=@func4;       [x,k]=Fast_chord(f,pi/4,pi/2,10^-6);
```

运行结果如下:

迭代次数 k	x 值	f1(k)=feval(f,x(k)) 值
1	8.770025972944069e−001	−1.541498847256566e−001
2	8.985446421856659e−001	−3.497120992034475e−002
3	9.048658349261991e−001	4.359577241643819e−004
4	9.047880039957831e−001	−1.201259723249137e−006
5	9.047882178657145e−001	−4.102540529515864e−011

C.5 线性方程组的迭代法

文件 5.1 Jacobi 迭代

文件功能 用 Jacobi 迭代方法求解线性方程组.
文件名 Jacobimethod.m
MATLAB 文件

```
function [x,k]=Jacobimethod(A,b,x0,N,emg)
% A 是线性方程组的左端矩阵
% b 是右端向量
% x0 是迭代初始值
% N 表迭代次数上限,若迭代次数大于 N,则迭代失败
% emg 表示控制精度
% 用 Jacobi 迭代法求线性方程组 Ax=b 的解
% k 表迭代次数
% x 表示用迭代法求得的线性方程组的近似解
n=length(A);
x1=zeros(n,1); x2=zeros(n,1);
x1=x0; k=0;
r=max(abs(b−A*x1));
while r>emg
    for i=1:n
        sum=0;
        for j=1:n
            if i~=j
                sum=sum+A(i,j)*x1(j);
            end
        end
```

```
        x2(i)=(b(i)-sum)/A(i,i);
    end
    r=max(abs(x2-x1));
    x1=x2;
    k=k+1;
    if k>N
        disp('迭代失败,返回');
        return;
    end
end
x=x1;
```

算例 用 Jocibi 迭代方法求解方程组 $\begin{cases} -4x_1+x_2+x_3+x_4=1 \\ x_1-4x_2+x_3+x_4=1 \\ x_1+x_2-4x_3+x_4=1 \\ x_1+x_2+x_3-4x_4=1 \end{cases}$,其精确解为 $x=[-1,-1,-1,-1]^T$.

解答

令 A=[-4,1,1,1;1,-4,1,1;1,1,-4,1;1,1,1,-4]; b=[1,1,1,1]';
  x0=[0,0,0,0]';

在命令窗口中输入: [x,k]=Jacobimethod(A,b,x0,100,10^-5);

运行结果为

k = 37

x =

   -9.999761621685057e-001
   -9.999761621685057e-001
   -9.999761621685057e-001
   -9.999761621685057e-001

文件 5.2 Gauss-Seidel 迭代

文件功能 用 Gauss-Seidel 迭代法求解线性方程组.

文件名 Gaussmethod.m

MATLAB 文件

```
function [x,k]=Gaussmethod(A,b,x0,N,emg)
% A 是线性方程组的左端矩阵
% b 是右端向量
```

% x0 是迭代初始值
% N 表迭代次数上限，若迭代次数大于 N,则迭代失败
% emg 表示控制精度
% 用 Gauss-Seidel 迭代法求线性方程组 Ax=b 的解
% k 表迭代次数
% x 表示用迭代法求得的线性方程组的近似解

```
n=length(A);
x1=zeros(n,1); x2=zeros(n,1);
x1=x0;
r=max(abs(b-A*x1));
k=0;
while r>emg
    for i=1:n
        sum=0;
        for j=1:n
            if j>i
                sum=sum+A(i,j)*x1(j);
            elseif j<i
                sum=sum+A(i,j)*x2(j);
            end
        end
        x2(i)=(b(i)-sum)/A(i,i);
    end
    r=max(abs(x2-x1));
    x1=x2;
    k=k+1;
    if k>N
        disp('迭代失败,返回');
        return;
    end
end
x=x1;
```

算例 用 Gauss-Seidel 迭代方法求解方程组 $\begin{cases} -4x_1+x_2+x_3+x_4=1 \\ x_1-4x_2+x_3+x_4=1 \\ x_1+x_2-4x_3+x_4=1 \\ x_1+x_2+x_3-4x_4=1 \end{cases}$,其精确

解为 $x=[-1,-1,-1,-1]^T$.

解答

令 A=[-4,1,1,1;1,-4,1,1;1,1,-4,1;1,1,1,-4]; b=[1,1,1,1]';
x0=[0,0,0,0]';

在命令窗口中输入 [x,k]=Gaussmethod(A,b,x0,100,10^-5);

运行结果为

k = 21

x =

-9.999896479636309e-001
-9.999910053552269e-001
-9.999921847613638e-001
-9.999932095200554e-001

由此可知,在同种精度下,Gauss-Seidel 迭代法比 Jacobi 迭代法收敛速度快. 一般来说,Gauss-Seidel 迭代法比 Jacobi 迭代法收敛要快,但有时反而比 Jacobi 迭代法要慢,而且 Jacobi 迭代法更易于并行化. 因此,两种方法各有优缺点,使用时要根据所需适当选取.

文件 5.3 超松弛(SOR)迭代

文件功能 用超松弛(SOR)迭代法求解线性方程组.

文件名 SORmethod.m

MATLAB 文件

```
function [x,k]=SORmethod(A,b,x0,N,emg,w)
% A 是线性方程组的左端矩阵
% b 是右端向量
% x0 是迭代初始值
% N 表迭代次数上限,若迭代次数大于 N,则迭代失败
% emg 表示控制精度
% w 表示松弛因子
% 用 SOR 迭代法求线性方程组 Ax=b 的解
% k 表迭代次数
% x 表示用迭代法求得的线性方程组的近似解
n=length(A);
x1=zeros(n,1); x2=zeros(n,1);
x1=x0;
r=max(abs(b-A*x1));
```

```
k=0;
while r>emg
    for i=1:n
        sum=0;
        for j=1:n
            if j>=i
                sum=sum+A(i,j)*x1(j);
            elseif j<i
                sum=sum+A(i,j)*x2(j);
            end
        end
        x2(i)=x1(i)+w*(b(i)-sum)/A(i,i);
    end
    r=max(abs(x2-x1));
    x1=x2;
    k=k+1;
    if k>N
        disp('迭代失败,返回');
        return;
    end
end
x=x1;
```

算例 用超松弛(SOR)迭代方法求解方程组 $\begin{cases} -4x_1+x_2+x_3+x_4=1 \\ x_1-4x_2+x_3+x_4=1 \\ x_1+x_2-4x_3+x_4=1 \\ x_1+x_2+x_3-4x_4=1 \end{cases}$,其精确解为 $x=[-1,-1,-1,-1]^T$.

解答

令 A=[-4,1,1,1;1,-4,1,1;1,1,-4,1;1,1,1,-4]; b=[1,1,1,1]';
   x0=[0,0,0,0]';

在命令窗口中输入:[x,k]=SORmethod(A,b,x0,100,10^-5,1);

则运行结果为

k = 21

x=

   -9.999896479636310e-001

－9.999910053552269e－001
　　－9.999921847613639e－001
　　－9.999932095200554e－001
若输入:[x,k]＝SORmethod(A,b,x0,100,10^－5,1.25);
则运行结果为
k＝10
x＝
　　－1.000002971098328e＋000
　　－9.999983317698703e－001
　　－1.000000777664050e＋000
　　－1.000000724906550e＋000

由上述实验结果可知,当松弛因子为1时,超松弛迭代方法等同于Gauss-Siedel迭代法,这和理论推导完全相同.另外,超松弛迭代法的收敛速度完全取决于松弛因子的选取,一个适当的松弛因子能大大提高收敛速度.

文件5.4　对称超松弛(SSOR)迭代

文件功能　用对称超松弛(SSOR)迭代法求解线性方程组.
文件名　SSORmethod.m
MATLAB文件

```
function [x,k]=SSORmethod(A,b,x0,N,emg,w)
% A 是线性方程组的左端矩阵
% b 是右端向量
% x0 是迭代初始向量
% N 表迭代次数上限,若迭代次数大于N,则迭代失败
% emg 表示控制精度
% w 表示松弛因子
% 用SSOR迭代法求线性方程组Ax=b的解
% k 表迭代次数
% x 表示用迭代法求得的线性方程组的近似解
n=length(A);
x1=zeros(n,1); x2=zeros(n,1); x3=zeros(n,1);
x1=x0; k=0;
r=max(abs(b-A*x1));
while r>emg
    for i=1:n
```

```
            sum=0;
            for j=1:n
                if j>i
                    sum=sum+A(i,j)*x1(j);
                elseif j<i
                    sum=sum+A(i,j)*x2(j);
                end
            end
            x2(i)=(1-w)*x1(i)+w*(b(i)-sum)/A(i,i);
        end
        for i=n:-1:1
            sum=0;
            for j=1:n
                if j>i
                    sum=sum+A(i,j)*x3(j);
                elseif j<i
                    sum=sum+A(i,j)*x2(j);
                end
            end
            x3(i)=(1-w)*x2(i)+w*(b(i)-sum)/A(i,i);
        end
        r=max(abs(x3-x1));
        x1=x3;
        k=k+1;
        if k>N
            disp('迭代失败,返回');
            return;
        end
    end
    x=x1;
```

算例 使用对称超松弛迭代法和超松弛迭代法求解线性方程组

$$\begin{cases} 4x_1-x_2=1 \\ -x_1+4x_2-x_3=4 \\ -x_2+4x_3=-3 \end{cases}, 精度控制在 10^{-5}.$$

解答

令 A=[4,−1,0;−1,4,−1;0,−1,4]; b=[1,4,−3]'; x0=[0,0,0]';
在命令窗口中输入:[x1,k1]=SORmethod(A,b,x0,100,10^−5,1.2);
　　　　　　　　[x2,k2]=SSORmethod(A,b,x0,100,10^−5,1.2);

运行结果如下:

k1 = 9
x1 =
　　4.999979586011558e−001
　　9.999998363532925e−001
　−4.999999992142435e−001
k2 = 7
x2 =
　　5.000001207146788e−001
　　9.999993572021568e−001
　−4.999994074112435e−001

用超松弛迭代法和对称超松弛迭代法求解方程组,关键在于松弛因子的选取.当松弛因子相同时,两者的收敛速度相当.相比而言,对称超松弛迭代法的预处理矩阵是对称阵,从这方面来说,它比超松弛迭代法的预处理阵好,并在预处理共轭梯度法中广为应用.

C.6　线性方程组的直接方法

文件 6.1　追赶法

文件功能　用追赶法解三对角线性方程组 $Ax=f$.
文件名　threedia.m
MATLAB 文件

```
function x=threedia(a,b,c,f)
% 求解线性方程组 Ax=f,其中 A 是三对角阵
% a 是矩阵 A 的下对角线元素 a(1)=0
% b 是矩阵 A 的对角线元素
% c 是矩阵 A 的上对角线元素 c(N)=0
% f 是方程组的右端向量
N=length(f);
x=zeros(1,N);y=zeros(1,N);
```

```
d=zeros(1,N);u=zeros(1,N);
% 预处理
d(1)=b(1);
for i=1:N-1
    u(i)=c(i)/d(i);
    d(i+1)=b(i+1)-a(i+1)*u(i);
end
% 追的过程
y(1)=f(1)/d(1);
for i=2:N
    y(i)=(f(i)-a(i)*y(i-1))/d(i);
end
% 赶的过程
x(N)=y(N);
for i=N-1:-1:1
    x(i)=y(i)-u(i)*x(i+1);
end
```

算例 用追赶法求解方程组 $\begin{bmatrix} 2 & -1 & & \\ -1 & 3 & -2 & \\ & -1 & 2 & -1 \\ & & -3 & 5 \end{bmatrix} \begin{bmatrix} x_1 \\ x_2 \\ x_3 \\ x_4 \end{bmatrix} = \begin{bmatrix} 6 \\ 1 \\ 0 \\ 1 \end{bmatrix}.$

解答

令 a=[0,-1,-1,-3]; b=[2,3,2,5]; c=[-1,-2,-1,0];
f=[6,1,0,1]';
在命令窗口运行语句   x=threedia(a,b,c,f)
得结果为
x =
    5   4   3   2

文件 6.2 Cholesky 方法

文件功能 用 Cholesky 分解法解对称方程组 $Ax=b$.
文件名 Chol_decompose.m
MATLAB 文件

```
function x=Chol_decompose(A,b)
%用 Cholesky 分解求解线性方程组 Ax=b
```

```
% A 是对称矩阵
% L 是单位下三角阵
% D 是对角阵
% 对矩阵 A 进行三角分解:A=L*D*L'
N=length(A);
L=zeros(N,N);D=zeros(1,N);
for i=1:N
    L(i,i)=1;
end
D(1)=A(1,1);
for i=2:N
    for j=1:i-1
        if j==1
            L(i,j)=A(i,j)/D(j);
        else
            sum1=0;
            for k=1:j-1
                sum1=sum1+L(i,k)*D(k)*L(j,k);
            end
            L(i,j)=(A(i,j)-sum1)/D(j);
        end
    end
    sum2=0;
    for k=1:i-1
        sum2=sum2+L(i,k)^2*D(k);
    end
    D(i)=A(i,i)-sum2;
end
% 分别求解线性方程组 Ly=b;L'x=y/D.
y=zeros(1,N);
y(1)=b(1);
for i=2:N
    sumi=0;
    for k=1:i-1
        sumi=sumi+L(i,k)*y(k);
```

```
        end
        y(i)=b(i)-sumi;
    end
    x=zeros(1,N);
    x(N)=y(N)/D(N);
    for i=N-1:-1:1
        sumi=0;
        for k=i+1:N
            sumi=sumi+L(k,i)*x(k);
        end
        x(i)=y(i)/D(i)-sumi;
    end
```

算例 用 Cholesky 方法求解方程组 $\begin{cases} 4x_1-2x_2+4x_3=8.7 \\ -2x_1+17x_2+10x_3=13.7 \\ 4x_1+10x_2+9x_3=-0.7 \end{cases}$

解答

令 A=[4,-2,4;-2,17,10;4,10,9]; b=[8.7,13.7,-0.7];
在命令窗口中运行 x=Chol_decompose(A,b)
其运行结果为

x =

　　-5.1457　　-3.1727　　5.7344

文件 6.3 矩阵分解方法

文件功能 基于 Gauss 消去法的 LU 分解求解线性方程组 **A**x=**b**.
文件名 lu_decompose.m
MATLAB 文件

```
function x=lu_decompose(A,b)
% 基于矩阵的 LU 分解求解线性方程组 Ax=b
% A 表示系数矩阵
% b 表示方程组右边的向量
n=length(b);
L=eye(n);    U=zeros(n,n);
x=zeros(n,1);y=zeros(n,1);
% 对矩阵 A 进行 LU 分解
for i=1:n
```

```
            U(1,i)=A(1,i);
            if i==1
                L(i,1)=1;
            else
                L(i,1)=A(i,1)/U(1,1);
            end
        end
        for i=2:n
            for j=i:n
                sum=0;
                for k=1:i-1
                    sum=sum+L(i,k)*U(k,j);
                end
                U(i,j)=A(i,j)-sum;
                if j~=n
                    sum=0;
                    for k=1:i-1
                        sum=sum+L(j+1,k)*U(k,i);
                    end
                    L(j+1,i)=(A(j+1,i)-sum)/U(i,i);
                end
            end
        end
    end
    % 解方程组 Ly=b
    y(1)=b(1);
    for k=2:n
        sum=0;
        for j=1:k-1
            sum=sum+L(k,j)*y(j);
        end
        y(k)=b(k)-sum;
    end
    % 解方程组 Ux=y
    x(n)=y(n)/U(n,n);
    for k=n-1:-1:1
```

```
        sum=0;
        for j=k+1:n
            sum=sum+U(k,j)*x(j);
        end
        x(k)=(y(k)-sum)/U(k,k);
    end
```

算例 求解方程组 $\begin{bmatrix} 0.001 & 2 & 3 \\ -1 & 3.712 & 4.623 \\ -2 & 1.072 & 5.643 \end{bmatrix} \begin{bmatrix} x_1 \\ x_2 \\ x_3 \end{bmatrix} = \begin{bmatrix} 1 \\ 2 \\ 3 \end{bmatrix}$.

解答

令　A=[0.001,2,3;-1,3.712,4.623;-2,1.072,5.643];　b=[1,2,3];
在命令窗口中运行　x=lu_decompose(A,b);
其结果为　x=

$$\begin{array}{r} -0.4904 \\ -0.0510 \\ 0.3675 \end{array}$$

文件 6.4　消去法

文件功能　用 Gauss 列主元消去法求解线性方程组 $\boldsymbol{Ax=b}$.
文件名　Gauss_pivot.m
MATLAB 文件

```
function x=Gauss_pivot(A,b)
% 用 Gauss 列主元消去法解线性方程组 Ax=b
% x 是未知向量
n=length(b);
x=zeros(n,1);
c=zeros(1,n);
d1=0;
for i=1:n-1
    max=abs(A(i,i));
    m=i;
    for j=i+1:n
        if max<abs(A(j,i))
            max=abs(A(j,i));
            m=j;
```

```
                end
            end
            if(m~=i)
                for k=i:n
                    c(k)=A(i,k);
                    A(i,k)=A(m,k);
                    A(m,k)=c(k);
                end
                d1=b(i);
                b(i)=b(m);
                b(m)=d1;
            end
            for k=i+1:n
                for j=i+1:n
                    A(k,j)=A(k,j)-A(i,j)*A(k,i)/A(i,i);
                end
                b(k)=b(k)-b(i)*A(k,i)/A(i,i);
                A(k,i)=0;
            end
        end
        %回代求解
        x(n)=b(n)/A(n,n);
        for i=n-1:-1:1
            sum=0;
            for j=i+1:n
                sum=sum+A(i,j)*x(j);
            end
            x(i)=(b(i)-sum)/A(i,i);
        end
```

算例 求解方程组 $Ax=b$,其中

$$A=\begin{bmatrix} 0.3\times 10^{-15} & 59.14 & 3 & 1 \\ 5.291 & -6.13 & -1 & 2 \\ 11.2 & 9 & 5 & 2 \\ 1 & 2 & 1 & 1 \end{bmatrix}, \quad b=\begin{bmatrix} 59.17 \\ 46.78 \\ 1 \\ 2 \end{bmatrix}.$$

分别用 Gauss 列主元消去法和 Gauss 消去法求解.

解答

令　A=[0.3*10^-15,59.14,3,1;5.291,-6.13,-1,2;11.2,9,5,2;1,2,1,1];
　　b=[59.17,46.78,1,2]';

在命令窗口中运行：　x=Gauss_pivot(A,b);
其结果为
得 x =

　　　　　3.845714853511634e+000
　　　　　1.609517394778522e+000
　　　　-1.547605454206655e+001
　　　　　1.041130489899787e+001

此时 b-A*x=

　　　　　　　　　0
　　　　　　　　　0
　　　　　3.552713678800501e-015
　　　　　1.776356839400251e-015

由此可知,用 Gauss 列主元消去法所求得的解相当准确.
在命令窗口中运行：　x=lu_decompose(A,b);
得 x =

　　　　　　　　　0
　　　　　5.101454176530265e-001
　　　　　2.500000000000002e+001
　　　　-4.600000000000004e+001

此时 b-A*x=

　　　　　　　　　0
　　　　　1.669071914102132e+002
　　　　-3.659130875887726e+001
　　　　　2.197970916469397e+001

由此可知,对于此方程组,直接用 Gauss 消去法求解不能得到准确解,其原因是主元素的值非常的小,因此,对于一般的方程组,应尽量使用带有主元的 Gauss 消去法求解.

结　语

随着时代的发展，MATLAB在科学计算中的应用越来越广. 它简单易学且易于做数值试验，已受到广大数学爱好者的青睐. 说MATLAB将取代其他高级语言（如C、Fortran）或许还为时过早，但在某些方面，说它无可比拟则一点也不言过其实. 在数值试验和模拟中，若用一般的高级语言（如C、Fortran），我们或许常常为一些小细节而绞尽脑汁，但用MATLAB，一两行语句就能轻易地解决问题，这正是它备受青睐之处.

由于市面上已存在大量的MATLAB书籍，且本附录中的大部分文件都只需要MATLAB的基本操作，因此关于MATLAB的入门知识就不在附录中赘述，读者可参考任何关于MATLAB操作的书籍. 只需掌握MATLAB的一些基本操作，加上自己所熟悉的算法，就能编写各种的MATLAB程序，这正是MATLAB的诱人之处. 当然，优化程序使之达到最优水平，需要具备更多的MATLAB操作和程序实践知识，然而，凡事都有一个循序渐进的过程，从最简单的开始做起，脚踏实地地走下去，就一定能够编写出大量的优秀程序.